CNC-Mehrspindel-Drehautomaten

Martin Reuber

CNC-Mehrspindel-Drehautomaten

Bauformen, Technologien, Einsatz in der Serienfertigung

Springer Vieweg

Martin Reuber
Institut für Werkzeug- und Fertigungstechnik
(iWFT), Rheinische Fachhochschule Köln
(RFH) gGmbH
Köln, Deutschland

ISBN 978-3-658-29337-6 ISBN 978-3-658-29338-3 (eBook)
https://doi.org/10.1007/978-3-658-29338-3

Die Deutsche Nationalbibliothek verzeichnet diese Publikation in der Deutschen Nationalbibliografie; detaillierte bibliografische Daten sind im Internet über http://dnb.d-nb.de abrufbar.

Lektorat: Thomas Zipsner
Springer Vieweg ist ein Imprint der eingetragenen Gesellschaft Springer Fachmedien Wiesbaden GmbH und ist ein Teil von Springer Nature.
Die Anschrift der Gesellschaft ist: Abraham-Lincoln-Str. 46, 65189 Wiesbaden, Germany

Vorwort

Dieses Lehr- und Fachbuch hat zum Ziel, die Maschinen- und Prozesstechnologie der Mehrspindel-Drehautomaten vorzustellen und insbesondere die Veränderungen und Potenziale herauszuarbeiten, die durch den Einzug der CNC-Technologie in diesem Maschinenkonzept entstanden sind.

Der Mehrspindel-Drehautomat ist ein in seiner Grundanlage auf hohe Produktivität ausgerichtetes Maschinenkonzept und war viele Jahre lang durch hoch entwickelte, mechanisch gesteuerte Maschinenbauformen gekennzeichnet. Die CNC-Technik hat seit den 70er Jahren des letzten Jahrhunderts in die Werkzeugmaschinen Einzug gehalten. Im Bereich der Drehmaschinen löste sie die mechanischen Steuerungen zunächst bei den Einspindlern ab. Die Mehrspindel-Drehautomaten erreichte der Technologiewechsel deutlich später, da eine Reihe technischer Herausforderungen die Realisierung von vollständig CNC-gesteuerten Mehrspindlern erschwerte. Heute sind grundlegend neu entwickelte mehrspindlige Maschinenkonzepte mit CNC-Technologie am Markt, die den Anforderungen der modernen Fertigungsindustrie nach Komplettbearbeitung komplexer Werkstückgeometrien bei gleichzeitig hoher Leistungsfähigkeit sowie Losgrößen- und Variantenflexibilität gerecht werden.

Bei einem entsprechend hohen Produktionsvolumen stellen die CNC-Mehrspindel-Drehautomaten eine sehr gute Alternative zu einspindligen Dreh- und Dreh-Fräsmaschinen dar. Die Produktivitätsgrenzen einspindliger Maschinen mit und ohne Gegenspindel werden in mehrspindligen Maschinenkonzepten durch eine erhöhte Anzahl parallel arbeitender Bearbeitungsstationen auf einer Maschinenplattform erweitert. Eine hohe Flexibilität in Technologie und Losgröße, die weniger produktive Maschinenkonzepte auszeichnet, bleibt dabei erhalten. Dazu beigetragen haben neue Umrüstkonzepte sowie Entwicklungen in den Peripheriebereichen, die für die effektive Nutzung im Produktionsumfeld der Anwender erforderlich sind. Beispiele hierfür sind standardisierte Schnellwechselsysteme für Werkzeuge und Bearbeitungseinrichtungen, benutzerfreundliche Bedien- und Steuerungskonzepte sowie Handhabungsfunktionen für Rohmaterialien und Fertigprodukte. Der moderne CNC-Mehrspindel-Drehautomat vereint also die Produktivität durch das parallele Arbeiten an mehreren Spindeln mit der Flexibilität moderner CNC- und Werkzeugtechnologie. Er bietet somit eine exzellente

Plattform zur wirtschaftlichen Fertigung komplexer Bauteile bei hohem Produktionsvolumen.

Trotzdem ist die Anzahl an Anwendern dieser Technologie überschaubar. Die Gewinnung von Neukunden fällt den Herstellern der Mehrspindel-Drehautomaten schwer. Hauptgrund ist der hohe Respekt potenzieller Nutzer vor der Komplexität in Bearbeitung und Maschine. Es gilt, viele parallele Bearbeitungsprozesse in einem kompakten Arbeitsraum zu beherrschen. Mitarbeiter für Bedienung, Programmierung, Einrichtung und Instandhaltung müssen für die Maschinenkonzepte qualifiziert werden. Zudem stellt sich die Frage, inwieweit der ursprünglich für Massendrehteile konzipierte Mehrspindel-Drehautomat bei kleiner werdenden Losgrößen noch wirtschaftlich einsetzbar ist und welcher Maschinentyp sich für die Produktion am besten eignet. Auf diese berechtigten Fragen gibt es keine pauschalen Antworten. Sie beantworten sich aber nach Analyse von Anwendungsszenarien und Rahmenbedingungen des Anwenders.

Dieses Buch vermittelt grundlegende Kenntnisse über Maschinen- und Prozesstechnologie, stellt auf Mehrspindlern eingesetzte Technologien und Anwendungen vor und erläutert die spezifischen Besonderheiten und Anforderungen der mehrspindligen Produktion. Historische und aktuelle Entwicklungen der Maschinentechnik werden mit Bezug auf auslösende Marktanforderungen und proaktive Technologieentwicklungen nachgezeichnet. Aktuelle Maschinengrundformen in Kurven- und CNC-Technologie werden vor diesem Hintergrund eingeordnet und bewertet. So wird eine Orientierungshilfe für die anwendungsbezogene Auswahl eines geeigneten Maschinenkonzepts gegeben.

Potenzielle Neueinsteiger in das mehrspindlige Drehen erhalten eine Basis für grundlegende Entscheidungen in Produktionsplanung und Maschineninvestition. Für aktuelle Anwender der mehrspindligen Drehtechnologie findet sich möglicherweise die eine oder andere Anregung für die bestehende Produktion. Jungen Fachkräften, Ingenieuren und Studierenden aus Produktions- und Konstruktionstechnik soll das Buch die Maschinen- und Prozesstechnologie der Mehrspindel-Drehautomaten erschließen und näherbringen. Ziel ist es, jungen Nachwuchskräften am Beispiel des Mehrspindlers zu vermitteln, welche Potenziale sich mit innovativen Maschinenkonzepten und Technologielösungen erschließen lassen.

Die Ausführungen dieses Buches fokussieren auf den CNC-Mehrspindel-Drehautomaten. Sie setzen in Philosophie und technologischer Ausrichtung auf den Maschinen- und Einrichtungskonstruktionen auf, die im vorletzten und letzten Jahrhundert für mechanisch gesteuerte Automaten entwickelt und perfektioniert wurden und berücksichtigen dabei aktuelle Produktionsmöglichkeiten und -anforderungen.

Denjenigen Lesern, die bereits mit Dreh- und Maschinentechnologie vertraut sind, seien insbesondere die Kap. 6 und 12 empfohlen. Sie bieten einen guten Einstieg, um die detaillierten Darstellungen der anderen Kapitel bedarfs- und interessenbezogen zu erschließen. Kap. 6 bietet einen kompakten Überblick über die Maschinenbauformen und deren Einsatzbereiche. Kap. 12 stellt insbesondere die spezifischen Besonderheiten der Produktion auf Mehrspindlern heraus.

Diejenigen Leser, die sich noch tiefgehender mit der geschichtlichen Entwicklung und der Kurventechnik beschäftigen möchten, seien an dieser Stelle auf die Bücher von Finkelnburg und Spur verwiesen. Beide geben einen sehr umfassenden Einblick in Maschinentechnik, Entwicklungsgeschichte und Anwendung von Mehrspindel-Drehautomaten bis in die 30er bzw. 70er Jahre des letzten Jahrhunderts [FIN38, SPU70].

Dieses Buch hätte ohne Unterstützung durch Unternehmen und Personen so nicht entstehen können. Mein Dank gilt den Herstellern von Mehrspindel-Drehautomaten, Lademagazinen und Kühlschmierstoffanlagen sowie Werkzeugherstellern und hier im Besonderen den Mitarbeitern und Mitarbeiterinnen in den Marketingabteilungen. Durch die Bereitstellung und Freigabe von Bildmaterial haben sie wesentlich zur Veranschaulichung der technischen Sachverhalte beigetragen. Ein weiterer Dank gilt Herrn Thomas Zipsner und dem gesamten Team vom Springer Verlag. Sie haben die Entstehung und Verlegung des Buches begleitet und mit wertvollen Anregungen und Anmerkungen zur Verbesserung von Text und Bilddarstellungen beigetragen. Mein besonderer Dank gilt Herrn Wilfried Rupp, der sich mit großem Engagement in die Erstellung von Bildmaterial für dieses Buch eingebracht hat. Er hat alle Bilder dieses Buches für die Drucklegung aufbereitet und war an der Gestaltung vieler Darstellungen aktiv beteiligt. Seine große Erfahrung hat mir bei der Erstellung des Bildmaterials sehr geholfen. Herr Rupp hat viele Jahre die Werbeabteilung der Firma Schütte geleitet und genießt inzwischen seinen wohlverdienten Ruhestand.

Köln
im Oktober 2019

Martin Reuber

Inhaltsverzeichnis

Abbildungsverzeichnis

Einordnung von Fertigungsverfahren und Maschinenbauform

1

Der Mehrspindel-Drehautomat bearbeitet Werkstücke mit überwiegend spanenden Fertigungsverfahren. Die Zerspanung gehört zu den trennenden Fertigungsverfahren [Din03] und ist dadurch charakterisiert, dass die Werkstückgeometrie durch das Entfernen von Material erzeugt wird. Alternativ lassen sich geometrische Formen von Festkörpern durch urformende und umformende Verfahren herstellen. Die urformenden Verfahren, wie beispielsweise Gießen, Sintern oder die verhältnismäßig neuen Verfahren der additiven Fertigung, bieten die Möglichkeit, nicht nur die Geometrie, sondern auch die Stoffzusammensetzung eines herzustellenden Werkstücks zu beeinflussen. Massiv-umformverfahren verändern lediglich die Geometrie fester Körper, wobei deren Masse und Volumen erhalten bleibt. Sie haben in den letzten Jahren ihre Genauigkeiten deutlich erhöht und erzeugen, je nach Anforderung, Werkstücke in oder nah der Endgeometrie.

Sowohl urformende als auch umformende Verfahren weisen allerdings bezüglich der Geometrieerzeugung, der herstellbaren Genauigkeit und der Wirtschaftlichkeit verschiedene Grenzen auf, sodass in der produzierenden Industrie in großem Umfang Prozessketten mit spanenden Produktionsverfahren zum Einsatz kommen. Die Wahl des Fertigungsverfahrens ist auf Basis der Anforderungen jeder spezifischen Anwendung zu treffen. Wesentliche Kriterien für die Wahl einer geeigneten Fertigungstechnologie sind der Werkstoff, die Geometrie des Werkstücks und die geforderten Fertigungstoleranzen. In der Regel wird ein Werkstück mit mehreren, in einer Prozesskette angeordneten Fertigungsverfahren hergestellt. Die spanenden Fertigungsverfahren haben in diesen Prozessketten eine außerordentlich hohe Bedeutung, was sich auch anhand der hergestellten Produktionsmittel zeigt. So werden erheblich mehr spanende als umformende Werkzeugmaschinen produziert. Die Kennzahlen der deutschen Werkzeugmaschinenindustrie weisen für 2015 einen Umsatz von 8,26 Mrd. EUR mit spanenden Werkzeugmaschinen aus. Im gleichen Zeitraum wurden umformende Maschinen im Wert von 2,93 Mrd. EUR produziert [Vdw16].

M. Reuber, *CNC-Mehrspindel-Drehautomaten*,
https://doi.org/10.1007/978-3-658-29338-3_1

Drehtechnik wird klassisch für die spanende Herstellung rotationssymmetrischer Bauteile eingesetzt, Fräsoperationen konzentrieren sich auf eher kubische Werkstückgeometrien. Der Trend zur Komplettbearbeitung von Werkstücken hat allerdings dazu geführt, dass eine ehemals klare Trennung von Einzelmaschinen in Maschinengattungen [Din81, WeBr05] an Konturierung verloren hat. Ehemals wurden spanende Werkzeugmaschinen beispielsweise in Dreh-, Bohr-, Fräs- und Räummaschinen klassifiziert. Im Wettbewerb um Bauteile und Anwendungen bieten die Maschinenhersteller auf ihren Plattformen heute meist ein breites Technologieportfolio. Auch auf Mehrspindel-Drehautomaten werden – neben verschiedenen Drehverfahren – weitere spanende und teilweise auch umformende Fertigungsprozesse ausgeführt. Entsprechend breit ist die Palette an herstellbaren Werkstücken, von denen eine Auswahl in Abb. 1.1 dargestellt ist. Die abgebildeten Werkstücke sollen die Vielfalt an geometrischen Ausprägungen verdeutlichen, die auf Mehrspindlern herstellbar sind. Die Darstellung ist nicht maßstäblich und stammt aus Bildquellen unterschiedlicher Hersteller.

Von den einspindligen Drehmaschinen unterscheidet sich der Mehrspindel-Drehautomat weniger durch die eingesetzten Technologien als vielmehr durch die vervielfachte Produktivität.

Abb. 1.1 Auswahl an auf Mehrspindel-Drehautomaten gefertigten Werkstücken. [Quellen: DMG-Mori, Index, Tornos, Schütte]

2 Grundlagen der mehrspindligen Drehtechnik

Die Ausführungen dieses Buches konzentrieren sich auf Maschinenbauformen mit umlaufendem Werkstückträger und umlaufenden Werkstücken, die im engeren Sinne als Mehrspindel-Drehautomaten bezeichnet werden [SpSt91]. Die Parallelisierung der Bearbeitung wird bei diesem Maschinentyp dadurch erreicht, dass an mehreren rotierenden Spindeln gleichzeitig und in der Regel an jeder dieser Spindeln mit zwei oder mehr Werkzeugen bearbeitet wird. Alternative mehrspindlige Maschinenbauformen sind Rundtakt-Transfermaschinen, die mit einem umlaufenden Werkstückträger und nicht rotierenden Werkstücken arbeiten. Sie stellen mit umlaufenden Werkzeugen ebenfalls rotationssymmetrische Drehpartien her und stehen in verschiedenen Anwendungen im Wettbewerb zu den Mehrspindel-Drehautomaten. In diesem Buch werden sie nicht weiter behandelt.

Das Funktionsprinzip des Mehrspindel-Drehautomaten basiert auf der Idee, die Produktivität einer Werkzeugmaschine zu steigern, ohne damit die Investitionskosten proportional zu erhöhen. Dabei wird der Ansatz verfolgt, mehrere Zerspanoperationen parallel auf der gleichen Maschinenplattform durchführen zu können, anstatt eine zweite Maschine mit gleichen Investitionskosten einsetzen zu müssen. Dieses Grundprinzip findet sich in verschiedenen Maschinengattungen wieder und ist auch in der Drehtechnik mit unterschiedlichen Realisierungskonzepten umgesetzt [Spur70]. Mehrspindlige Maschinenkonzepte haben in der Fertigungstechnik eine hohe Bedeutung erlangt, da sie die Möglichkeiten zur Einhaltung von kurzen Stückzeiten und die Lösung schwieriger Arbeitsaufgaben bei großen Stückzahlen in sich vereinigen [Spur70]. Der gleichzeitige Einsatz mehrerer Werkzeuge an einer Spindel wird in Abhängigkeit der Maschinenbauform und der Anordnung der Werkzeugträgerachsen auf unterschiedliche Weise realisiert. Häufig arbeiten die Werkzeuge parallel an Stirn- und Umfangsseite des Werkstücks.

M. Reuber, *CNC-Mehrspindel-Drehautomaten*,
https://doi.org/10.1007/978-3-658-29338-3_2

2.1 Grundaufbau von Mehrspindel-Drehautomaten

Im Grundaufbau der klassischen Bauart besteht der Mehrspindel-Drehautomat aus einem Spindelkasten (Abb. 2.1, 1) und einem gegenüberliegenden Antriebskasten (Abb. 2.1, 2), die auf einem Maschinenbett (Abb. 2.1, 3) aufgesetzt sind. Am Spindelkasten sind Konsolen (Abb. 2.1, 4) befestigt, auf denen Schlittenführungen und Schlitten (Abb. 2.1, 5) sitzen, mit denen die Werkzeugträger für die Querbearbeitungen radial bewegt werden. In der Maschine aus Abb. 2.1 ist oben ein Querbalken eingesetzt, der Spindel- und Antriebs-

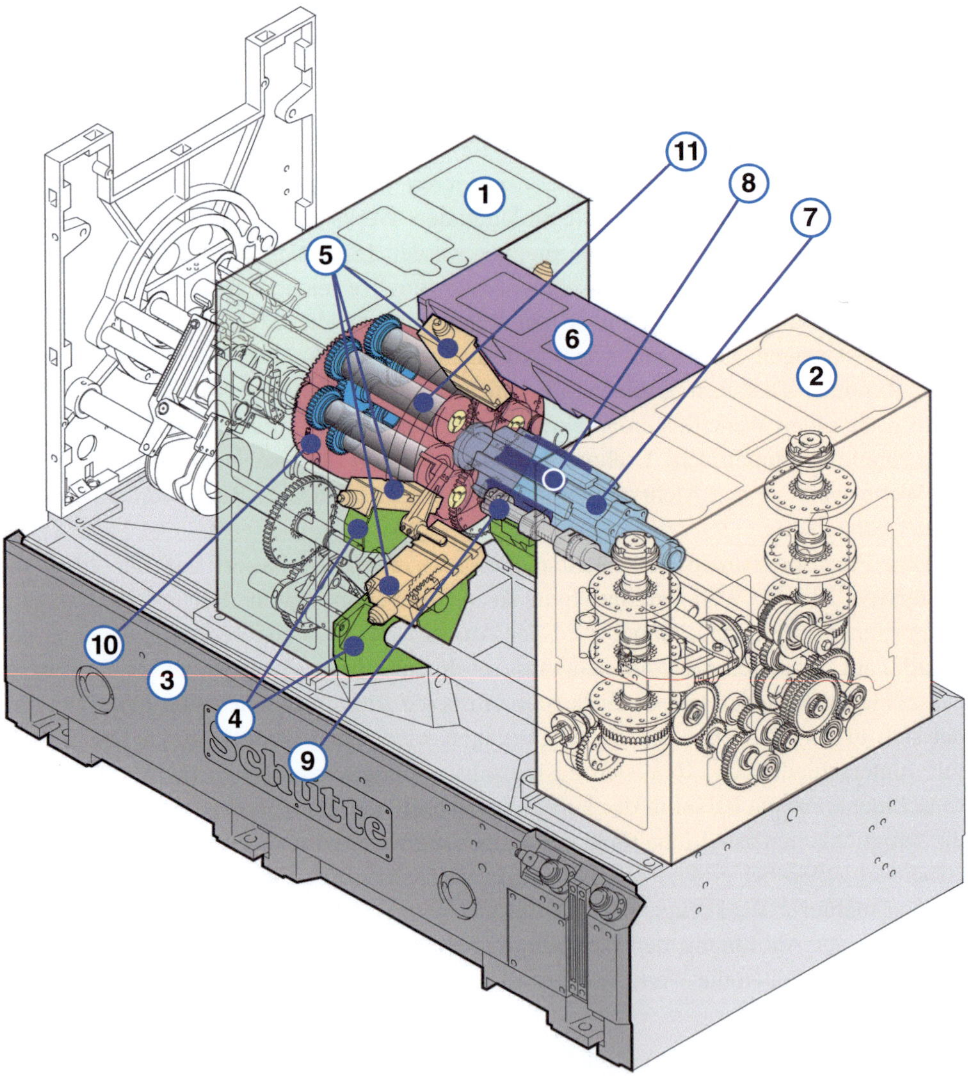

Abb. 2.1 Grundaufbau eines kurvengesteuerten Mehrspindel-Drehautomaten klassischer Bauart

kasten miteinander verbindet und eine stabile Rahmenkonstruktion schafft (Abb. 2.1, 6). An der Spindelkastenseite übernimmt er die Funktion der Konsolen und trägt Schlitten für die Querbearbeitungen. Weiterhin ist zwischen Spindel- und Antriebskasten ein Führungsblock (Abb. 2.1, 7) montiert, auf dem sich Längsschlitten (Abb. 2.1, 8) bewegen. Die darauf aufgeschraubten Bearbeitungseinheiten (Abb. 2.1, 9) sind mit Werkzeugen für Längsbearbeitungen ausgestattet.

Der Spindelkasten nimmt das Herzstück dieses Maschinentyps auf, die Spindeltrommel (Abb. 2.1, 10). In der rotierend umlaufenden Spindeltrommel, sind mehrere Hauptspindeln (Abb. 2.1, 11) auf einem Spindelkreis angeordnet. Diese werden mit jedem Schaltschritt in eine andere Bearbeitungsstation transportiert. Nach der Verriegelung der Trommel erfolgt in jeder Station die Bearbeitung des Werkstücks. Dabei werden die Werkzeugträger von quer und längs zugestellt und bringen die Werkzeuge in Kontakt mit dem Werkstück.

Viele Maschinen dieser klassischen Bauform sind mechanisch gesteuert, d. h. die Dreh-, Schalt- und Vorschubbewegungen werden über Umlenkgetriebe aus Kurven, Hebeln und Wellen von zentralen Antrieben abgeleitet. Die CNC-gesteuerten Maschinen nutzen elektrische oder hydraulische Antriebe, mit denen die Achsen überwiegend dezentral angesteuert werden.

In der Regel trägt die Spindeltrommel sechs oder acht Werkstückspindeln, deren Rotation die Hauptbewegung für den Drehprozess erzeugt. Weniger verbreite Bauformen, auf die hier nicht weiter eingegangen wird, sind mit zwei, drei oder fünf Spindeln ausgestattet. Die Spindeltrommel (Abb. 2.2, links) fungiert als Werkstückträger und

Abb. 2.2 Spindeltrommel eines 8-spindligen Mehrspindel-Drehautomaten (links) und Spindelkästen von 6- und 8-Spindlern mit Spindeltrommel und Querschlitten (rechts) [Schu08]

transportiert die in den Spindeln gespannten Werkstücke mit einer umlaufenden, rotatorischen Schaltbewegung durch die einzelnen Bearbeitungsstationen (Abb. 2.2, rechts). Das Werkstück wird – ausgehend von einem Werkstückrohling oder einer Materialstange – schrittweise im Durchlaufen mehrerer Arbeitsstationen, den sogenannten Bearbeitungslagen, zu einer gewünschten Endgeometrie verarbeitet.

Als Träger der Querschlitten sind um die Spindeltrommel sogenannte Querschlittenkonsolen angeordnet, die an der vorderen Spindelkastenwand montiert sind. Die Querschlittenkonsolen sind in unterschiedlichen Winkeln zum Zentrum der Spindeltrommel aufgebaut. Die unteren Bearbeitungslagen werden für einen besseren Spänefall in einem flacheren Winkel und einem größeren Abstand positioniert. Je nach Anzahl der Hauptspindeln ergeben sich unterschiedliche Anstellwinkel. Auf den Konsolen werden Querschlitten geführt, die radial zur Werkstückachse verfahren werden können. Die Querschlitten tragen Bearbeitungseinrichtungen und Werkzeugsysteme, die überwiegend für die Umfangsbearbeitung der Werkstücke eingesetzt werden. Werkzeugsysteme und Einrichtungen müssen so konstruiert sein, dass sie im Bauraum über dem Querschlitten kollisionsfrei zu den Aufbauten in den Nachbarlagen bleiben. Der zur Verfügung stehende Bauraum ist vom Anstellwinkel der Querschlitten und dem Abstand zum nächsten Querschlitten abhängig. Der Aufbau der Drehwerkzeuge ist modular und stellt sicher, dass die Werkzeugschneide tangential am größten Drehdurchmesser des Werkstücks ansteht, d. h. auf Spitzenhöhe positioniert ist.

Parallel zu den Zerspanoperationen von den Querschlitten werden die Werkstücke stirnseitig bearbeitet. Werkzeuge und Einrichtungen für axiale Bearbeitungen, beispielsweise Bohroperationen, sind auf Längsschlitten verschraubt, die auf dem sogenannten Längsschlittenblock geführt werden. Bei den Längsbearbeitungseinheiten werden die Werkzeuge in der der Regel zentrisch auf die Werkstückmitte ausgerichtet. Quer- und Längslagen sind idealerweise kollisionsfrei gestaltet, damit während der Bearbeitung eine unabhängige Bewegung der Achsen möglich ist.

Der Längsschlittenblock ist eine wesentliche und genauigkeitsbestimmende Komponente dieser Maschinenbauform. Er sitzt ortsfest auf einem Führungsrohr, das auf einer Seite in der Spindeltrommel gelagert ist und seine zweite Lagerstelle im Antriebskasten hat. Durch diese Anordnung wird die Fluchtung der Längsantriebe mit den Hauptspindeln gewährleistet. Der Antriebskasten ist dem Spindelkasten gegenüber positioniert und beheimatet neben der Lagerung des Führungsrohrs auch wesentliche Teile des Antriebsstrangs für Spindeln, Quer- und Längsschlitten.

Eine wichtige Besonderheit der hier beschriebenen Mehrspindel-Drehautomaten liegt im Zentralantrieb der Hauptspindeln, der bauartbedingt ist und dazu führt, dass alle Spindeln mit gleicher Drehzahl betrieben werden. Heutige CNC-Mehrspindel-Drehautomaten verfügen in der Regel über Einzelspindelantriebe, mit denen diese Einschränkung der Drehzahlwahl nicht mehr gegeben ist.

2.2 Das Prinzip der Werkstückbearbeitung

Der Mehrspindel-Drehautomat ist ein starr gekoppeltes Transfersystem, dessen Taktzeit sich aus der Bearbeitungsstation mit der längsten Bearbeitungszeit, zuzüglich der Nebenzeit für die Transferbewegung des Werkstückträgers ergibt. Diese als Trommelschaltung bezeichnete Transferbewegung beinhaltet das Entriegeln, die Drehbewegung und das Verriegeln der Spindeltrommel in ihrer neuen Bearbeitungsposition. Die Verriegelung der Werkstückträgertrommel ist notwendig, damit diese während der Bearbeitung positionsfixiert ist und die Kräfte und Momente aus den Bearbeitungsprozessen aufnehmen und in den Spindelkasten weiterleiten kann.

Um eine hohe Produktivität zu gewährleisten, müssen die Bearbeitungsprozesse so aufgeteilt werden, dass alle Stationen möglichst gleichmäßig ausgetaktet sind, d. h. möglichst gleiche Bearbeitungszeiten haben. Bei den Mehrspindel-Drehautomaten spricht man in der Regel nicht von Bearbeitungsstationen, sondern von Bearbeitungslagen. Die Gesamttaktzeit wird von der Bearbeitungslage mit der längsten Bearbeitungszeit, der sogenannten „stückzeitbestimmenden Lage“ bestimmt.

Grundlage zur Prozessauslegung ist eine Werkstückzeichnung, wie sie beispielhaft in Abb. 2.3 dargestellt ist. Aufgabe einer Prozessplanung ist es, die Fertigung des Werkstücks auf Basis der Werkstückzeichnung und der Rohteilabmessungen in einer geeigneten Bearbeitungsfolge zu planen. Dazu sind die einzelnen Bearbeitungsschritte möglichst gleichmäßig auf die Bearbeitungslagen aufzuteilen. Wichtige Auslegungskriterien sind neben der Werkstückgeometrie die geforderten Maß-, Form- und Lagetoleranzen sowie der zu bearbeitende Werkstoff.

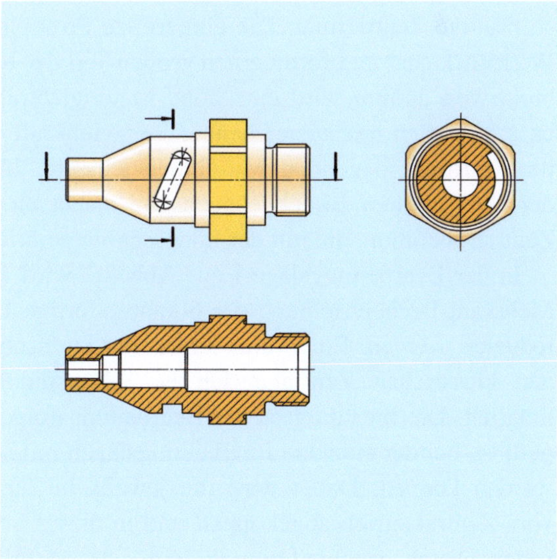

Abb. 2.3 Beispielwerkstück zur Fertigung auf einem Mehrspindel-Drehautomaten. [Quelle: Schütte]

Nach der ersten grundlegenden Bearbeitungsaufteilung erfolgt eine Werkzeugauswahl für jeden der Bearbeitungsschritte. Mit Kenntnis der Werkzeuge werden die Bearbeitungsparameter der einzelnen Fertigungsprozesse festgelegt. Die Auswahl von Schnitt- und Vorschubgeschwindigkeit ermöglicht schlussendlich die Berechnung der Bearbeitungszeiten für jede Lage. Nach Vorliegen der Bearbeitungszeiten wird überprüft, inwieweit durch eine Optimierung der Prozessschritte, beispielsweise durch die Verlagerung von Teilprozessen, einer Variation der Schnittaufteilung oder einer Veränderung der Prozessparameter, die Taktzeit reduziert werden kann. Dabei folgt der Prozessplaner in der Regel der Vorgehensweise, die jeweils stückzeitbestimmende Lage auf Reduzierung des Bearbeitungsumfangs bzw. der Bearbeitungszeit zu prüfen. So wird sukzessive eine optimierte Taktzeit ermittelt.

Wird die Werkstückfertigung auf einer bestehenden Maschine geplant, sind dabei Ausrüstungsmöglichkeiten bzw. -restriktionen zu beachten. In der Regel lassen sich die Bearbeitungen nicht frei planen, da gegebenenfalls die Maschinenausrüstung bestimmte Funktionen nicht in allen Bearbeitungslagen zur Verfügung stellt. Wird eine neue Maschine für die Bearbeitung eines Werkstücks oder einer Teilefamilie beschafft, kann die Ausrüstung auf Basis eines Bearbeitungsvorschlags festgelegt werden. Dabei sind konstruktive Restriktionen des gewählten Maschinentyps ebenso zu beachten, wie die Auswirkungen der Ausstattungsmerkmale auf die Investitionskosten und die Gesamtwirtschaftlichkeitsbetrachtung.

Eine mögliche Bearbeitungsfolge zur Fertigung des oben gezeigten Werkstücks aus Automatenstahl ist in Abb. 2.4 dargestellt. Das Werkstück wird auf einem 8-spindligen Drehautomaten hergestellt. Die Bearbeitungsfolge ist im Folgenden erläutert.

In der Bearbeitungslage VIII aus Abb. 2.4 erfolgt der Vorschub der Materialstange (nicht dargestellt) sowie das Einstechdrehen der vorderen Werkstückpartie und eine stirnseitige Zentrierung. Die eingesetzte Profilplatte stellt die vordere Bezugskante des Werkstücks her und formt einen großen Teil der Kontur. Durch die hier gewählte Schnittbreite von 24 mm wird eine hohe Materialabtragsleistung erzielt. Voraussetzung dafür ist ein Antrieb mit ausreichender Vorschubkraft und eine hinreichende Steifigkeit aller im Kraftfluss liegenden Maschinenelemente. Im zweiten Teil der Bearbeitung wird der Querschlitten zurückgezogen und macht die Stirnseite des Werkstücks frei für die Zentrieroperation, die mit der Längsschlitteneinrichtung ausgeführt wird.

In der Bearbeitungslage I aus Abb. 2.4 wird auf der Querbearbeitungslage mit einer Mehrkant-Dreheinrichtung der 6-kant gefertigt. Für diese Operation muss die Drehzahl reduziert werden. Eine Veränderung der Drehzahl an einer der Hauptspindeln ist durch den klassischen Zentralantrieb bei Mehrspindel-Drehautomaten grundsätzlich nicht möglich. Die hier dargestellte Bearbeitungsfolge wird aber auf einer Maschine durchgeführt, bei der einzelne Bearbeitungslagen mit sogenannten Zusatzdrehzahlen versehen werden können. Dabei wird die jeweils in der Bearbeitungslage befindliche Spindel vom Zentralantrieb abgekoppelt und in dieser Station mit einem separaten Antrieb versehen. Die abgesenkte Drehzahl ist für das Mehrkantdrehen erforderlich, für den parallel

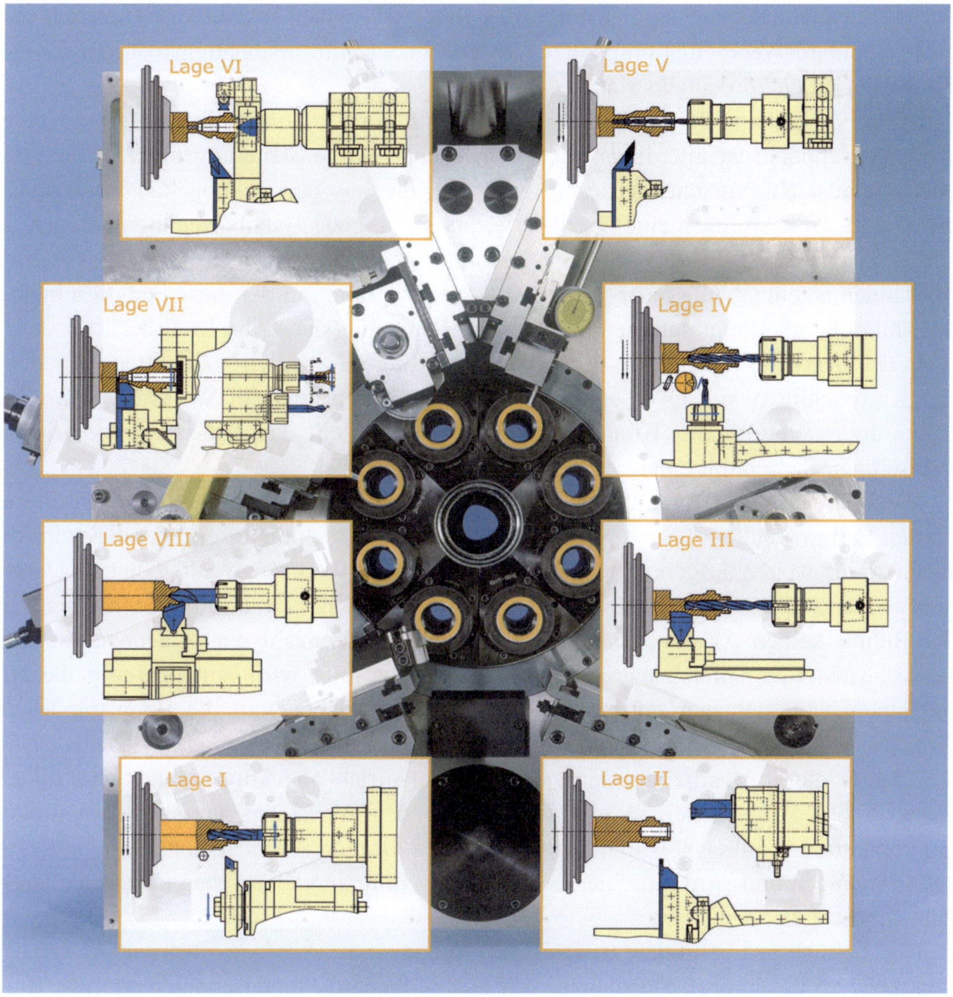

Abb. 2.4 Bearbeitungsfolge zur Herstellung des Beispielwerkstücks auf einem Achtspindler. [Bildquellen: Schütte]

arbeitenden Bohrer allerdings technologisch nicht geeignet. Daher wird er mit einer angetriebenen Bohreinrichtung auf eine geeignete Differenzdrehzahl gebracht.

In dem in Abb. 2.4 dargestellten Bearbeitungsablauf sind zwei grundsätzliche Möglichkeiten zur Herstellung einer Werkstückkontur eingesetzt. Lage VIII aus Abb. 2.4 stellt die Werkstückkontur durch eine Stech-Drehoperation mittels Profilplatte her. Hierbei reicht eine einfache lineare Bewegung des Schlittens in x-Richtung aus, da das Profil des Werkstücks in der Form des Werkzeugs enthalten ist. Lage II in Abb. 2.4 bedient sich der kinematischen Formgebung. Dabei wird die Werkstückgeometrie durch das Abfahren der Kontur mit der überlagerten x-z-Bewegung eines Kreuzschlittens erzeugt.

Vorteil der Geometrieerzeugung durch das Bewegungsprofil ist, dass geometrisch einfache Standard-Werkzeuge eingesetzt werden können, die unabhängig von der Gestalt des vorliegenden Werkstücks sind.

Diese Formgebung der Werkstückgeometrie mit einer konturparallelen Bewegung der Werkzeugschneide ist allerdings mit mechanischer Kurvensteuerung nicht realisierbar. Hierzu sind CNC-Vorschubachsen erforderlich, die aus den gekoppelten Bewegungsprofilen mehrerer Achsen eine überlagerte, interpolierende Bahnbewegung erzeugen. In CNC-Maschinen ist diese Bewegungsflexibilität gegeben, bei vielen kurvengesteuerten Maschinen ist ein CNC-Kreuzschlitten eine Zusatzoption, mit der diese Funktion in ausgewählten Bearbeitungsstationen integriert werden kann (siehe Abschn. 3.3.2).

In der Bearbeitungsfolge aus Abb. 2.4 sind in Lage II zwei Kreuzschlitten aufgebaut. Ein Kreuzschlitten von Quer erzeugt Teile des Außenprofils am Werkstück mit einer Konturdrehoperation. Der Kreuzschlitten von Längs stellt das Außengewinde an dem stirnseitigen Zapfen mit einer Gewindestrehl-Operation her.

Die Bearbeitungslage III aus Abb. 2.4 setzt in der Außenbearbeitung einen weiteren breiten Formmeißel zum Schruppen der hinteren Werkstückkontur ein. Parallel wird die Innenkontur weiter aufgebohrt. Dabei arbeiten beide Werkzeuge auf gleichen Durchmessern und die Schnittgeschwindigkeiten werden ähnlich gewählt. Somit benötigt der Bohrer keinen Antrieb, sondern übernimmt die Drehzahl der Außenoperation. In der nächsten Bearbeitungslage sieht das anders aus: hier wird umfangsseitig die Nut mit einem angetriebenen Fräser von Quer gefertigt. Dabei wird die Hauptspindel als C-Achse eingesetzt, d. h. sie führt eine rotatorische Zustellbewegung aus. Dazu ist die Spindel in dieser Bearbeitungslage vom Zentralantrieb abgekoppelt und wird mittels Zusatzdrehzahl interpolierend mit der z-Achse des Werkzeugs verfahren. Damit die Bohroperation parallel ablaufen kann, muss der Bohrer seine Schnittgeschwindigkeit selbst erzeugen und wird mit einer angetriebenen Bohrspindel auf die gewünschte Drehzahl gebracht.

Die Schlichtbearbeitung der vorderen Außenkontur wird in Bearbeitungslage V von Abb. 2.4 ausgeführt. Dabei wird mit einer Standard-Wendeschneidplatte aus Hartmetall gearbeitet und eine entsprechend hohe Schnittgeschwindigkeit gewählt. Die Innenbearbeitung wird mit einem HSS-Bohrer bei gleicher Drehzahl durchgeführt. Der technologisch sinnvolle Unterschied in der Schnittgeschwindigkeit ergibt sich durch den kleinen Bohrungsdurchmesser.

Die finale Bearbeitung der hinteren Werkstückpartie erfolgt in Lage VI aus Abb. 2.4. Die Tatsache, dass das Werkstück im hinteren Bereich, d. h. an der Spindelseite, schon sehr stark geschwächt ist, macht eine Abstützung des Werkstücks erforderlich, die mittels einer Zentrierspitze vom Längsschlitten umgesetzt wird. Damit trotzdem noch mit mehreren Werkzeugen gearbeitet werden kann, wird vom Querschlitten mit einem Doppelhalter gearbeitet, der mit einer Standardplatte den Konus und den Zapfen der hinteren Werkstückpartie fertigt sowie die rückwärtige Fase an die Außenkontur anbringt. Ein Sonderwerkzeug dient der Herstellung der Fasen am Sechskant.

Nachdem das Werkstück alle Bearbeitungsstationen auf der Spindeltrommelseite durchlaufen hat, erfolgen in der Bearbeitungslage VII in Abb. 2.4 die Trennung des Werkstücks von der Materialstange und die Bearbeitung der zweiten Werkstückseite. Hierzu ist auf dem Längsschlitten eine Gegenspindel montiert, die der Hauptspindel gegenübersteht. Der Längsantrieb fährt auf die Hauptspindel zu und die Gegenspindel spannt das Werkstück mit einem werkstückangepassten Spannmittel. Dazu ist die Drehzahl der Gegenspindel mit der Hauptspindel synchronisiert, sodass das rotierende Werkstück in beiden Spindeln gespannt ist. Bei der vorliegenden Stangenbearbeitung wird nun eine Abstichoperation durchgeführt. Ein schmaler Abstichmeißel, der auf dem Querschlitten positioniert ist, trennt das Werkstück mit einer Vorschubbewegung in radiale Richtung von der Materialstange in der Hauptspindel ab. Ab dem Zeitpunkt der Trennung ist das Werkstück (Abb. 2.5, 1) nur noch in der Gegenspindel (Abb. 2.5, 2), gespannt. Über eine Rückzugsbewegung des Längsantriebs wird dieses aus der Abstichebene in eine deutlich zurückgezogene Bearbeitungsposition transportiert, damit Werkzeugträger und Werkzeuge in der gleichen Bearbeitungslage einen Zugang zur zweiten Werkstückseite haben. Werkzeuge für die rückwärtige Bearbeitung (Abb. 2.5, 3) sind auf einem zweiten Querschlitten (Abb. 2.5, 4) aufgebaut. Je nach Bearbeitungsumfang

Abb. 2.5 Rückwärtige Bearbeitung des Werkstücks in der Abstichlage. [Bildquelle: Schütte]

werden bis zu drei Werkzeuge gespannt und nacheinander in Einsatz gebracht. Für das Anfasen der Bohrung und das Bohren des Innengewindes in der Bearbeitung aus Abb. 2.4 werden zwei Werkzeuge benötigt. Nach Abschluss der Bearbeitungen wird das Werkstück im einfachsten Fall aus der Gegenspindel ausgestoßen und läuft über eine Rutsche auf ein Transportband. Sind die Werkstücke beschädigungsempfindlich, werden sie alternativ mit einer Handhabungseinrichtung aus der Gegenspindel entnommen, auf das Transportband abgelegt und aus dem Arbeitsraum der Maschine transportiert.

Die Taktzeit der Bearbeitungsfolge in Abb. 2.4 beträgt 8,4 s. Diese ergibt sich aus den Hauptzeiten der Zerspanung sowie den Nebenzeiten für Trommelschaltung und Rückzugs- bzw. Anstellbewegung der Werkzeuge. Die Nebenzeiten für die Trommelschaltung (bei Kurvenmaschinen auch die Anstellbewegungen der Werkzeuge) sind für den Anwender nicht beeinflussbar, sondern bauartbedingt durch die Maschinenkonstruktion und die Gestaltung der zyklisch wiederkehrenden Abläufe bestimmt und vom Maschinenhersteller festgelegt. Die Nebenzeit variiert mit Maschinengröße und -bauform und liegt meist zwischen 0,4 und 1,5 s.

Im Anwendungsbeispiel ist – wie in vielen anderen Anwendungsfällen auch – die letzte Lage mit der Bearbeitung der zweiten Werkstückseite stückzeitbestimmend. Ausschlaggebend hierfür sind mehrere Operationen, die in dieser Bearbeitungslage erforderlich sind:

- Abstich (bei Stangenbearbeitungen)
- Werkstückübernahme durch die Gegenspindel
- Zerspanprozess an der Werkstückrückseite
- Teileentnahme und Teileabführung.

Die mit diesen Funktionen korrespondieren Zeitbedarfe können nur bedingt parallelisiert und beeinflusst werden.

Variabel für den Anwender ist lediglich die Dauer der Zerspanung an der Werkstückrückseite, die im Wesentlichen vom Umfang der Bearbeitung und der Anzahl der benötigten Werkzeuge abhängt und werkstückspezifisch ist. Allerdings sind die Anforderungen vieler Anwender an den Umfang der Zwei-Seiten-Bearbeitung gestiegen und haben das Maschinenkonzept der Mehrspindel-Drehautomaten vor neue Herausforderungen gestellt.

Die heute etablierten einspindligen Drehmaschinen mit Gegenspindel bieten umfangreiche Bearbeitungsmöglichkeiten auf beiden Werkstückseiten und ein breites Technologieportfolio. Die Anwender möchten bei steigenden Produktionszahlen gleiche Funktionen und Bearbeitungsumfänge auch auf produktiveren Maschinenkonzepten umsetzen. Aus diesem Grunde kommt der Zwei-Seiten-Bearbeitung auf Mehrspindel-Drehautomaten bei der Komplettbearbeitung komplexer Werkstücke eine Schlüsselstellung zu. Lösungen hierzu werden im weiteren Verlauf des Buches vorgestellt.

2.3 Anwendungsbereiche für den Mehrspindel-Drehautomaten

Haupteinsatzgebiete von mehrspindligen Drehautomaten sind traditionell die Branchen, die überwiegend rotationssymmetrische Bauteile in großen Stückzahlen bzw. hohen Produktionsvolumina herstellen. Dies sind in erster Linie die Automobilindustrie, die Armaturenindustrie, die Elektro- und Elektronikindustrie sowie der allgemeine Maschinenbau.

Der Begriff überwiegend rotationssymmetrisch kann dabei durchaus breit interpretiert werden, da die Maschinen eine Vielzahl an Möglichkeiten bieten, auch nicht rotationssymmetrische Geometriemerkmale herzustellen. Dazu gehören exzentrische Bohrungen, die parallel oder winklig zur Rotationsachse des Werkstücks mit entsprechenden Maschinenfunktionen und Ausrüstungen herstellbar sind. Weiterhin bieten die Maschinen verschiedene Technologien zur spanenden und spanlosen Herstellung von Außen- und Innengewinden an. Zudem können stirn- und umfangsseitige Flächen oder Nuten unterschiedlicher Ausprägung und Winkligkeit erzeugt werden. Auf hoch ausgerüsteten modernen CNC-Mehrspindel-Drehmaschinen werden daher Werkstücke produziert, die man eher auf einem Bearbeitungszentrum oder einer Rundtakt-Transfermaschine vermuten würde.

Die Maschinen sind in der Baugröße nach Durchmesserbereichen skaliert, die sich in der Regel am maximalen Durchmesser von spindelseitig zuführbaren Materialstangen orientieren. Marktgängige Maschinenkonzepte von Mehrspindel-Drehautomaten starten am unteren Ende mit einem Stangendurchlass von 16–18 mm und werden in gestaffelten Baugrößen bis in Durchmesserbereiche von 55 mm und größer angeboten. Die Durchlassbereiche werden dabei meist so ausgelegt, dass auch gängige Zollmaße verarbeitet werden können. Häufig werden in den jeweiligen Durchmesserbereichen 6- und 8-spindlige Maschinen angeboten.

Korrespondierend zu den Baugrößen der Stangenmaschinen bieten verschiedene Hersteller Maschinen für die Bearbeitung von vorgeformten oder vorbearbeiteten Rohlingen an. Die Magazin- oder Futtermaschinen setzen zwar unter dem Gesichtspunkt einer modularen Bauweise auf den gleichen Maschinenplattformen auf, sind aber in der Regel nicht oder nur mit hohem Aufwand von oder in Stangenmaschinen umbaubar. Daher sollte vor dem Maschinenkauf entschieden werden, ob die Maschine für die Bearbeitung von Materialstangen oder Werkstückrohlingen eingesetzt werden soll.

Ein zu diesem Zeitpunkt weiterer wichtiger Entscheidungspunkt ist die Frage, ob für den geplanten Einsatz besser in eine kurvengesteuerte, ggf. hybride Maschine oder einen CNC-Mehrspindel-Drehautomaten investiert werden soll. Bei der Beschaffung von einspindligen Dreh- und Fräsmaschinen stellt sich diese Frage häufig nicht, da die Beschaffung von NC-gesteuerter Maschinentechnologie in der Regel gesetzt ist. Bei den Mehrspindel-Drehautomaten haben die mechanischen Maschinen aber bis in die heutige

Zeit eine marktrelevante, wenn auch abnehmende Bedeutung. Die Gründe hierfür werden im weiteren Verlauf des Buchs noch erläutert.

Investitionen in Mehrspindel-Drehautomaten werden zu einem hohen Anteil als „Turn-Key-Projekte" abgewickelt, d. h. die Maschinen werden für einen spezifischen Anwendungsfall angefragt, angeboten, verkauft und ausgerüstet. Der Anwender beschafft dabei die Maschine für die Produktion eines konkreten Werkstücks oder einer Gruppe von Werkstücken und fragt dieses Einsatzszenario beim Maschinenhersteller an. Für ausgewählte, repräsentative Werkstücke lässt er durch den Hersteller die technische Machbarkeit prüfen, die benötigte Maschinenausrüstung zusammenstellen sowie den Arbeitsablauf erarbeiten und mit einer Taktzeit belegen.

Im Auftragsfall ist die zeichnungsgerechte Herstellung des ausgewählten Werkstücks in der vertraglich vereinbarten Taktzeit ein Bestandteil der Maschinenabnahme. Wenn die Kunden über ausreichende Erfahrung mit dem Einsatz von Mehrspindel-Drehautomaten verfügen, können Sie die Konfiguration der Maschinenfunktionen selbst festlegen und auf die werkstückgebundene Maschinenabnahme verzichten. Dies reduziert die Investitionskosten und empfiehlt sich insbesondere dann, wenn bereits Produktionserfahrung mit gleichen oder ähnlichen Bauteilen vorliegt.

In diesem einleitenden Kapitel wurden die Grundlagen der mehrspindligen Fertigung erläutert und zahlreiche Aspekte angesprochen, die bei der Produktion mit Mehrspindel-Drehautomaten zu beachten sind. Die folgenden Kapitel stellen Maschinentechnik und Fertigungsmöglichkeiten differenziert dar und vertiefen alle relevanten Aspekte für das Arbeiten mit Mehrspindlern.

3 Entstehung und Entwicklung kurvengesteuerter Maschinen

Kennzeichnend für Drehautomaten ist, dass sie selbsttägig, mit mehreren Werkzeugen, ohne das Eingreifen eines Bedieners in den Bearbeitungsprozess, Werkstücke herstellen. Dazu benötigt der Automat eine Steuerung, mit der die Informationen der Bearbeitung auf die Maschine übertragen werden. Der Automat vollführt die Arbeitsfunktionen dann nach einem Programm, das vom Menschen erstellt wird. Das Programm wird mechanisch, hydraulisch, elektrisch oder pneumatisch übertragen und erzeugt die sich selbsttätig wiederholenden Bewegungen des Automaten. Zurzeit der mechanisch gesteuerten Drehautomaten werden alle Bewegungsabläufe in der Steuerwelle und den Kurvenscheiben oder -trommeln gespeichert und mit Getrieben, Hebeln, Nocken und Kulissen auf die Bearbeitungsstationen umgelenkt und übertragen [Ruby95]. Die Abgrenzung zwischen handbedienten Drehmaschinen und bewegungsgesteuerten Drehautomaten ist eindeutig definiert. Unterschiede liegen vor allem in der Produktivität und in den Qualifikationsanforderungen an den Bediener [Herr14, Ruby95].

Die Entwicklung von Mehrspindel-Drehautomaten begann in den 80er Jahren des 19. Jahrhunderts und ging zunächst von Amerika aus. In der Fortentwicklung von Drehbänken entstanden neue Maschinenkonzepte, getrieben durch hohe Bedarfe an mechanisch gefertigten Werkstücken im großen Binnenmarkt der amerikanischen Industrie. Die große Nachfrage nach Drehteilen bestand zunächst in der Schrauben-, Waffen, Uhren- und Nähmaschinenindustrie und prägte den Begriff „Screwmachine". Später motivierte auch die hohe Nachfrage bei der Herstellung von Schreibmaschinen, Armaturen, Elektromotoren, Kugellagern, Fahrrädern und Kraftfahrzeugen zur Entwicklung von Fertigungsmaschinen mit höherer Produktivität und Automatisierung [Ruby95]. Der Mehrspindel-Drehautomat entwickelte sich in diesem Anforderungsprofil parallel mit konkurrierenden Konzepten wie Einspindel-Drehautomaten und Revolverdrehbänken [Fink38]. Die Entwicklungslinie der mehrspindligen Maschinenkonzepte verlief zunächst keineswegs zielgerichtet, sondern war in den Anfängen durch eine Reihe von Erfindungen

M. Reuber, *CNC-Mehrspindel-Drehautomaten*,
https://doi.org/10.1007/978-3-658-29338-3_3

unterschiedlicher Ausrichtung gekennzeichnet, durch deren Zusammenwirken letztlich das Fertigungssystem Mehrspindel-Drehautomat in unterschiedlichen Ausführungsformen entstand [SpSt91]. Der erste zuverlässig arbeitende und in der Folgezeit in der Industrie eingesetzte Mehrspindler wurde im Jahr 1893 in den USA fertiggestellt. Die Amerikaner Henn und Hakewessell hatten einen Vierspindel-Stangendrehautomaten konstruiert, auf den im Jahr 1894 ein Patent erteilt wurde und dem sie den Namen „Acme" gaben. Bei der Gründung der Acme Machine Screw Company in Hartford (Connecticut) im Jahr 1896 waren bereits vier Automaten fertiggestellt, von denen drei im eigenen Unternehmen zur Herstellung von Fahrradteilen genutzt wurden. Eine Serienfertigung der Mehrspindel-Drehautomaten begann erst um die Jahrhundertwende, nachdem ein größerer Auftrag über 20 Maschinen gewonnen wurde [Ruby95]. Der Name Acme blieb auch nach zahlreichen Umfirmierungen prägend für Mehrspindel-Drehautomaten.

In Europa setzte der Bau von Mehrspindel-Drehautomaten erst nach der Jahrhundertwende ein, da vorher kein Bedarf der Industrie für Maschinen der Massenherstellung vorlag. Einen gewaltigen Aufschwung erfuhr der Bau von Mehrspindel-Drehautomaten in Deutschland mit Beginn des 1. Weltkriegs, als die Einfuhr der Maschinen aus den USA stoppte und der Materialbedarf des Militärs eine entsprechende Nachfrage nach produktiven Massenfertigungsmitteln entstehen ließ [Fink38].

Der betriebliche Einsatz der Mehrspindel-Drehautomaten bei der Massenfertigung von Drehteilen vermittelte wichtige Erfahrungen und Erkenntnisse, die zu einer zielgerichteten Weiterentwicklung bestehender Baugruppen führten und sich in zahlreichen Neuentwicklungen widerspiegelten [SpSt91].

3.1 Konstruktionsmerkmale

Die seinerzeit entwickelten Mehrspindel-Drehautomaten mit umlaufenden Werkstücken waren rein mechanisch gesteuerte Maschinen und stimmten bis in die 30er Jahre des letzten Jahrhunderts in einer Reihe von Konstruktionsmerkmalen überein [Spur70], die anhand einer Maschine aus dem Jahr 1915 in Abb. 3.1 verdeutlicht werden:

- Schaltbare Spindeltrommel mit mehreren Werkstückspindeln (Abb. 3.1, 1),
- Antrieb aller Werkstückspindeln mit gleicher Drehzahl durch einen Zentralantrieb, bestehend aus einem zentralen Antriebsrad und einer durch den Werkzeugraum geführten Zentralwelle (Abb. 3.1, 2),
- Vorschubbewegung in Längsrichtung (d. h. in Richtung der Spindelachsen) durch einen für alle Spindellagen gemeinsamen Werkzeugträger (Abb. 3.1, 3),
- Vorschubbewegung in Querrichtung (d. h. senkrecht zu den Spindelachsen) durch mehrere Querschlitten (Abb. 3.1, 4),
- Steuerung aller automatisierten Bewegungs- und Schaltfunktionen durch eine unterhalb des Werkzeugraums gelegene Steuerwelle nach dem Hauptsteuerwellensystem (Abb. 3.1, 5).

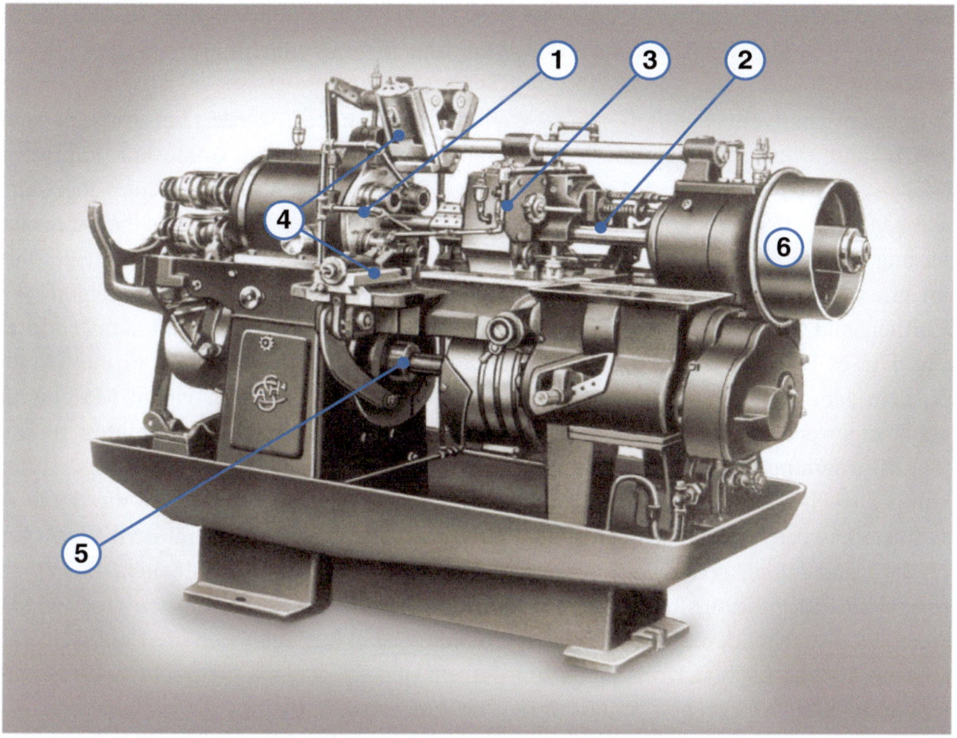

Abb. 3.1 Mehrspindel-Drehautomat der Firma Schütte aus dem Jahr 1915. [Bildquelle: Schütte]

Zu erkennen ist auch das Riemenrad (Abb. 3.1, 6), über das alle Haupt-, Vorschub-, Neben- und Schaltbewegungen durch einen Riemen angetrieben wurden. Dieser wurde seinerzeit über eine Transmissionswelle bewegt, die ihrerseits über Wind- oder Wassermühlen gespeist wurde oder ihre Energie aus einer Dampfmaschine bezog.

In den frühen Maschinenkonzepten waren alle Längsantriebe auf einem Zentralblock fest verschraubt (Abb. 3.2, links). Dieser war in Axialrichtung verschiebbar und

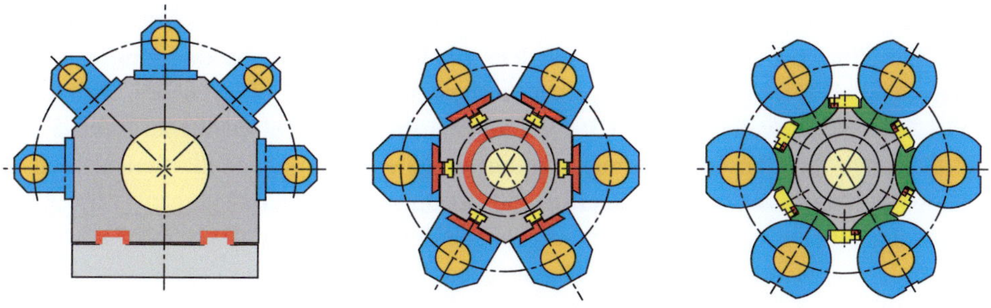

Abb. 3.2 Unterschiedliche Entwicklungsstände von Längsschlittenführungssystemen [Schu04]

realisierte für alle Längswerkzeuge eine gemeinsame Vorschubbewegung. In Abb. 3.2 ist die lineare Führung des Blockes auf dem Maschinenbett als Flachführung dargestellt und rot hervorgehoben.

In konstruktiven Parallel- und Weiterentwicklungen wurde bereits seit den 1890er Jahren jeder Längsantrieb individuell auf einem axial ortsfesten Führungsblock verfahren Abb. 3.2 (Mitte). Damit verfügte jedes Axialwerkzeug über eine unabhängige Vorschubbewegung. In Abb. 3.2 (Mitte) sind die Schwalbenschwanzführung rot markiert. Alternativ wurde die Linearführung als Flachführung ausgeführt. Ein gravierender Nachteil dieser Anordnung liegt darin, dass mit dem Verschleiß von Schlitten und Führungen die Fluchtung der Längswerkzeuge zu den Spindeln verloren geht. Dieses Problem wurde durch eine patentierte Weiterentwicklung der Firma Schütte aus dem Jahr 1931 gelöst (Abb. 3.2, rechts). Bei dem bis heute in vielen Maschinentypen angewendeten Grundprinzip werden die Führungsbahnen und Schlitten für die Längsbearbeitungseinrichtungen als Segmente konzentrischer Spindelkreise ausgeführt. Abb. 3.2 (rechts) zeigt den Block als führendes Trägerelement in grau und die Schlitten als linear bewegte Einheiten in grün. Die Führungsleisten (gelb) sind mit dem Block verschraubt und bilden gemeinsam mit den Blockmulden die Führungsflächen. Bei einem Verschleiß der Führungsflächen lassen sich die Schlitten über Stellleisten (rot) wieder gegen die feststehenden Führungsleisten drücken. Dabei bewegen sich die Längsschlitten auf dem konzentrischen Kreisbogen um die mit den Spindelachsen fluchtenden Mittelpunkte der Längswerkzeuge, sodass deren Position erhalten bleibt.

Ein weiterer wichtiger Entwicklungsschritt erfolgte ebenfalls in den 30er Jahren des letzten Jahrhunderts, als der zentrale Transmissionsantrieb durch Elektromotoren ersetzt wurde. Die prinzipielle Umsetzung aller mechanisch gesteuerten Haupt-, Vorschub- und Schaltbewegungen aus einem einzigen elektrischen Antrieb ist in Abb. 3.3 veranschaulicht.

Die Antriebsenergie wird durch ein Vorgelegegetriebe aufgeteilt und bedient sowohl die Steuerwelle für Vorschub- und Schaltbewegungen (Abb. 3.3, 1) als auch die durch den Arbeitsraum verlaufende zentrale Antriebswelle der Spindeln (Abb. 3.3, 2). Die Zentralwelle ist im Führungsrohr aufgenommen und überträgt die Drehzahl von der Antriebs- auf die Spindelkastenseite. Das auf der Zentralwelle sitzende Zentralrad überträgt die Drehbewegung auf Planetenräder, die auf jeder Spindel montiert sind und alle Hauptspindeln mit gleicher Drehzahl antreiben. Dieser konstruktive Aufbau stellt sicher, dass die Antriebsbewegung in allen Positionen der umlaufend taktenden Trommel erhalten bleibt. Im Antriebskasten werden die linearen Antriebsbewegungen für die Längseinheiten (Abb. 3.3, 3) über Kurvenscheiben (Abb. 3.3, 4) von den rotierenden senkrechten Steuerwellen (Abb. 3.3, 5) abgeleitet und über Kulissenhebel (Abb. 3.3, 6) und Gestänge auf den Bearbeitungsschlitten umgelenkt. Im Spindelkasten werden die Schaltbewegungen für das Vorschieben und Spannen der Materialstangen (Abb. 3.3, 7) ebenso abgeleitet wie die Vorschubbewegungen der Querschlitten (Abb. 3.3, 8).

Abb. 3.4. verdeutlicht in der schematischen Darstellung eines mechanischen Vorschubantriebs aus späteren Jahren, wie die lineare Bewegung der Längsschlitteneinheit aus der Rotation der Steuerwelle abgeleitet wird. Die Drehbewegung der Steuerwelle

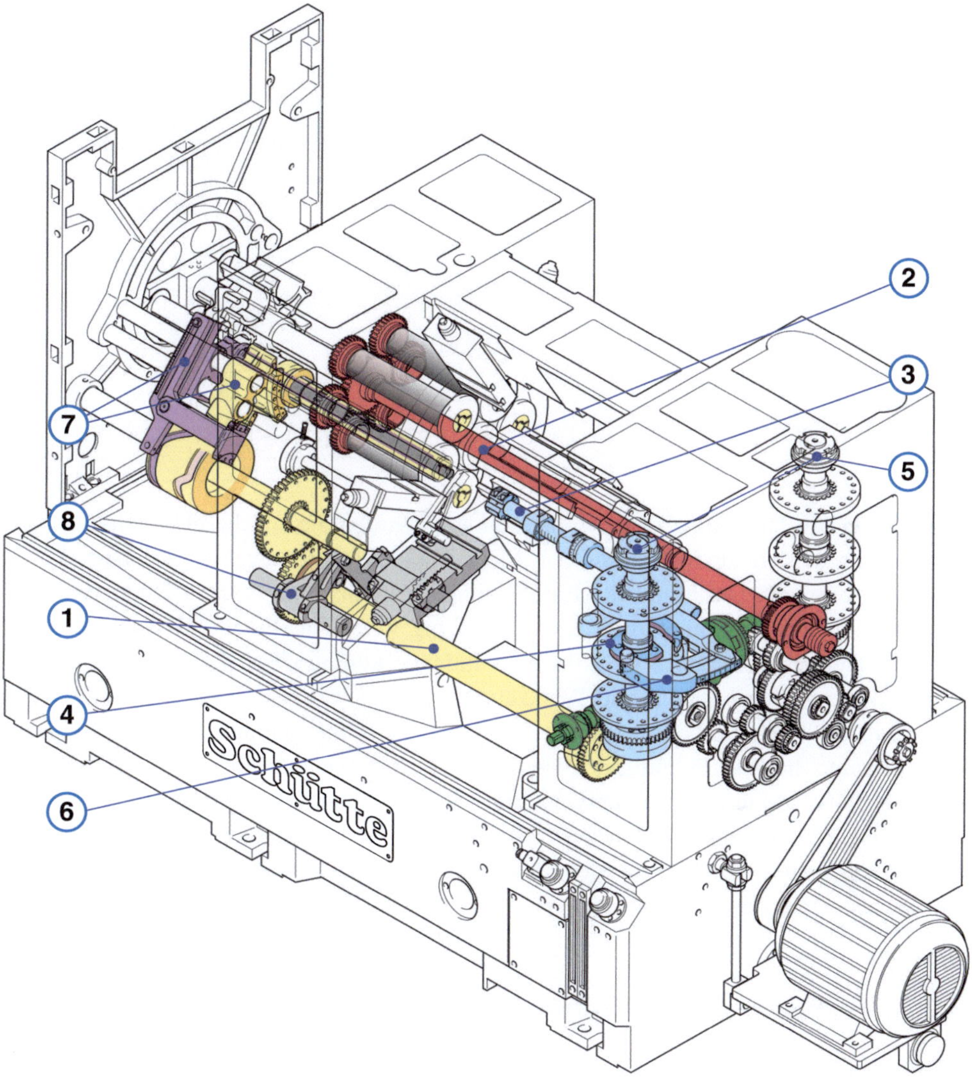

Abb. 3.3 Ableitung von Haupt-, Vorschub- und Schaltbewegungen eines Mehrspindel-Drehautomaten aus einem elektrischen Antriebsmotor. [Bildquelle: Schütte]

(Abb. 3.4, 1) wird auf die Kurve (Abb. 3.4, 2) übertragen, die ihrerseits die Bewegung der Kurvenrolle (Abb. 3.4, 3) bestimmt und auf den Kulissenhebel (Abb. 3.4, 4) überträgt. Ein Gestänge (Abb. 3.4, 5) leitet die Schwenkbewegung über den Anlenkpunkt (Abb. 3.4, 6) auf die Bearbeitungseinrichtung (Abb. 3.4, 8) weiter, die über den Längsschlitten (Abb. 3.4, 9) linear geführt wird. Erkennbar ist auch der Anschlag (Abb. 3.4, 7), der die vordere Position der hier dargestellten Bohreinheit am höchsten Punkt der Kurve begrenzt und deren Position bei Erreichen der Bohrungstiefe reproduzierbar sicherstellt.

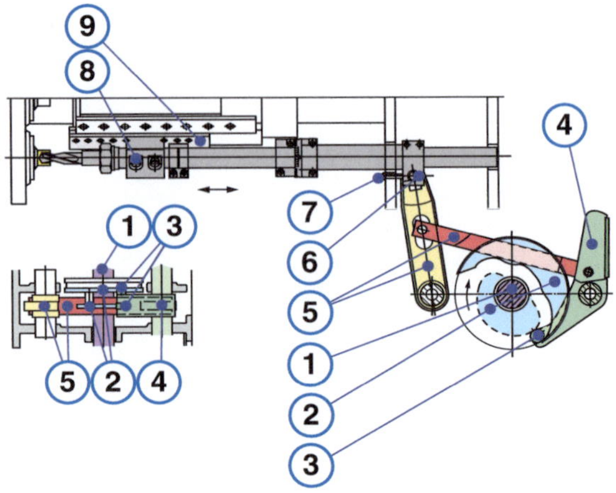

Abb. 3.4 Schematische Darstellung der mechanisch gesteuerten Vorschubbewegung eines Längsschlittens. [Bildquelle: Schütte]

In den ersten Jahrzehnten des 20. Jahrhunderts wurden die auf dieser technologischen Basis konstruierten und hergestellten Mehrspindel-Drehautomaten zu einem hohen Reifegrad gebracht. Der Fokus der Entwicklungen lag dabei auf kurzen Stückzeiten, auf Konstruktionen zur Erleichterung der Einrichtung unterschiedlicher Werkstücke sowie auf Maßnahmen zur Vereinfachung der Maschinengestaltung [Fink38].

Damalige Anforderungen an Werkzeugmaschinen waren maßgeblich durch die Erfindung des Schnellarbeitsstahls durch Taylor und White geprägt. Der neue Schneidstoff erlaubte höhere Schnittgeschwindigkeiten und Spanungsquerschnitte [SpSt91]. Produktivitätsvorteile konnten aber nur mit entsprechend leistungsfähigen Werkzeugmaschinen erzielt werden. Daher wurden Mehrspindel-Drehautomaten durch höhere Antriebsleistungen und Drehzahlen sowie steifere Gestellaufbauten und höherfeste Antriebselemente für diese Anforderungen qualifiziert.

3.2 Technologien auf frühen Mehrspindel-Drehautomaten

Mit den mechanischen Kurvenantrieben (z. B. Abb. 3.4) werden ausschließlich lineare Verfahrbewegungen erzeugt, die im Fall der Längseinheiten parallel zur Werkstückachse erfolgen (z-Richtung) und bei den Querschlitten senkrecht dazu verlaufen (x-Richtung). Dementsprechend sind die Möglichkeiten der Formgebung am Werkstück begrenzt. Werkstückkonturen werden in der Regel durch eine abbildende Formgebung erzeugt. Dazu werden Profilwerkzeuge eingesetzt, deren Kontur ein Negativ der zu erzeugenden Werkstückgeometrie darstellt und die sowohl Außen- als auch Innenformen herstellen. Abb. 3.5 zeigt den Arbeitsplan eines 6-Spindlers aus den 1930er Jahren zur Herstellung eines Zündkerzenkörpers mit einer Schlüsselweite von 30 mm und einer Länge von 42 mm [Fink38].

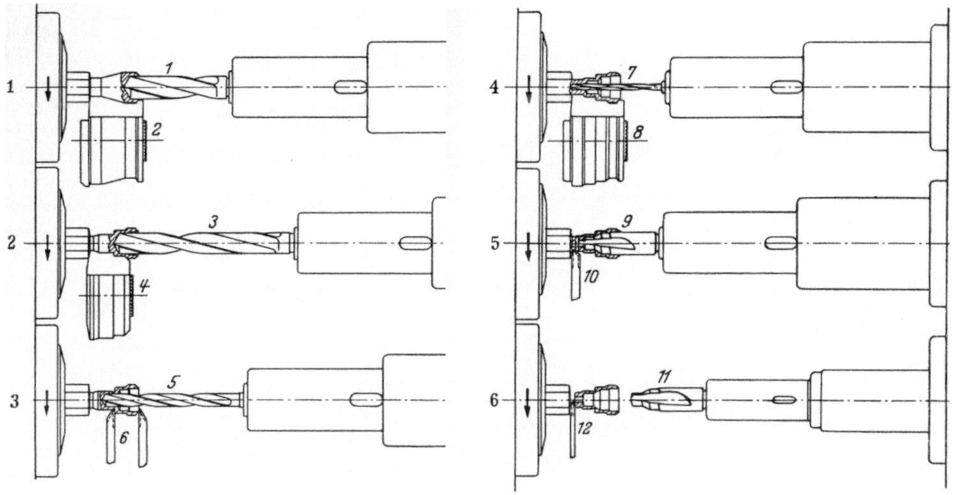

Abb. 3.5 Bearbeitungsplan für die Herstellung einer Zündkerze auf einem mechanisch gesteuerten Sechsspindler aus den 1930er Jahren [FIN38]

Ausgehend von Sechskantmaterial, das die Schlüsselweite des Werkstücks bereits verkörpert, wird der rotationssymmetrische Teil der Außenkontur über mehrere Profilstähle hergestellt, die als Rundformmeißel ausgeführt sind. In Lage 4 werden die gesamte Außenkontur und die Planfläche mit einem Schlichtwerkzeug in die Endgeometrie gebracht. Die mehrstufige Bohrung wird über mehrere Lagen mit Standardbohrern vorbearbeitet und abschließend mit zwei Formbohrern fertiggestellt.

Der Einsatz von geometriegebundenen Sonderwerkzeugen hat den Nachteil, dass ihre Nutzung auf die spezifische Werkstückkontur beschränkt ist. Daher ging das Bestreben bereits früh dahin, für möglichst viele Bearbeitungsoperationen universell einsetzbare Standardwerkzeuge einzusetzen. So wurden Bearbeitungseinheiten der Längsschlitten zusätzlich zum Bohrwerkzeug mit einer Drehplatte versehen, die über die Längsbewegung der Schlitten parallel zum Bohrprozess eine Außenlängsdrehoperation durchführte.

Ein Beispiel für diese Applikation ist bei der Bearbeitung eines Gewindestücks auf einem 6-Spindler in Abb. 3.6 zu sehen [Fink38]. Bearbeitungslage 1 arbeitet vom Querschlitten die Planfläche und den hinteren Absatz vor. Von der Längsseite erfolgt eine Vorschubbewegung parallel zur Werkstückachse, mit der vorgebohrt und gleichzeitig der vordere Absatz langgedreht wird. Eine analoge Bearbeitungsoperation in Lage 2 schlichtet den vorderen Außendurchmesser und verzichtet aufgrund der Drehlänge und der damit erforderlichen Hauptzeit auf eine Querbearbeitung. Diese findet in Lage 3 gemeinsam mit einer weiteren Langdrehoperation statt. Hier zeigt sich auch eine typische Planungsrestriktion bei der Bearbeitung auf Mehrspindel-Drehautomaten. Beim Einsatz mehrerer Werkzeuge in einer Bearbeitungslage ist durch einen geeigneten Bearbeitungsablauf die Kollisionsfreiheit sicherzustellen. So muss in Lage 1 der

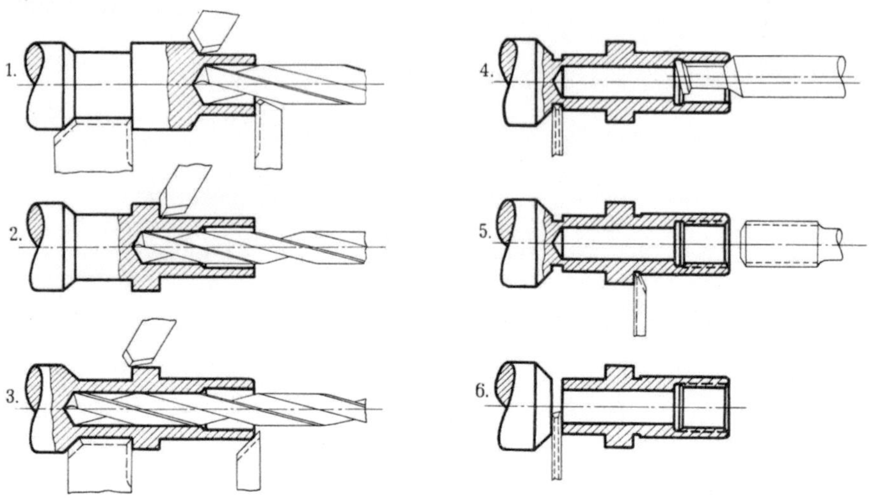

Abb. 3.6 Bearbeitungsplan für die Herstellung eines Gewindestücks auf einem mechanisch gesteuerten Sechsspindler aus den 1930er Jahren [FIN38]

Plandrehmeißel von Quer in rückgezogener Position sein, bevor Langdrehstahl und Bohrer von Längs in Eingriff kommen können. Dieser Umstand schränkt den Parallelbetrieb mehrerer Werkzeuge ein. Aufgabe der Prozessplanung ist es, eine gleichmäßige und maximale Ausnutzung der Werkzeugschneiden sowohl in jeder einzelnen Lage als auch über alle Bearbeitungsstationen hinweg sicherzustellen.

Hinsichtlich der einsetzbaren Bearbeitungstechnologien bieten damalige Mehrspindel-Drehautomaten bereits ein Portfolio, das deutlich über einfache Dreh- und Bohrbearbeitungen hinausgeht. In Abb. 3.6 (rechts) wird in Lage 4 ein Inneneinstich gefertigt, der zwei nacheinander ausgeführte Bewegungen verlangt: das Anfahren der Position des Inneneinstichs in Achsrichtung des Werkstücks und die Ausführung der Einstichoperation als Radialbewegung. Für diese Verfahrbewegungen werden Werkzeughalter eingesetzt, die auf dem Längsschlitten montiert sind und zusätzlich über einen kleinen Schlitten für die Querbewegung verfügen. Das Werkzeug fährt zunächst über den Längsantrieb in die Bohrung ein und wird dabei radial über eine Feder in einer nichtschneidenden Mittenposition gehalten. Mit Erreichen der Einstichposition wird es vom Querschlitten aus radial zugestellt. Nach der Einstichbearbeitung gibt der Querschlitten durch eine Rückzugsbewegung das Werkzeug wieder frei. Die Federkraft zieht die Schneide wieder in die Mittenposition und der Längsvorschub zieht das Werkzeug aus der Bohrung zurück. Nach diesem Grundprinzip werden mit mechanischen Maschinen auch Einstiche im Langdrehverfahren, d. h. eine Längsbewegung des Werkzeugs nach dem radialen Einstechen, oder Längsdrehoperationen am Außendurchmesser hinter einem Bund ausgeführt.

Für die in Lage 5 dargestellte Gewindebohroperation existieren bereits zur damaligen Zeit Gewindeschneideinrichtungen. Die Gewindeschneidspindel ist auf der Längsschlittenführung aufgesetzt und damit längsverschiebbar. Sie wird mithilfe des Längsvorschubs gegen das Werkstück geschoben, bis der Gewindebohrer gerade anschneidet. Eine weitere zwangsläufige Vorschubbewegung der Gewindespindel ist nicht mehr notwendig, da sich das Werkzeug nun selbsttätig in das Werkstück einschneidet.

Erforderlich ist allerdings eine Drehzahldifferenz zwischen Werkstück und Werkzeug. Dabei ist zu beachten, dass alle Hauptspindeln des Mehrspindel-Drehautomaten über die Zentralwelle mit gleicher Drehzahl und Drehrichtung angetrieben werden. Die Drehzahl der Hauptspindel ist dabei nicht an die Gewindeschneidoperation angepasst, sondern wird entsprechend der Schnittgeschwindigkeiten für Drehoperationen in anderen Lagen gewählt. Das Gewindeschneiden muss allerdings mit einer wesentlich geringeren Geschwindigkeit erfolgen. Daher wird die Gewindespindel so angetrieben, dass die gewünschte Relativgeschwindigkeit zwischen Werkstück und Werkzeug aus einer Drehzahldifferenz zwischen Haupt- und Gewindespindel entsteht. Am Ende des Gewindeschneidvorgangs ist für den Rücklauf des Gewindewerkzeugs eine Umkehr der relativen Drehrichtung zwischen Werkzeug- und Werkstück erforderlich, die ebenfalls über eine Drehzahldifferenz erzeugt wird. Haupt- und Gewindespindel sind grundsätzlich rechtslaufend angetrieben.

Zur Erzeugung eines Rechtsgewindes wird während des Schneidvorgangs die Drehbewegung des Werkzeugs gegenüber der Werkstückdrehzahl verzögert gewählt. Somit wird das Werkzeug rechtslaufend mit der Differenzdrehzahl eingezogen. Beim Rücklauf ist die Drehzahl des Werkzeugs höher als die des Werkstücks, was in einer überholenden Drehbewegung des Werkzeugs resultiert. Beim Bohren eines Linksgewindes müssen die Verhältnisse umgekehrt werden.

Die Umsetzung dieser Bewegungen über mechanische Getriebe und Schaltvorgänge wird aus Abb. 3.7 deutlich. Die Getriebewelle (Abb. 3.7, 1) ist mit der zentralen Antriebswelle für die Hauptspindeln verbunden und liefert die Drehbewegung für die Gewindespindel (Abb. 3.7, 6). Über die Zahnradpaare Z1-Z2 oder Z3-Z4 wird eine Unter- oder Übersetzung realisiert, die zu einer verzögerten oder überholenden Drehbewegung der Gewindespindel führt. Die Lamellenkupplungen (Abb. 3.7, 2 und 3) schalten bei Erreichen der Gewindetiefe die Drehzahl und damit die resultierende Drehrichtung zwischen Werkzeug und Werkstück um.

Die Schaltbewegung wird über einen Anschlag (Abb. 3.7, 5) initiiert, der manuell entsprechend der Gewindetiefe positioniert wird. Die Gewindeschneidspindel selbst (Abb. 3.7, 7) ist als Teleskopspindel ausgeführt und stellt mittels einer Keilverzahnung sicher, dass der Drehantrieb des Werkzeugs über den gesamten möglichen Längsverfahrweg der Spindel gewährleistet ist [Fink38, Jaeg67].

Mit der Gewindeschneideinrichtung lassen sich sowohl Innengewinde bohren als auch Außengewinde herstellen. Dabei werden Gewindebohrer bzw. Gewindeschneideisen oder Gewindeglocken eingesetzt. Auch für das alternative Herstellverfahren des Gewindedrehens oder -strehlens sind in der industriellen Praxis der 1930er Jahre bereits entsprechende mechanisch gesteuerte Einrichtungen vorhanden und im Einsatz [Fink38].

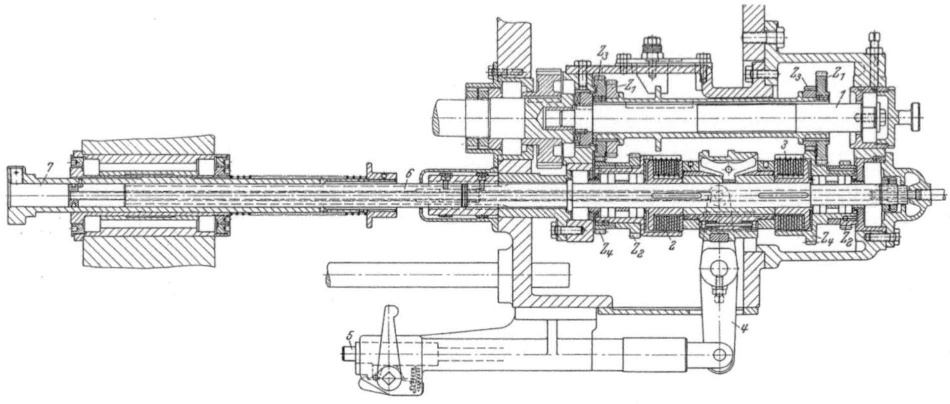

Abb. 3.7 Gewindeschneideinrichtung mit Teleskopspindel und Getriebe im Antriebskasten [Fink38]

3.3 Weiterentwicklung der Kurvenmaschinen

Die mechanisch gesteuerte Werkzeugmaschine blieb bis Ende der 1970er Jahre Stand der Technik. Die Mehrspindel-Drehautomaten hatten bis dahin ihren Anwendungsbereich durch konstruktive Weiterentwicklungen zur Steigerung der Produktivität und Erweiterung einsetzbarer Fertigungstechnologien kontinuierlich ausgebaut. Im Folgenden wird anhand ausgewählter Entwicklungslinien erläutert, wie das technische System des kurvengesteuerten Mehrspindel-Drehautomaten technologisch erweitert und steigenden Marktanforderungen angepasst wurde.

3.3.1 Arbeitsgenauigkeit und Fertigungstoleranzen

Die Arbeitsgenauigkeit von Werkzeugmaschinen bestimmt wesentlich die erreichbare Fertigungsgenauigkeit. Die Anforderungen an die Werkstücke sind in den Fertigungszeichnungen in Form von Toleranzangaben hinterlegt. Aus unterschiedlichen Gründen sind die geforderten Fertigungstoleranzen von Bauteilen und in der Konsequenz die Anforderungen an Fertigungseinrichtungen in der geschichtlichen Entwicklung der Fertigungsindustrie stetig gestiegen [WeBr05]. Im Folgenden sind einige, wesentliche Treiber für höhere Genauigkeiten angeführt.

- Veränderte Anforderungen an die Endprodukte führen zu engeren Toleranzen. Ein Beispiel hierfür sind Weiterentwicklungen der Motorentechnik. Höhere Drücke bei der Benzin- und Dieseleinspritzung führen beispielsweise zu engeren Toleranzen in den mechanischen Bauteilen der Einspritzsysteme [Nn06a]. Ein weiteres Beispiel ist die Miniaturisierung von Produkten. Mit verkleinerten Grundabmaßen gehen bei gleichen Toleranzklassen engere Toleranzfeldbreiten einher.

- Die zunehmende Montageautomatisierung benötigt häufig engere Fügetoleranzen, als sie bei manuellen Montagen erforderlich sind. So müssen die in Montagerichtung liegenden Achsen der Montageteile sehr genau übereinstimmen, wenn das Fügen gelingen soll. Beeinflusst wird dies durch die Genauigkeit der Positioniereinrichtungen sowie die Toleranzen der Fügeteile [Hess13, S. 245 ff.]. Dementsprechend werden die zu fügenden Einzelteile enger toleriert.
- Die Nullfehler-Philosophie in der Serienproduktion von Automobil- und Elektroindustrie hat in der mechanischen Fertigung zur verstärkten Einführung der statistischen Prozesskontrolle geführt. Die Forderung nach einer mit statistischen Methoden überwachten, prozesssicheren Einhaltung von Toleranzgrenzen schränkt die vom Konstrukteur vorgegebenen Funktionstoleranzen des Bauteils in der Fertigung deutlich ein. So lässt ein Prozessfähigkeitskennwert von $C_{pk} = 1{,}67$ nur noch eine Ausnutzung von weniger als 70 % der bemaßten Toleranzfeldbreite zu.

Bauartbedingte Genauigkeitsmerkmale

Der Mehrspindel-Drehautomat unterliegt in diesem Zusammenhang wegen des Transfers der Werkstückspindeln durch die Bearbeitungsstationen besonderen Rahmenbedingungen. Bei einspindligen Drehmaschinen ist die Arbeitsgenauigkeit im Wesentlichen durch den Rundlauf der Hauptspindel und die Positionier- bzw. Verfahrgenauigkeiten der Vorschubachsen definiert. Die Positioniergenauigkeit bestimmt dabei, mit welcher Toleranzfeldbreite eine absolute Position im Arbeitsraum angefahren wird und mit welcher Positionsstreubreite ein wiederholtes Anfahren der gleichen Position reproduziert werden kann. Die Verfahrgenauigkeit bezieht bei einachsigen Bewegungen die geometrischen Merkmale der Führungen mit ein. Bei Linearbewegungen wirkt sich beispielsweise die Geradheit der Führungsbahnen auf das Bewegungsprofil aus. Der Rundlauf der Hauptspindeln hat bei Drehmaschinen einen wesentlichen Einfluss auf die Rundheit der gedrehten Durchmesserpartien.

Bei Mehrspindel-Drehautomaten wird die Toleranz der gedrehten Durchmesser zusätzlich zu den oben genannten Einflussgrößen dadurch bestimmt, mit welcher Wiederholgenauigkeit die weitergeschalteten Spindeln in den jeweiligen Bearbeitungslagen positioniert werden.

Streuungen in der Spindelposition durch das Weiterschalten der Spindeltrommel werden sinnvollerweise in einem Polarkoordinatensystem als radiale und tangentiale Positionsabweichung erfasst und resultieren in einer Streubreite für jede der Koordinaten, Abb. 3.8. Besonders kritisch sind in diesem Zusammenhang die Streuungen der Spindelpositionen in radialer Richtung. Bei einer Drehbearbeitung resultiert aus dieser radialen Positionsstreuung unmittelbar eine Durchmesserabweichung zwischen den mit unterschiedlichen Spindeln gefertigten Drehteilen.

Die tangentialen Streuungen werden Teilungsfehler genannt und führen beim Drehen zu einer Veränderung der Spitzenhöhe. Bei anderen Prozessen, wie beispielsweise beim Querbohren, wirken sich auch die Teilungsfehler in Maßabweichungen aus, d. h. die

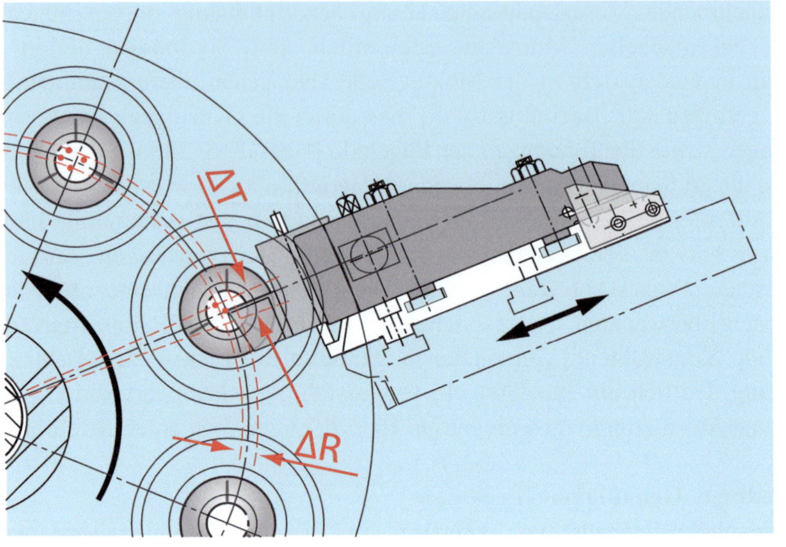

Abb. 3.8 Radiale (ΔR) und tangentiale Abweichungen (ΔT) bei der Positionierung der Einzelspindeln in einer Bearbeitungslage

Bohrung ist je nach Abweichungsrichtung oberhalb oder unterhalb der Werkstückmitte positioniert.

Spindelbezogene Qualitätsauswertung

Aufgrund dieser bauartbedingten Besonderheiten werden die Werkstücke bei Qualitätskontrollen spindelbezogen ausgewertet. Ziel ist es, die wichtigsten Funktionsmaße der Werkstücke zu überwachen, dabei die spezifischen Genauigkeitsmerkmale des Mehrspindlers zu berücksichtigen und im Bedarfsfall eine zielgerichtete Fehleranalyse zu ermöglichen [KrSc84].

Dabei werden die Werkstücke bzw. die am Werkstück ermittelten Maße der jeweiligen Spindel zugeordnet, die das Werkstück im Herstellungsprozess getragen hat. Dies wird in der spindelbezogenen Auswertung eines gemessenen Durchmessers in Abb. 3.9 deutlich. Es wurden insgesamt 80 Werkstücke gefertigt und vermessen. Die produzierten Teile sind im Diagramm von Abb. 3.9 bereits spindelweise sortiert, d. h. wir lesen von links nach rechts zuerst die Messergebnisse von 10 Werkstücken, die auf der Spindel 1 gefertigt wurden, dann 10 weitere Werkstücke von Spindel 2 und in gleichem Muster bis Spindel 8. Dies entspricht nicht der Produktionsreihenfolge der Werkstücke, bei der die Spindeln in aufsteigender Reihenfolge von Spindel 1 bis Spindel 8 in wiederkehrenden Sequenzen je ein Werkstück abwerfen. Zur Quantifizierung werden die Messwerte in statistischen Kenngrößen verdichtet. Wichtige Größen sind dabei die Mittelwerte von Messwerten sowie der Range, d. h. die Differenz zwischen dem maximal und minimal

Schütte	Maschinenfähigkeit		Seite 5 / 11
Werk n.v.	Abt. n.v.	Bearb.Name	Datum 21.03.2019

Teil

Bennenung	Prüfteil	Kunde	
Zeichnungsnr.		Maschinennummer	AG20
Änd. Stand Teil	n.v.	Prüfgrund	Maschinenabnahme

Merkmal

Merkm.Bez.	Länge; 10	Merkm.Nr.	5		
Einheit	mm	SPC Nr.	K05		
Nennmaß	10,0107	Herstelldatum	21.03.2019		
OSG	10,0407	Prüfdatum	21.03.2019		
USG	9,9807	Anzahl Werte gesamt	80	$C_{m\,soll}$	1,67
Messmittel	MarShaft Scope 250 plus	Fähigkeitsvorgabe	signifikant	$C_{mk\,soll}$	1,67
Prüfer		Auswertung	MFU 1		
Bemerkung	n.v.				

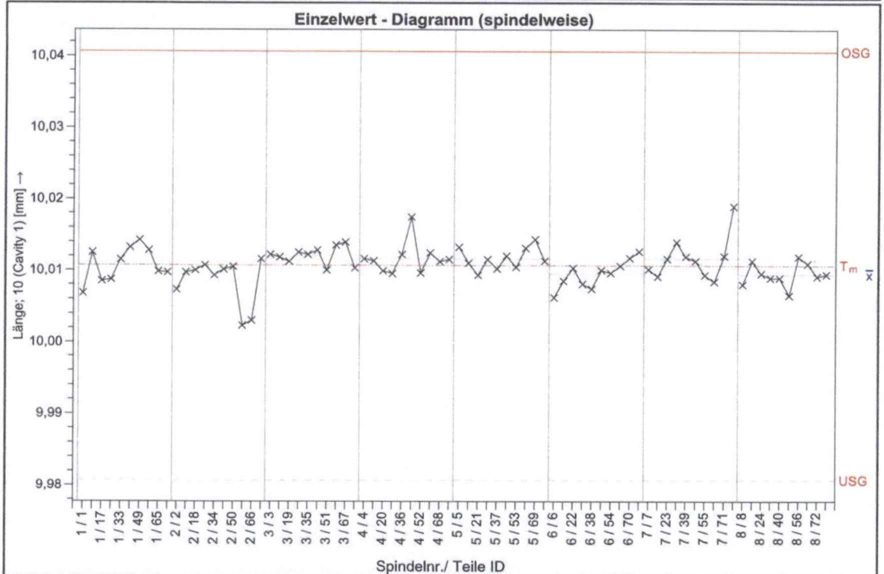

	Spindel 1	Spindel 2	Spindel 3	Spindel 4	Spindel 5	Spindel 6	Spindel 7	Spindel 8
$\bar{x}$	10,0108	10,0084	10,0120	10,0117	10,0116	10,0095	10,0116	10,0094
R	0,0074	0,0093	0,0039	0,0079	0,0050	0,0064	0,0105	0,0054
$\bar{x}-T_m$	0,0301	0,0277	0,0313	0,0310	0,0309	0,0288	0,0309	0,0287

Größtwert	x_{max} =	10,0189	Mittelwert	$\bar{x}$ =	10,0106
Kleinstwert	x_{min} =	10,0023	Standardabw.	s =	0,003
Spannweite	R =	0,0166			
Toleranz	T* =	0,0600	Anzahl der Werte außerhalb Toleranz	$n_{>T<}$ =	0
Spannweite/T (%)	R/T (%) =	27,67%			0,00%
Modell-Verteilung		Normalverteilung	Berechnungsmethode		AHS Machine Capability (07/2018)
potentieller Fähigkeitsindex	C_m	$3{,}37 \leq \mathbf{3{,}99}_{15} \leq 4{,}61$			
kritischer Fähigkeitsindex	C_{mk}	$3{,}37 \leq \mathbf{4{,}00} \leq 4{,}62$			1,67

Die Anforderungen sind erfüllt (C_m,C_{mk})

Abb. 3.9 Messergebnisse einer Durchmesserbearbeitung mit spindelweiser Auswertung. [Quelle: Schütte]

gemessenen Wert. In Abb. 3.9 sind Mittelwert und Range unter der graphischen Darstellung für jede Spindel aufgezeigt. Direkt darunter sind diese und andere Kennwerte ohne Berücksichtigung der Spindeln über alle gemessenen Werte dargestellt. In der linken Spalte sind der Maximal- und der Minimalwert aller 80 Werkstücke ausgewiesen, sowie der Range, der sich aus deren Differenz errechnet. Der Range wird ins Verhältnis zur Toleranzfeldbreite gesetzt und quantifiziert damit, wie hoch der Anteil der Messwertstreuung bezogen auf die Toleranz ist. Der in Abb. 3.9 ausgewiesene Wert von 27,67 % zeigt eine sehr geringe Streuung der gefertigten und gemessenen Durchmesswerte im Toleranzfeld von 0,06 mm. Das bestätigt sich in der rechten unteren Spalte von Abb. 3.9 mit einer Standardabweichung von 3 µm. Die Streuung der Drehdurchmesser an den Einzelspindeln liegt mit 5,4–10,1 µm unter der Durchmesserstreuung von 16,1 µm über alle Werkstücke. Dieser Unterschied resultiert aus der Überlagerung der Streuungen an den Einzelspindeln und ist bei den Messwerten aus Abb. 3.9 eher gering. Häufig liegen die Mittelwerte der Einzelspindel stärker auseinander, da die Radialpositionen der einzelnen Spindeln in der maßerzeugenden Bearbeitungsstation aufgrund von Fertigungstoleranzen in Trommel und Hirth-Verzahnung variieren (siehe Abb. 3.8). Die spindelabhängigen Mittelwerte sind systematische Abweichungen und werden mit der spindelweisen Auswertung aus Abb. 3.9 ermittelt. Grundsätzlich ist die Reproduzierbarkeit jeder Spindel beim Wiedereinfahren in eine spezifische Bearbeitungsstation sehr gut, was sich in den geringen Streubreiten jeder einzelnen Spindel in Abb. 3.9 gut widerspiegelt. Streuungen, die sich bei dem Einfahren verschiedener Spindeln in die gleiche Bearbeitungsstation ergeben, sind im Vergleich dazu höher.

Systematische wie zufällige Abweichungen resultieren aus Fertigungstoleranzen bei der Herstellung der Spindeltrommel und der Verriegelungselemente. Daher kommt den konstruktiven Merkmalen und der fertigungstechnischen Herstellung der Spindeltrommel eine überragende Bedeutung zu [Spur70].

Die Ermittlung und Analyse der Genauigkeit auf Spindelebene macht die Charakteristika der Mehrspindelfertigung transparent, ermöglicht den Vergleich der Genauigkeiten der einzelnen Spindeln und erleichtert bei Abweichungen die Ursachenanalyse. Spindelbezogene Fehler, beispielsweise in Werkstückspannung oder Spindellagerung, sind erkennbar und werden von möglichen Fehlern der Bearbeitungseinrichtungen oder Werkzeuge – die sich in den Ergebnissen aller Spindeln wiederfinden – separiert. Die spindelweise Auswertung der Messergebnisse wird auch benötigt, um die genauigkeitserhöhende Funktion der Spindelfehlerkorrektur anzuwenden, die im übernächsten Abschnitt beschrieben wird.

Genauigkeitselemente Spindeltrommel und Hirth-Verriegelung

Die Hersteller von Mehrspindel-Drehautomaten unternehmen große Anstrengungen, um die Abweichungen der Spindelpositionen zu minimieren. Wesentliche genauigkeitsbestimmende Einflussfaktoren sind eine reproduzierbare und positionsgenaue Verriegelung der Trommel im Spindelkasten sowie das Bohrbild der Spindeltrommel selbst.

Der Fertigungsprozess des Trommelbohrens wird über interne Arbeitsabläufe optimiert, die seitens der Hersteller nicht offengelegt werden, Abb. 3.10.

Die grundsätzliche konstruktive Umsetzung der Spindeltrommelverriegelung hingegen ist bekannt und wird bei Mehrspindel-Drehautomaten neuerer Bauart durch eine Hirth-Verzahnung realisiert [Dmbm14, Görk99, Link02a, Schu07, Torn01]. Diese ist dem in frühen Konstruktionen eingesetzten Indexbolzen [Spur70] hinsichtlich der Reproduzierbarkeit und Genauigkeit von Trommelpositionierung und -verriegelung deutlich überlegen. Der Einsatz von Hirth-Verzahnungen als Verriegelungselement hat zu einer erheblichen Genauigkeitssteigerung der Maschinen geführt. Sie sind in der Regel dreiteilig aufgebaut, Abb. 3.11 (schematisch) und Abb. 3.12 (Realbild). Der axial verschiebbare Schließring (Abb. 3.11, 1), dient dazu, die beiden konzentrisch angeordneten Hirth-Ringe positionsgenau miteinander zu verriegeln bzw. für den Schaltvorgang zu entriegeln.

Alle drei Ringe sind mit einer axialen Verzahnung versehen, die über einen Formschluss die genaue Positionierung sicherstellt, als Drehmomentstütze dient und den Kraftfluss von der Spindeltrommel in den Spindelkasten gewährleistet. Einer der beiden Hirth-Ringe ist im stationären Spindelkasten positioniert (Abb. 3.11, 2), der zweite Hirth-Ring hat einen etwas kleineren Durchmesser und sitzt auf der rotatorisch bewegten Spindeltrommel (Abb. 3.11, 3). In den Realbildern (Abb. 3.12) lässt sich der analoge Aufbau nachvollziehen.

Abb. 3.10 Fertigbohren der Spindeltrommel in klimatisierten Räumen [Dmgm06]

Abb. 3.11 Schematische Darstellung einer dreiteiligen Hirthverzahnung zur positionsgenauen Verriegelung der Spindeltrommel. [Bildquelle: Schu08]

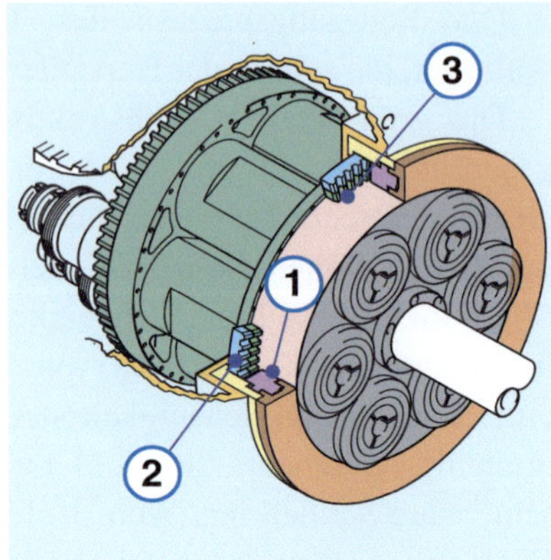

Abb. 3.12 Realdarstellung einer Spindeltrommel mit Hirthverzahnung [Dmgm14]

Die Spindeltrommel ist im entriegelten Zustand drehbar und wird beim 6-Spindler in Winkelschritten von 60° weiterbewegt. Nach dem Einschwenkvorgang in eine Bearbeitungsposition wird der Schließring – federbetätigt oder über eine hydraulische Druckbeaufschlagung – axial in Richtung der beiden Hirth-Ringe verschoben. Die Herstellung der Verzahnungen in den erforderlichen Genauigkeiten ist außerordentlich anspruchsvoll. Die beiden positionsbestimmenden Hirth-Ringe werden in gleicher Aufspannung geschliffen und sind daher mit hoher Präzision deckungsgleich.

Die Feinpositionierung der Spindeltrommel wird über die beiden Verzahnungen mit dem formschlüssigen Einrücken des Schließrings im Schließvorgang vorgenommen.

Spindelfehlerkorrektur

Die Optimierung der Arbeitsgenauigkeit durch konstruktive Maßnahmen und mit ausgefeilten fertigungstechnischen Herstellprozessen ist eine Grundvoraussetzung für die Präzisionsfertigung von Drehteilen. Die Positionsstreuungen der Spindeln korrespondieren zwar nicht unmittelbar mit der erzielten Fertigungsgenauigkeit am gedrehten Werkstück, da diese von weiteren Einflussgrößen, wie beispielsweise dem Rundlauf der Spindeln, mitbestimmt wird. Abweichungen der radialen Spindelpositionen führen aber in jedem Fall zu den oben beschriebenen Streuungen im Drehdurchmesser der gefertigten Werkstücke. Die Kundenforderungen nach immer engeren, prozesssicher einzuhaltenden Drehtoleranzen, machen daher weitere Maßnahmen erforderlich.

Werkzeugmaschinen mit CNC-Achsen bieten die Möglichkeit, systematisch auftretende Abweichungen der radialen Spindelposition steuerungstechnisch zu kompensieren. Dabei macht man sich den Umstand zu Nutze, dass sich die gleiche Spindel bei wiederholtem Durchlauf durch eine Bearbeitungslage mit einer sehr geringen Abweichung positioniert. Diese Positionsstreuung lässt sich bei optimierten Herstellungsverfahren der Maschinenkomponenten auf eine Toleranzfeldbreite von unter 3 μm senken. Die Streuung innerhalb dieses Toleranzfelds ist zufällig und stellt eine Grenze der Positioniergenauigkeit dar. Größere Abweichungen treten auf, wenn die Positionsstreuungen verschiedener Spindeln in einer Bearbeitungsstation betrachtet werden.

Bezogen auf eine Bearbeitungsstation bedeutet dies, dass die 6 oder 8 Spindeln der Spindeltrommel in ihrer Position voneinander abweichen, jede Spindel aber mit einer deutlich höheren Genauigkeit nach einem Trommelumlauf in die vorherige Position einfällt. Da die Position jeder einzelnen Spindel in einer Bearbeitungsstation reproduzierbar ist, sind die Abweichungen von der Idealposition in Radius und Teilung systematisch. Die systematischen Abweichungen lassen sich für jede Spindel in jeder Bearbeitungsstation ermitteln, indem für jede Kombination aus Bearbeitungsstation und Spindel die Positionsmittelwerte aus mehreren Trommelumläufen erfasst werden (siehe Abb. 3.9). Mit numerisch steuerbaren Achsen kann die Abweichung nun kompensiert werden, indem die Vorschubachse des Werkzeugträgers in der Bearbeitungslage die Werkzeuganstellung an die erwartete Position der eingewechselten Spindel anpasst. Diese sogenannte „Spindelfehlerkorrektur“ ist eine Standardfunktion von CNC-Mehrspindel-Drehautomaten [Görk99, Link02a, Schu07, Torn01] und minimiert die Auswirkungen der radialen Abweichung ΔR (siehe Abb. 3.8) auf die Drehdurchmesser. Die Maschinenhersteller führen dazu werksseitig Genauigkeitsdrehversuche mit spindelweiser Auswertung der Messergebnisse durch (Vorgehensweise für eine Bearbeitungsstation analog zu Abb. 3.9). Für die ermittelten Abweichungen werden in der Maschinensteuerung Kompensationswerte hinterlegt.

Bei kurvengesteuerten Maschinen ist dieser Kompensationsmechanismus nur mit Zusatzeinrichtungen möglich. Bei Drehbearbeitungen vom Querschlitten bestimmt die vordere Werkzeugposition den Werkstückdurchmesser. Diese ist bei der mechanischen Kurvensteuerung durch den vorderen Anschlagpunkt des Schlittens festgelegt und für alle Spindeln gleich (analog zu Abb. 3.4). Eine Spindelfehlerkorrektur erfordert eine steuerbare Zustellbewegung, die der mechanischen Bewegung des Querschlittens durch die Kurvensteuerung überlagert sein muss. Die Maschinenhersteller entwickelten dafür Bearbeitungseinrichtungen zur Feinverstellung, deren Bewegung unabhängig vom mechanischen Antrieb erfolgt und eine präzise Positionierung bei kleiner Zustellung erlaubt. Diese Zusatzbewegung wird in der vorderen Schlittenposition aktiviert und passt die Werkzeugposition auf die Position der jeweiligen Spindel an. Frühe Realisierungen nutzten pneumatisch einstellbare, federgetragene Werkzeughalter. Dieser wurde mit einem Verstellbereich von 0,2 mm und einer Einstellfeinheit von 5 µm durch die Beaufschlagung einer Membrane druckproportional positioniert. In Verbindung mit einer Regeleinrichtung waren spindelabhängig angepasste Werkzeugpositionen möglich. Auf diese Weise wurden Durchmesserstreuungen an gedrehten Wälzlagerringen bei günstigen Verhältnissen über alle Spindeln auf maximal 0,025 mm begrenzt [Frec81].

Höhere Drehgenauigkeiten lassen sich mit elektromotorischen Querschlittenfeinverste llungen erreichen, deren Positionsstreubreiten mit denen von NC-gesteuerten Vorschubachsen vergleichbar sind, Abb. 3.13.

Diese Zusatzeinrichtungen werden bis heute in Kurvenmaschinen eingesetzt und erlauben Spindelfehlerkorrekturen sowie Maßkorrekturen zur Kompensation des Werkzeugverschleißes oder anderer systematischer Einflüsse, die im Rahmen einer in der Serienfertigung häufig eingesetzten statistischen Prozessregelung ermittelt werden [Schu04, Schu08]. Diese Bearbeitungseinrichtungen zur motorischen Feinverstellung werden in der Regel in Bearbeitungslagen eingesetzt, in denen genauigkeitsbestimmende Schlichtoperationen vorgesehen sind.

Die Zustellbewegung der motorischen Querschlittenfeinverstellung ist in Abb. 3.13 durch einen roten Pfeil (Abb. 3.13, 1) dargestellt. Es handelt sich um eine reine Linearbewegung, die radial zum Werkstück steht und somit in gleicher Richtung wie die Querschlittenbewegung orientiert ist. Der Querschlitten fährt dabei weiterhin auf den vorderen Anschlagpunkt. Die Zustellbewegung der Querschlittenfeinverstellung ist der kurvengesteuerten Querschlittenbewegung überlagert. Sie wird durch eine auf dem Querschlitten aufgesetzte elektromechanische Baugruppe (Abb. 3.13, 2) ausgeführt, die sich durch eine hohe Zustellgenauigkeit bei kleinem Verfahrweg auszeichnet. Mit diesem Aufbau wird die Positioniergenauigkeit eines einachsigen CNC-Schlittens erreicht, ohne allerdings weitere Bewegungsfreiheitsgrade zu ermöglichen. Die Formgebung am Werkstück wird – wie für die Kurvenmaschinen charakteristisch – weiterhin durch die Schneidengeometrie der Profilwerkzeuge bestimmt. Zur Erweiterung der Bewegungsfreiheitsgrade sind Bearbeitungseinrichtungen erforderlich, die mehrachsig interpolierende Bahnbewegungen ermöglichen. Diese sind im folgenden Kapitel dargestellt.

Abb. 3.13 Motorische Querschlittenfeinverstellung. [Bildquelle: Schu08]

3.3.2 Flexibilität der Bewegung durch CNC-Funktionen

Bei kurvengesteuerten Mehrspindel-Drehautomaten neuerer Bauart lassen sich ausgewählte Bearbeitungslagen optional mit CNC-Kreuzschlitten ausstatten [Görk99, Schu04, Schu08]. Diese erlauben eine 2-achsige Bahnbewegung des Werkzeugs und ermöglichen so eine kinematische Konturerzeugung, d. h. sie erzeugen die Geometrie des Werkstücks durch das programmtechnisch hinterlegte Bewegungsprofil von x- und z-Achse. Damit ist nicht mehr das Profil des Werkzeugs für die entstehende Werkstückgeometrie verantwortlich, sondern das Bewegungsprofil der Achsen. Der große Nutzen liegt in der gewonnenen Flexibilität, da das Werkzeug nicht mehr bauteilspezifisch hergestellt werden muss, sondern eine geometrisch einfache, standardisierte Schneidengeometrie verwendet werden kann.

Der dazu erforderliche CNC-Kreuzschlitten ersetzt in ausgewählten Bearbeitungslagen den mechanisch gesteuerten Querschlitten. Im Realisierungsbeispiel in Abb. 3.14 wird die Querschlittenkonsole am Spindelkasten durch einen Längsbalken (Abb. 3.14, 1) ersetzt. Darauf wird ein Kreuzschlitten montiert, bei dem ein x-Schlitten (Abb. 3.14, 2) auf einen z-Schlitten (Abb. 3.14, 3) aufgesetzt wird. Jeder der beiden Schlitten wird durch einen

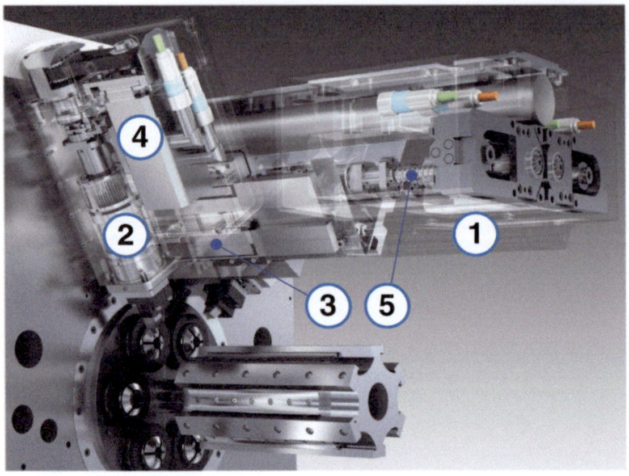

Abb. 3.14 CNC-Kreuzschlitten in oberen Lagen eines Kurvenautomaten vom Typ SG18. [Bildquelle: Schu08]

eigenen Servomotor angetrieben. In Abb. 3.14 sind die elektromechanischen Antriebseinheiten für die Vorschubbewegungen dargestellt. Sie bestehen aus einem rotatorischen Elektromotor (Abb. 3.14, 4, x-Antriebsmotor) und einer Kugelrollspindel (Abb. 3.14, 5, Kugelrollspindel für den z-Antrieb), mit der die Rotationsbewegung des Motors in eine Translationsbewegung des Schlittens gewandelt wird. Herausforderung für die Konstrukteure ist die hohe Funktionsdichte bei gleichzeitig kleinem Bauraum.

Im Bild gezeigt sind zwei Kreuzschlitten in den Lagen 4 und 5, die sogar noch den Aufbau einer Bearbeitungseinheit in den beiden Längsschlittenlagen erlauben. Das Konturdrehen erfordert eine interpolierende Bahnbewegung von den Vorschubachsen in x- und z-Richtung. Daher muss die Maschine für diese optionale Zusatzfunktion mit einer CNC-Steuerung ausgestattet sein.

Im Prinzip bildet die Baugruppe eine eigene kleine CNC-Drehmaschine mit den entsprechenden Freiheitsgraden in der programmtechnischen Erzeugung der Drehprofile am Werkstück. Diese geometrische Flexibilität ist insbesondere dann von hohem Nutzen, wenn auf einer Maschine Teilefamilien gefertigt werden, die sich durch das Werkstückprofil unterscheiden. Umrüstungen innerhalb der Teilefamilie verzichten in diesen Fällen auf Werkzeugwechsel und bilden die Varianz zwischen den Werkstücken durch geänderte NC-Programme ab. Zusätzlich zu der erhöhten Flexibilität bietet ein CNC-Kreuzschlitten alle Verbesserungen der Arbeitsgenauigkeit, die in Abschn. 3.3.1 für die motorische Querschlittenfeinverstellung beschrieben sind.

3.3.3 Möglichkeiten zur Bearbeitung der Werkstückrückseite

Die rückwärtige Bearbeitung von Werkstücken erfolgt in kurvengesteuerten Maschinen in der sogenannten Abgreifspindel. Diese ist auf einem Längsschlitten montiert und übernimmt das Werkstück während des Abstichvorgangs. Wird die Abgreifspindel mit einer hydraulischen Zusatzbewegung ausgestattet, kann sie das Werkstück nach dem Abstich, mit einem der Kurvensteuerung überlagerten z-Weg, einem Werkzeug für die Rückseitenbearbeitung zuführen. Auf den kurvengesteuerten Mehrspindel-Drehautomaten lässt sich für die rückwärtige Bearbeitung nur ein Werkzeug einsetzen. Bis in die 1980er Jahre wurde das rückwärtige Werkzeug meist auf dem Werkstoffanschlag positioniert, der beim Nachschieben der Materialstange den Stangenvorschub begrenzt. Das Stoppen der Materialstange führt der Werkstoffanschlag mit seiner der Spindeltrommel zugewandten Seite aus. Auf der trommelabgewandten Seite trägt er ein Rückseitenwerkzeug, das in der fixierten Endlage des Anschlags zur Abgreifspindel positioniert ist [Spur70].

In neueren Entwicklungen der Kurvenmaschinen befinden sich in der Abstichlage zwei schmale Querschlitten (Doppelquerschlitten), von denen einer für den Abstecher und einer für das Rückseitenwerkzeug genutzt wird, Abb. 3.15. Auch hier ist nur eine Werkzeugposition nutzbar, da der Kurvenantrieb nur eine radiale Bewegung des Querschlittens zum vorderen Anschlagpunkt zulässt. Über eine Gestaltung der Werkzeugform sind Planbearbeitungen sowie Kantenbrüche am Außendurchmesser und in Bohrungen möglich.

Mehrere Werkzeuge können nur über Sondereinrichtungen, wie schaltende Abgreifkreuze oder hydraulische Zusatzbewegungen auf den Querlagen eingesetzt werden. Allen bisher geschilderten Anwendungen der Rückseitenbearbeitung ist gemein, dass sie nur einfache Anstellbewegungen für die Werkzeuge realisieren.

Abb. 3.15 Doppelquerschlitten einer Kurvenmaschine mit Abstechschlitten (rechts) und rückwärtigem Bearbeitungswerkzeug (links) [Schu08]

Abb. 3.16 CNC-Abgreifspindel und rückwärtiger Bearbeitungsschlitten [Schu08]

Für umfangreichere Bearbeitungen und Konturdrehoperationen an der zweiten Werkstückseite sind in einigen Maschinenkonzepten in den späten 1990er Jahren auch für die Rückseitenbearbeitung CNC-Kreuzschlittenfunktionen entwickelt worden, Abb. 3.16. Die kurvengesteuerte Hubbewegung des zweiten Querschlittens sowie der z-Vorschub der Abgreifspindel werden durch elektromechanische Antriebe ersetzt. Die CNC-gesteuerte x-Achse ist in der Lage beliebige Positionen anzufahren und kann damit mehrere Werkzeuge an den Zerspanpunkt zu bringen. Gemeinsam mit der CNC-Vorschubbewegung der Abgreifspindel in z-Richtung können interpolierende Bahnbewegungen ausgeführt und damit rückwärtige Konturen gedreht werden.

Flexibilität und Umfang der Rückseitenbearbeitung sind deutlich erhöht. Eine Nutzung des erhöhten Bearbeitungsumfangs ist aber nur bei mittleren und langen Taktzeiten sinnvoll, da die rückwärtige Bearbeitung ansonsten leicht taktzeitbestimmend wird.

3.3.4 Erweitertes Bearbeitungsspektrum durch Zusatzeinrichtungen

Die Drehbearbeitung ist nur eine der Zerspanungstechnologien, die auf Mehrspindel-Drehautomaten eingesetzt werden. Mit einem umfangreichen Portfolio an Zusatzeinrichtungen haben die Maschinenhersteller ein breites Spektrum an Fertigungstechnologien erschlossen. Damit bedienen die kurvengesteuerten Maschinen die bereits früh entstandenen Anforderungen nach einer hohen Wertschöpfungstiefe in der Herstellung der Werkstücke.

Abschn. 3.2 beschreibt die in frühen Maschinen eingesetzten Basistechnologien Drehen, Bohren und Gewindeschneiden. Im Folgenden sind konstruktive Weiterentwicklungen dargestellt, mit denen diese Fertigungsprozesse unter den Zielstellungen erhöhter Produktivität und Funktionserweiterung weiterentwickelt wurden.

Unabhängige Drehzahlen beim Bohren

Eine wesentliche Maßnahme zur Erhöhung der Produktivität beim Bohren war die Auflösung der Drehzahlbegrenzung, die beim Einsatz stehender Bohrwerkzeuge durch den Zentralantrieb der Drehspindeln gegeben ist. Die gewählte Grunddrehzahl aller Hauptspindeln legt für alle Prozesse die Schnittgeschwindigkeit fest, die sich in Abhängigkeit des jeweiligen Bearbeitungsdurchmessers teilweise signifikant unterscheidet. In der Regel orientiert sich die gewählte Drehzahl an den Außendrehoperationen und legt dabei einen mittleren Bearbeitungsdurchmesser aus der Werkstückgeometrie zugrunde. Bei der Herstellung kleiner Bohrungen weichen die Wirkdurchmesser bei der Zerspanung stark ab, was zu technologisch sehr ungünstigen Schnittgeschwindigkeiten führt. Neben ungeeigneten Technologiefenstern resultieren daraus kleine Vorschubgeschwindigkeiten und verlängerte Taktzeiten. Bereits Konstruktionen in den 1920er Jahren realisierten daher Bohreinrichtungen mit eigenem Antrieb, um das Arbeiten mit rotierenden Bohrwerkzeugen zu ermöglichen [Fink38]. Der Antrieb des Bohrwerkzeugs wird aus dem Zentralantrieb abgeleitet und über Getriebestufen auf die gewünschte Drehzahl über- oder untersetzt. Analog zur Gewindeschneideinrichtung (Abb. 3.7) wird der Bohrantrieb der Spindelrotation überlagert. Es ergibt sich eine resultierende Differenzdrehzahl, die die beiden Einzeldrehzahlen je nach Drehrichtung des Bohrantriebs addiert oder subtrahiert. Mit diesen Bearbeitungseinrichtungen können Bohrungen in der Rotationsachse des Werkstücks mit technologisch geeigneten Prozessparametern gefertigt werden.

Spindelstopp- und Fixiereinrichtungen für umfangsseitige Bohr- und Fräsoperationen

Ein deutlich höherer maschinentechnischer Aufwand ist erforderlich, wenn Bohrungen radial am Werkstück positioniert werden sollen, Abb. 3.17. Dazu sind zum einen angetriebene Querbohreinrichtungen erforderlich, die auf dem Querschlitten aufbaubar sind. Zum anderen müssen die zentral angetriebenen Spindeln in den jeweiligen Bearbeitungslagen vom Antrieb abgekoppelt und angehalten werden. Die Querbearbeitung erfordert ein Abbremsen der Spindel bis zum Stillstand und eine Verdreh-Sicherung der Spindel gegen die im Zerspanprozess auftretenden Kräfte und Momente. Die Funktion des Stillsetzens wird mit Kupplungs-/Bremskombinationen realisiert, die auf allen Spindeln montiert sein müssen, aber nur beim Einfallen der Spindeln in die gewünschte Bearbeitungslage betätigt werden. Die Kupplungen unterbrechen den Kraftfluss aus dem Zentralantrieb, der grundsätzlich die Antriebsleistung über ein Zentralrad im Spindelkasten auf die Antriebsräder der einzelnen Spindeln leitet. Dazu wird das Antriebsrad der entsprechenden Spindel vom Zentralantrieb abgekuppelt. Zeitgleich wird die Spindel mit der Bremse verbunden und stillgesetzt.

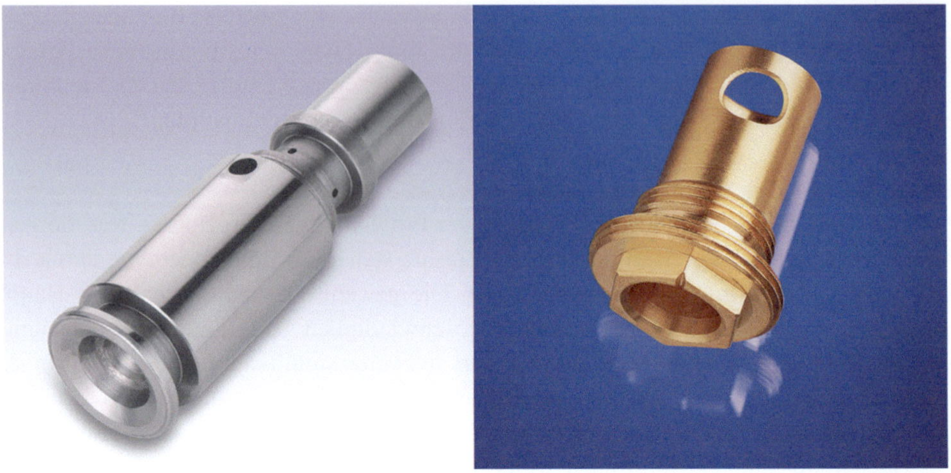

Abb. 3.17 Werkstücke für Bearbeitungen mit stillgesetzter Hauptspindel. [Quellen: DMG-Mori, Schütte]

Eine höherwertige Funktion realisiert neben dem Stillsetzen der Spindeln auch die Orientierung einer stillgesetzten Spindel bezüglich ihrer Drehwinkellage. Damit können Geometrieelemente in unterschiedlichen Bearbeitungslagen gefertigt und winkelgerecht zueinander positioniert werden. Mit dem orientierten Stillsetzen können beispielsweise Querbohrungen in definierter Umfangsposition bezogen auf andere Geometrieelemente, wie Fräsungen oder Mehrkantflächen, gefertigt werden. Da im Antriebskonzept des Zentralantriebs auf den einzelnen Spindeln kein Rotationsgeber vorhanden ist, werden die Spindeln zunächst in unbekannter und zufälliger Position stillgesetzt. Für die Winkelpositionierung wird die Spindel nach dem Stillsetzen mit einem externen Antrieb verbunden. Hier werden meist elektrische Rotationsantriebe eingesetzt, die über Stirnverzahnungen oder Reibräder an die Spindel angebunden werden (Abb. 3.18, rot). Nach dem Lösen der Bremse wird die Spindel mit einer rotatorischen Positionierbewegung angetrieben. Um die unbekannte Winkellage der Spindel zu referenzieren, werden Fixierscheiben genutzt, die auf den Spindeln im Bereich des Spindelkastens aufgesetzt sind (Abb. 3.18, blau). Die definierte Winkellage findet sich beispielsweise durch einen Rastbolzen, der federbetätigt in formschlüssige Orientierungslöcher oder -nuten der Fixierscheibe einfällt, Abb. 3.18, links.

Nach Abschluss der Bearbeitung wird die Fixierung gelöst, damit die Spindel wieder an den Zentralantrieb angekoppelt werden kann. Wird das Werkstück auch in einer der folgenden Bearbeitungslagen stillgesetzt, werden die Orientierungsmuster der Fixierscheibe an die gewünschten Winkelorientierungen der gefertigten Geometrieelemente angepasst.

Die Kupplung wird in der Regel hydraulisch oder mechanisch betätigt. Um die Hauptzeit der Bearbeitung nicht einzuschränken, erfolgen Betätigung und Schaltung

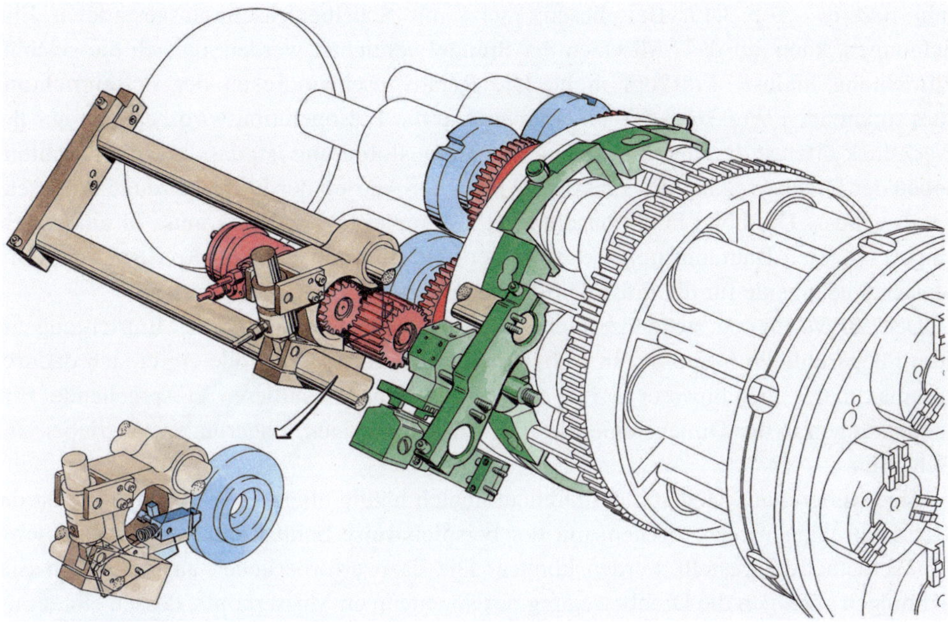

Abb. 3.18 Fixiereinrichtung zum mechanischen Fixieren einer Spindel in winkelorientierter Lage [Schu04]

bereits während der Trommelschaltung oder werden zumindest parallel zur Trommelschaltung eingeleitet.

Alternativ zu elektrischen Stellmotoren für den Rotationsantrieb der Positionierbewegung können hydraulische Antriebe eingesetzt werden. Das Referenzieren der Winkelposition kann alternativ zum mechanischen Rastbolzen mit einem absoluten Wegmesssystem realisiert werden. Die Positioniergenauigkeit des Drehwinkels hängt von dem Auflösungsvermögen und der Reproduzierbarkeit des verwendeten technischen Lösungsprinzips ab. Sie bestimmt wesentlich die Fertigungsgenauigkeit, mit der die Winkellagen von verschiedenen Geometrieelementen, wie Bohrungen, Schlitzen oder Flächen, zueinander hergestellt werden können.

Erste Entwicklungen der vorstehend beschriebenen Bearbeitungseinrichtungen stammen aus den 1970er und 1980er Jahren [Loo74, Wyne81, Wyne82]. Die Funktionen des Spindelstillsetzens mit und ohne Lageorientierung sind bei den meisten heutigen kurvengesteuerten Maschinen als Standardoptionen verfügbar.

Einrichtungen für das Fräsen und die Mehrkantfertigung

Das Stillsetzen der Spindel wird auch für Fräsoperationen an der Stirn- oder Umfangsseite des Werkstücks genutzt. Vorteil ist, dass die verwendeten Fräseinrichtungen ortsfest sein können. Alternativ wird auf kurvengesteuerten Mehrspindlern mit sogenannten umlaufenden Einrichtungen gearbeitet [Schu04], die synchron mit der Spindeldrehzahl rotieren, Abb. 3.19. Bei diesen, meist mit Scheibenfräsern ausgestatteten Einrichtungen, kann auf das Stillsetzen der Spindel verzichtet werden, da sich die gesamte Einrichtung inklusiv Fräskopf dreht. Die Relativgeschwindigkeit der Fräseinrichtung zum rotierenden Werkstück ist aufgehoben und die Fräsoperation wird bezogen auf das Werkstück ortsfest durchgeführt. Die große Herausforderung ist, dass in der Einrichtung neben der Drehbewegung des Fräskopfes auch der Antrieb der Fräswerkzeuge umgesetzt werden muss. Die hohe Funktionsdichte des komplexen Fräskopfs muss in einem sehr eingeschränkten Bauraum umgesetzt werden und alle notwendigen Konstruktions- und Maschinenelemente für die Fräsfunktion integrieren.

Der zur Verfügung stehende Bauraum wird durch den Aufbau der Einrichtung auf dem Längsschlitten bestimmt. In Abhängigkeit der Maschinengröße ergibt sich dadurch ein maximaler Durchmesser der Einrichtung. Daraus resultieren entsprechende Einschränkungen in der Dimensionierung von Fräswerkzeugen, Lagerungen, Antrieben und Gehäusen.

Eine weitere, auf Mehrspindel-Drehautomaten häufig eingesetzte Technologie ist das Mehrkantschlagen oder -drehen, mit der beispielsweise Schlüsselflächen umfangsseitig am Werkstück hergestellt werden können. Die dazu erforderlichen angetriebenen Einrichtungen erzeugen die Drehbewegung des sogenannten Messerkopfs, dessen Rotationsachse parallel zur Werkstückachse verläuft, Abb. 3.20. Bei dem dargestellten Werkstück wurden die beiden Schlüsselflächen und die 6-kant-Partie durch Mehrkantdrehen hergestellt.

Die Flächen am Werkstückumfang entstehen durch die Überlagerung der Drehbewegungen von Werkstück und Messerkopf. Die Anzahl der Flächen ergibt sich aus

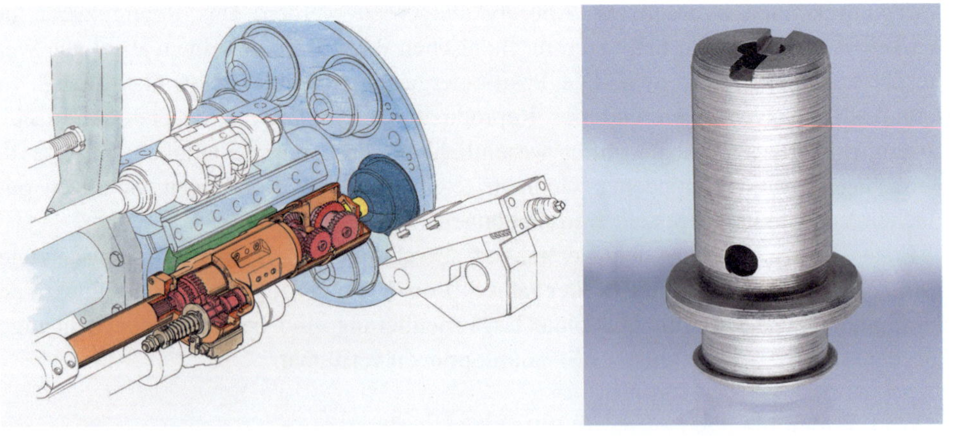

Abb. 3.19 Umlaufende Fräseinrichtungen, dargestellt in schematischer Schnittdarstellung zur Verdeutlichung des Getriebes im umlaufenden Fräskopf. Rechts ein Beispielwerkstück mit schlitzgefräster, stirnseitiger Nut. [Quellen: Schütte]

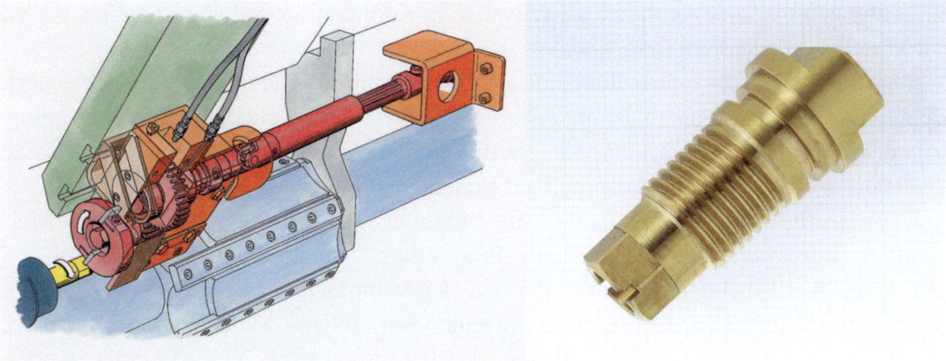

Abb. 3.20 Schematische Schnittdarstellung einer Mehrkantdreheinrichtung für die Herstellung von umfangsseitigen Flächen. Rechts ein Beispielwerkstück mit Mehrkant- und Schlüsselflächen. [Quelle: Schütte]

dem Drehzahlverhältnis von Schlagmesser und Werkstück sowie der Anzahl der Werkzeugschneiden. Für die Fertigung eines Sechskants werden in der Regel drei Schneiden und ein Drehzahlverhältnis von 1:2 eingesetzt. Der Messerkopf wird aus dem Antriebskasten über Stirnradgetriebe und Gelenkwelle angetrieben. Die Mehrkant-Dreheinrichtung wird auf dem Querschlitten aufgesetzt und arbeitet im Einstechverfahren. Bei der Auslegung von mechanischen Bauteilen und Lagerungen muss insbesondere die starke dynamische Belastung der Einrichtung durch die Einzelschneideingriffe berücksichtigt werden.

Die beschriebenen Funktionen und Bearbeitungseinrichtungen verdeutlichen den außerordentlichen Anspruch, der aus der systembedingt hohen Funktionsdichte im Arbeitsraum der Mehrspindel-Drehautomaten entsteht. Mit den geforderten kurzen Taktzeiten der Mehrspindel-Drehautomaten resultieren daraus anspruchsvolle Anforderungsprofile und große Herausforderungen an die konstruktive Umsetzung.

3.4 Bearbeitungsprozesse kurvengesteuerter Mehrspindler

Für die kurvengesteuerten Automaten hat sich im Laufe der Jahre und mit steigenden Kundenanforderungen ein umfangreicher Baukasten an Zusatzeinrichtungen entwickelt. Die beschriebenen Funktionen und Lösungskonzepte zeigen eine kleine Auswahl und sind exemplarisch dargestellt. Die Entwicklungen wurden in der Regel durch Bedarfsfälle der Anwender von Mehrspindel-Drehautomaten getrieben und hatten ihre Blütezeit, bevor sich die mechanische Kurvensteuerung im Wettbewerb mit der CNC-Technologie befand. Viele Bearbeitungseinrichtungen sind durch die Maschinenhersteller konstruiert und gebaut worden. Parallel dazu entstanden Werkzeugsysteme und

Einrichtungen externer Anbieter, die teilweise in Kooperation, teilweise unabhängig von den Maschinenherstellern tätig sind.

Eine Übersicht über Bearbeitungsmöglichkeiten und -einrichtungen kurvengesteuerter Mehrspindel-Drehautomaten ist in Tab. 3.1 gegeben. Die Aufzählung der Fertigungstechnologien erfolgt aufgrund der vielfältigen Lösungskonzepte und der breiten Anwendung im Markt ohne Anspruch auf Vollständigkeit.

Zwei Bearbeitungsbeispiele sollen die Möglichkeiten von kurvengesteuerten Mehrspindlern bezüglich Technologie und Produktivität veranschaulichen. In Abb. 3.21 sind zwei Werkstücke dargestellt, die auf Kurvenmaschinen gefertigt werden. Der Gewindering (Abb. 3.21, rechts) wird auf einer 8-spindligen Maschine vom Typ AG20 des Herstellers Schütte in einer Taktzeit von 0,9 s produziert. Die Maschine läuft im Bearbeitungsmodus 2×4, d. h. in einem Arbeitstakt von 1,8 s werden jeweils zwei Werkstücke gefertigt. Ein Ring wird in den Bearbeitungslagen I bis IV produziert, der zweite läuft in den Lagen V-VIII. Für die Fertigungsvariante als Doppel-Vier-Spindler sind Stangenvorschubeinrichtungen in zwei Bearbeitungslagen sowie zwei Abgreifspindeln erforderlich. Das Werkstück wird an Plan- und Umfangsfläche gedreht und stirnseitig gebohrt. Weitere Bearbeitungsprozesse sind das Gewindebohren, das stirnseitige Beschriften mit einer Stempelrolle und das Rändeln am Außendurchmesser. Nach dem Abstich wird rückseitig die Bohrung angesenkt und die Planfläche im Übergang zur Umfangsfläche mit einem Kantenbruch versehen. Die fertigen Werkstücke werden aus der Abgreifspindel ausgestoßen und über eine Schüttgutrutsche abgeführt.

Das Gewindestück (Abb. 3.21, links) ist komplexer und wird über acht Spindeln in 7,5 s hergestellt. Als Abstichseite wird die Seite mit dem hohen Bund gewählt. Über die acht Lagen der Vorderseitenbearbeitung wird die Außenkontur des Werkstücks vor- und fertiggedreht. Das Werkstück wird gebohrt, schlagfrei ausgedreht und gerieben. In zwei Bearbeitungslagen wird das Trapezgewinde gestrehlt. Besonderes Merkmal des Werkstücks ist die Rückseitenbearbeitung mit zwei Werkzeugen. Nach dem Abstich erfolgt zunächst eine Konturdrehoperation der rückwärtigen Planfläche, um die konkave Form und die Übergänge der Planfläche herzustellen. Die zweite Operation dient dem Bohren des rückwärtigen Gewindes, das geometriebedingt auf der zweiten Werkstückseite gefertigt werden muss. Zur Durchführung der aufwendigen Zweitseitenbearbeitung wird ein rückwärtiger CNC-Kreuzschlitten eingesetzt, bei dem die z-Bewegung der Abgreifspindel und der lineare x-Vorschub des Querschlittens CNC-gesteuert sind (siehe Abb. 3.16).

3.5 Kurvensteuerung im Wettbewerb mit CNC-Technologie

Wie die vorangegangenen Kapitel zeigen, sind Kurvenmaschinen in der Lage, einen großen Umfang an Bearbeitungstechnologien anzubieten. Insbesondere in der Blütezeit der Kurvenmaschinen, die bis in die 1970er Jahre reichte, wurde eine Vielzahl von Grundmaschinenelementen und Bearbeitungseinrichtungen entwickelt und optimiert. Neben den vielfältigen Fertigungsmöglichkeiten zeichnen sich die mechanisch

Tab. 3.1 Bearbeitungsmöglichkeiten und -einrichtungen kurvengesteuerter Automaten

Bearbeitungsprozess	Einrichtungen	Besonderheiten/Merkmale/Werkstücke
Drehen	Werkzeugsystem für Profilwerkzeuge Langdrehschlitten	Bewegung in x-Richtung durch den Querschlitten, Bewegung in z-Richtung vom Längsschlitten, Positionierung über Festanschlag, feste, manuell eingestellte Werkzeugposition
Drehen mit erhöhten Genauigkeiten	Motorische Querschlittenfeinverstellung Kalibrierwerkzeug	Genaue Positionierung über motorische Feinverstellung, Spindelfehler und Werkzeugverschleißkorrektur über die Steuerung möglich Durchmessertoleranz unabhängig von der Arbeitsgenauigkeit der Maschine, Maß wird im Werkzeug feineingestellt
Drehen von Gewinden	Gewindestrehleinrichtung	Herstellung von Gewinden im Längsdrehverfahren mit radialer Zustellung in mehreren Überläufen
Bohren von Längs (stirnseitig)	Werkzeughalter mit Bohrwerkzeug Angetriebene Bohreinrichtung	Schnittgeschwindigkeit über Werkstückdrehzahl Schnittgeschwindigkeit über Differenzdrehzahl, ggf. mit stillgesetzter Spindel, dann auch manuell eingestellte Exzentrizität der Bohrungen möglich
Gewindebohren von Längs (stirnseitig)	Gewindeschneideinrichtung und Ausgleichsfutter	Angetriebene Einrichtung zur Erzeugung der Differenzdrehzahl zur Spindel für Drehzahlwahl und Drehrichtungsumkehr, Axialfutter zum Längenausgleich im Umkehrpunkt
Bohren von Quer (umfangsseitig)	Angetriebene Querbohr- und Spindelstillsetzeinrichtung	Für zueinander orientierte Bohrungen ist zusätzlich ein Spindelfixieren erforderlich Bohrer in der Regel auf Spitzenhöhe positioniert, d. h. die Bohrungsachsen verlaufen durch die Werkstückachse Exzentrische Bohrungen durch Änderung der Montagehöhe der Querbohreinrichtung
Fräsen stirnseitig	Umlaufende Fräseinrichtung oder Stillsetzeinrichtung und stehende Fräseinrichtung	Fräsen von Schlitzen oder Flächen von der Stirnseite mit Scheibenfräsern

(Fortsetzung)

Tab. 3.1 (Fortsetzung)

Bearbeitungsprozess	Einrichtungen	Besonderheiten/Merkmale/Werkstücke
Mehrkantdrehen	Mehrkant-Schlageinrichtung vom Querschlitten	Herstellung von Mehrkanten oder Durchbrüchen im Einstechdrehverfahren, Antrieb über Gelenkwellen vom Antriebskasten
Gewinderollen von Längs (axial)	Gewinderollkopf vom Längsschlitten	Gewindeherstellung durch Umformen, mechanisches Öffnen und Schließen der Formrollen durch das Anfahren von Anschlägen, Anfahren des Werkstücks mit einem glockenförmigen Werkzeug von der Stirnseite
Gewinderollen von Quer (radial)	Gewinderollkopf vom Querschlitten	Gewindeherstellung durch Umformen, mechanisches Öffnen und Schließen der Formrollen durch das Anfahren von Anschlägen, Anfahren des Werkstücks mit einer Gabel von der Umfangsseite, Gewinderollen hinter einem Bund möglich
Reiben von Längs	Angetriebene Bohreinrichtung (s. o.)	Drehzahlanpassung erforderlich, daher angetriebene Einrichtungen, häufig Bohrungsreibahlen zum Innenreiben, selten Werkzeuge zum Außenreiben
Rollieren, Glätten, Rändeln, Stempeln	Je nach Zugänglichkeit und Anordnung unterschiedliche Werkzeughalter	Oberflächenveränderungen oder Strukturierungen, ggf. Beschriftungen durch Beschriftungsstempel; Werkzeuge sind in der Regel nicht angetrieben, sondern im Werkzeughalter gelagert und werden über die Werkstückdrehung mitgenommen
Profilstoßen von Längs	Profilstoßeinrichtungen	Herstellung von Innenprofilen, bspw. Innensechskanten in Bohrungen; Stoßwerkzeuge sind nicht angetrieben, sondern im Werkzeughalter gelagert und werden über die Werkstückdrehung mitgenommen; sie sind mit einer Neigung von 2–3° zur Werkstückachse angestellt und arbeiten taumelnd

gesteuerten Mehrspindel-Drehautomaten vor allem hinsichtlich der Bearbeitungsgeschwindigkeit durch eine außerordentliche Leistungsfähigkeit aus [Ruby95].

Mit der Produktionsreife von CNC-gesteuerten Werkzeugmaschinen sahen sich mechanisch angetriebene Maschinen einem neuen technologischen Wettbewerb ausgesetzt. NC-Serienmaschinen lösten im Bereich der einspindligen Drehbearbeitung in den 1970er und 1980er Jahren die mechanisch gesteuerten Maschinen sehr zügig

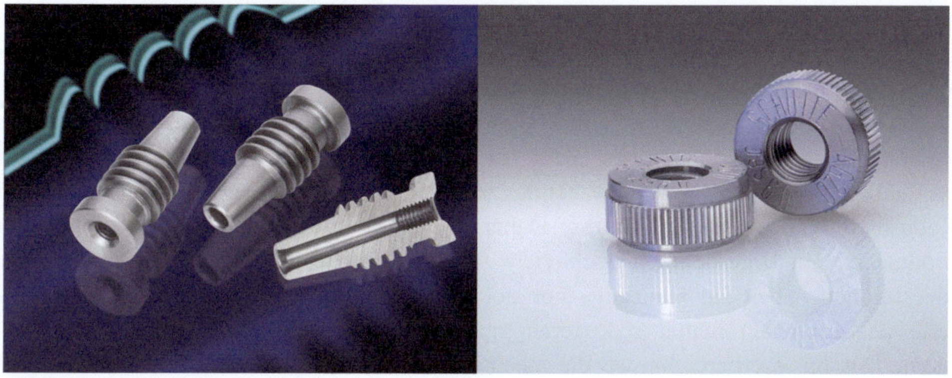

Abb. 3.21 Beispielwerkstücke von Kurvenmaschinen im Durchmesserbereich kleiner 20 mm [Schu08]

ab [EvPW06, KiRo17]. Die erweiterten Möglichkeiten der CNC-Technik veränderten das Produktionsumfeld und prägten nachhaltig die Weiterentwicklung der Fertigungsstrategien. Der Wandel in der Produktionstechnik durch die CNC-Steuerung hat dazu geführt, dass kurvengesteuerte Maschinen bei Neuinvestitionen heute nahezu bedeutungslos sind.

Bei Mehrspindel-Drehautomaten vollzog sich der Technologiewandel deutlich später und langsamer. Bis in die 1990er Jahre vertraten viele Fertigungsfachleute die Meinung, dem CNC-Mehrspindler würde nie ein nennenswerter Erfolg beschieden sein, weil er zu teuer, zu komplex und zu störanfällig sei [Link02a]. Zudem erreichten die damals im Markt befindlichen mehrspindligen CNC-Maschinen nicht die Bearbeitungsgeschwindigkeiten der Kurvenautomaten [Ruby95].

Aus den positiven Erfahrungen der Anwender mit einspindligen CNC-Maschinen entstanden Begehrlichkeiten und Anforderungen nach Flexibilität, die auch an die Mehrspindler gestellt wurden. Die Hersteller reagierten mit hybriden Maschinenkonzepten, bei denen CNC-Vorschubachsen in kurvengesteuerte Bearbeitungsabläufe integriert sind. Ziel war es, die Vorteile der CNC-Technologie in Bahnerzeugung und Positioniergenauigkeit mit der hohen Produktivität und den kurzen Taktzeiten mechanisch gesteuerter Kurvenautomaten zu verknüpfen.

Mit der Entwicklung erster funktionsfähiger CNC-Mehrspindel-Drehautomaten Mitte der 1980er Jahre, setzte aber auch hier ein schrittweiser Technologiewechsel ein. Die Ablösung der Kurvenmaschinen vollzog sich dabei deutlich langsamer als bei den einspindligen Maschinen. Dies ist einerseits dadurch begründet, dass für die vollständige Umsetzung aller Funktionen des Mehrspindlers in CNC-Technik einige herausfordernde technische Fragestellungen zu lösen waren. Bis zur vollständigen Marktreife mehrspindliger CNC-Maschinen dauerte es daher noch einige Jahre. Andererseits ist die Kurventechnologie bei großen Serien und Produktionsvolumina nach wie vor attraktiv. Dem Nachteil der geringeren Flexibilität stehen die Vorteile einer sehr robusten, zuverlässigen und schnellen Maschinentechnologie gegenüber. Auch bei einer großen Anzahl von Achsen wird durch die mechanische Kopplung eine extrem hohe Reproduzierbarkeit in der Bewegungsabfolge gewährleistet.

Nach wie vor gibt es einen großen Bestand an mechanisch gesteuerten Mehrspindel-Drehautomaten im Feld, die einen erheblichen Anteil der Drehteileproduktion abdecken. Die Mechanik zeichnet sich durch eine außerordentliche Robustheit und Langlebigkeit aus. Daher werden kurvengesteuerte Mehrspindler in produzierenden Unternehmen noch viele Jahre und Jahrzehnte präsent sein. Bei Neuinvestitionen haben sie allerdings nur noch eine untergeordnete Bedeutung. Bedarfsfälle an Kurvenautomaten reduzieren sich auf vereinzelte Ersatzinvestitionen oder kleine Durchmesserbereiche, wo die mechanische Steuerung bei sehr kurzen Taktzeiten Geschwindigkeitsvorteile bieten kann.

Im folgenden Kapitel werden die Maschinenbauformen von CNC-Mehrspindel-Drehautomaten vorgestellt. Dazu werden die Treiber zur Ablösung der Kurventechnologie erläutert sowie Herausforderungen und Lösungskonzepte in der Entwicklung mehrspindliger CNC-Maschinenkonzepte dargelegt.

CNC-gesteuerte Mehrspindel-Drehautomaten

4

Die Entwicklung numerisch gesteuerter Werkzeugmaschinen begann Anfang der 1950er Jahre in den USA. Als ab Mitte der 1970er Jahre Mikroprozessorsteuerungen entwickelt waren und eingesetzt werden konnten, war die Grundlage für die heute erfolgte, weite Verbreitung numerisch gesteuerter Werkzeugmaschinen in der Industrie gelegt. Die erste und elementare Veränderung war die Realisierung bahngesteuerter Bewegungsabläufe der Maschinenachsen. Es folgten Entwicklungen zur Automatisierung der Fertigungsabläufe, wie automatische Werkzeugwechsel und Werkstückhandhabung. Parallel dazu wurden rechnergestützte Werkzeuge für weitere Funktionsbereiche in den Fabriken initiiert [Spur91].

4.1 Treiber der Technologiewende zur CNC-Technik

Die CNC-Technik war eine technologiegetriebene Innovation und hat durch die damit verbundenen revolutionären neuen Möglichkeiten zu einem Entwicklungsschub der Produktionsmittel geführt. Nach ihrer Marktreife sind CNC-gesteuerte Werkzeugmaschinen vor allem wegen ihrer Vorteile in Flexibilität und Arbeitsgenauigkeit schnell vom Markt aufgenommen worden. Die Befähigungen durch die CNC-Technik haben sich auf Produkte und Produktionsstrategien ausgewirkt und diese verändert. Es setzte eine Dynamik ein, in deren Folge sich die Anforderungen an Produktionsmittel veränderten. Die wichtigsten produktionstechnischen Trends und ihre Auswirkungen auf die Maschinentechnik sind im Folgenden dargestellt.

Trend zur Komplettbearbeitung

Seit den 1970er Jahren zeichnet sich in der westlichen Welt ein verstärkter Trend zur Komplettbearbeitung komplexer Werkstückgeometrien ab [Fric03]. Mit dieser Strategie

M. Reuber, *CNC-Mehrspindel-Drehautomaten*,
https://doi.org/10.1007/978-3-658-29338-3_4

werden unproduktive Vorgänge in Teilehandhabung, Zwischenlagerung und Transport reduziert. Das erhöht die Produktivität und vereinfacht Fertigungsstrukturen und Logistik. Ein weiterer Vorteil der Komplettbearbeitung liegt darin, dass viele Geometrieelemente eines Werkstücks ohne Umspannvorgänge hergestellt werden. Eine höhere Fertigungsgenauigkeit wird insbesondere dann erreicht, wenn Werkstückgeometrien, die über enge Lagetoleranzen miteinander verknüpft sind, in einer Aufspannung gefertigt werden können. Voraussetzung dazu ist die Integration vieler unterschiedlicher Technologien in eine Maschinenplattform. Der automatische Werkzeugwechsel ermöglicht bei einspindligen CNC-Dreh- und -Fräsmaschinen den Einsatz verschiedener Werkzeuge ohne Benutzereingriff. Die Bewegungsabläufe der unterschiedlichen Technologien werden durch die numerische Kopplung von mehreren Rotations- und Translationsachsen realisiert. Damit ersetzen die programmgesteuerten Bewegungsabläufe die aufwendigen mechanischen Konstruktionen der Kurventechnik [KiRo17].

Steigende Variantenvielfalt der Produkte

Mit einer steigenden Individualisierung in vielen Produktbereichen entsteht eine größere Variantenvielfalt in Endprodukten und zu fertigenden Einzelteilen [KiRo17]. Dies führt zu einer höheren Teilevielfalt, die in kleineren Losgrößen gefertigt werden. Damit korrespondieren die Erfordernisse einer größeren Maschinenflexibilität [Fric03], kürzerer Rüstzeiten und eines erhöhten Rüstkomforts. CNC-Maschinen ermöglichen die kinematische Formgebung mit einfachen und werkstückungebundenen Werkzeugen. Sie können daher – insbesondere bei Teilefamilien – ohne den Wechsel von Werkzeugen oder Kurven über Änderungen des NC-Programms auf andere Werkstückgeometrien umgerüstet werden. Dieser Flexibilitätsvorteil gegenüber kurvengesteuerten Maschinen ist mit der erhöhten Variantenvielfalt immer wichtiger geworden.

Steigende Anforderungen an die Fertigungsgenauigkeit

Die Fertigungstoleranzen sind in den letzten Jahrzehnten deutlich kleiner geworden. Gründe hierfür liegen in erhöhten Genauigkeitsansprüchen zahlreicher Endprodukte, einem höheren Automatisierungsgrad in nachgelagerten Produktionsbereichen sowie der verstärkten Einführung der statistischen Prozesskontrolle und den damit einhergehenden Einschränkungen für die Produktion in der zulässigen Ausnutzung der Zeichnungstoleranzen. Die Arbeitsgenauigkeit von Kurvenmaschinen ist durch mechanische Anschläge zur Begrenzung der Schlittenposition bestimmt. CNC-Vorschubachsen haben eine höhere Positioniergenauigkeit und sind daher für die gestiegene Fertigungsgenauigkeit (siehe auch Abschn. 3.3.1) prädestiniert.

Veränderungen der zerspanten Werkstoffe

In der Massenproduktion auf Kurvenautomaten wurden aus Gründen der einfachen Zerspanbarkeit spezielle Automatenstähle oder bleihaltige Messingwerkstoffe eingesetzt, die vor allem hinsichtlich des Spanbruchs positive Zerspanbarkeitseigenschaften aufweisen. Veränderte Anforderungen an die Endprodukte hinsichtlich der Werkstofffestigkeiten oder der enthaltenen Legierungselemente führen bis in die aktuelle Zeit zur Substitution der zerspanbarkeitsoptimierten Werkstoffe. Aktuelles Beispiel ist die Einführung von bleifreiem Messing für Armaturen aufgrund neuer gesetzlicher Regelungen zur Vermeidung von Schwermetallen im Trinkwasser [Trin13]. Motorische Antriebe und CNC-gesteuerte Maschinenachsen ermöglichen die einfache Veränderung und Optimierung der wichtigen Verfahrensparameter Schnitt- und Vorschubgeschwindigkeit und bieten Freiheiten in der Bewegungsführung. Diese Freiheitsgrade lassen sich nutzen, um die Bearbeitung von schwer zerspanbaren Werkstoffen prozesssicher umzusetzen.

4.2 Entwicklung einspindliger CNC-Drehmaschinen

Die ersten CNC-gesteuerten einspindligen Drehmaschinen behielten die bestehenden Maschinenkonzepte mit herkömmlichen Schlittenanordnungen bei und ersetzen die Kurvensteuerung durch elektromechanische oder hydraulische Servoantriebe. Dies erlaubte die Umsetzung bahngesteuerter Bewegungen der Achsen auf Basis der Zug- und Leitspindelmaschinen oder von Mehrschlittenkonzepten. Der Durchbruch am Markt begann allerdings erst in den 1990 Jahren mit einer Neukonzeption der Maschinen, die sich durch baugruppenorientierte Bauweise und modularisierte Funktionen auszeichneten [Herr14].

Die Einspindelmaschinen waren bereits in den ersten CNC-Konzepten mit motorisch angetriebenen Hauptspindeln ausgestattet, bei denen die Drehzahl frei programmierbar war. Dies erlaubt eine bearbeitungsoptimiert wählbare Schnittgeschwindigkeit sowie ein Stillsetzen der Spindel in beliebiger Winkellage. Damit lassen sich Querbohrungen oder -fräsungen am Umfang herstellen (Abb. 4.1, 1). Sollen mehrere Geo-

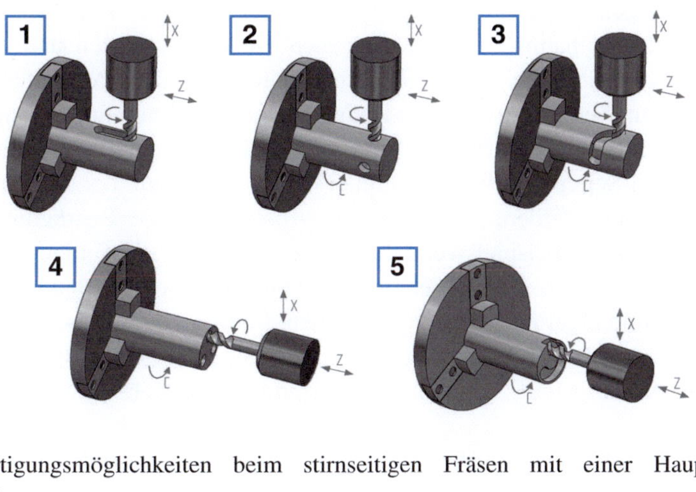

Abb. 4.1 Fertigungsmöglichkeiten beim stirnseitigen Fräsen mit einer Hauptspindel im C-Achsbetrieb

metrieelemente orientiert zueinander gefertigt werden, kommt in elektromotorischen Spindeln von CNC-Maschinen die erweiterte Funktion des C-Achsbetriebs zum Einsatz. Damit können Hauptspindeln in beliebigen, programmierbaren Winkelpositionen stillgesetzt werden. Die dann gefertigten Querbohrungen lassen sich in definierten Winkellagen zueinander anordnen (Abb. 4.1, 2). Die gleiche Funktion ist stirnseitig möglich, sofern die Bohreinheit in die radiale x-Richtung außermittig positioniert werden kann (Abb. 4.1, 4).

Wenn die Rotationsachse der Hauptspindel als C-Achse in den CNC-Achsverbund eingebunden wird, kann sie darüber hinaus mit den Vorschubbewegungen der Schlitten eine gekoppelte (interpolierende) Bahnbewegung ausführen (Abb. 4.1, 3). In Verbindung mit angetriebenen Werkzeugen werden damit Fräsoperationen an Umfangs- und Stirnfläche des Drehteils möglich (Abb. 4.1, 3 und 5). Dies ist ein wichtiger Schritt zur Erweiterung der Bearbeitungstechnologien und zur Herstellung komplexerer Formen und Geometrien auf einer Werkzeugmaschine.

Der wachsenden Anforderung nach Komplettbearbeitung folgend, entwickelten die Hersteller einspindliger Drehmaschinen weitere Funktionen. Ein automatischer Werkzeugwechsel erschließt die Flexibilität, ein Werkstück mit mehreren aufeinander folgenden Bearbeitungsprozessen ohne Eingriff eines Bedieners fertigen zu können. In Verbindung mit der automatisierten Zuführung von Roh- und Abführung von Fertigteilen, die als Grundfunktionen von Drehautomaten bereits aus der Kurventechnik bekannt sind, können Werkstücke in Serie gefertigt werden.

Weitere Produktivitätsgewinne bringen zusätzliche Werkzeugschlitten und -revolver, die eine parallele Bearbeitung mit mehreren Werkzeugen ermöglichen. Erweiterte Achskonfigurationen geben neue Bewegungsmöglichkeiten für kinematisch anspruchsvolle Prozesse. In Verbindung mit angetriebenen Werkzeugen können komplexe Werkstücke mit Dreh- und Fräspartien hergestellt werden.

Ein wichtiger und bereits früh umgesetzter Baustein zur Komplettbearbeitung ist der Einsatz einer Gegenspindel für die Bearbeitung der zweiten Werkstückseite [Fric03]. Die Gegenspindel ist häufig mit einem eigenen Werkzeugschlitten und -revolver ausgestattet und bearbeitet die zweite Werkstückseite nach dem Abgreifen des vorderseitig bearbeiteten Werkstücks von der Hauptspindel. Die Bearbeitungen an Haupt- und Gegenspindel finden parallel statt und erhöhen nachhaltig die Produktivität. Erforderlich ist die Zwei-Seiten-Bearbeitung immer dann, wenn auf der Werkstückrückseite Geometrien verlangt werden, die vor einem Abstich für die Bearbeitung unzugänglich sind. Dies können beispielsweise Innenbearbeitungen, stirnseitige Fräsungen oder exzentrische Bohrungen sein. Auch enge Lagetoleranzen, die eine Bearbeitung mehrerer Werkstückpartien in einer Aufspannung erfordern, können eine Zwei-Seiten-Bearbeitung notwendig machen. Bei den einspindligen Maschinen mit Gegenspindel werden die Bearbeitungen so aufgeteilt, dass an beiden Spindeln möglichst gleiche Bearbeitungszeiten vorliegen.

Seit Mitte der 1990er Jahre haben sich die einspindligen Maschinenkonzepte zu CNC-Universaldrehmaschinen und Dreh-Fräs-Zentren weiterentwickelt, die fast immer mit mehreren Werkzeugrevolvern auf zwei-, drei- oder vierachsigen Bearbeitungseinheiten ausgestattet sind, Abb. 4.2. Die Maschinenkonzepte sind modular aufgebaut und können je nach Anforderungen des Anwenders aus einem Ausrüstungsbaukasten mit Werkzeugantrieben, Gegenspindel und Handhabungseinrichtungen ausgestattet werden. Die Anzahl mehrachsiger Einheiten, zumeist mit Revolvern für den automatisierten Werkzeugwechsel, ist je nach Bearbeitungsumfang wählbar.

Die modulare Bauweise erlaubt eine anforderungsgerechte, auf den Kundenbedarf zugeschnittene Konfiguration der Maschinenausrüstung. Standardisierte Bauplattformen, modulare Ausrüstungskomponenten und eine konsequente Gleichteilestrategie in der Konstruktion erschließen für die Maschinenhersteller Kostenvorteile. So können Komponenten und Baugruppen in wirtschaftlichen Stückzahlen gefertigt oder zugekauft werden. Die Anforderungen unterschiedlicher Anwendungsfälle lassen sich aus dem Baukasten konfigurieren und die Maschinen können zu marktgerechten Preisen angeboten werden.

In Abb. 4.3 sind wesentliche Meilensteine und Entwicklungsschritte CNC-gesteuerter Drehmaschinen dargestellt. Viele Maschinenentwicklungen dienten bis Mitte der 2000er Jahre zur Befähigung und Optimierung von Komplettbearbeitung und auto-

Abb. 4.2 Beispiel für eine CNC-Dreh-Fräsmaschine mit vier Werkzeugrevolvern, Haupt- und Gegenspindel [Trau16]

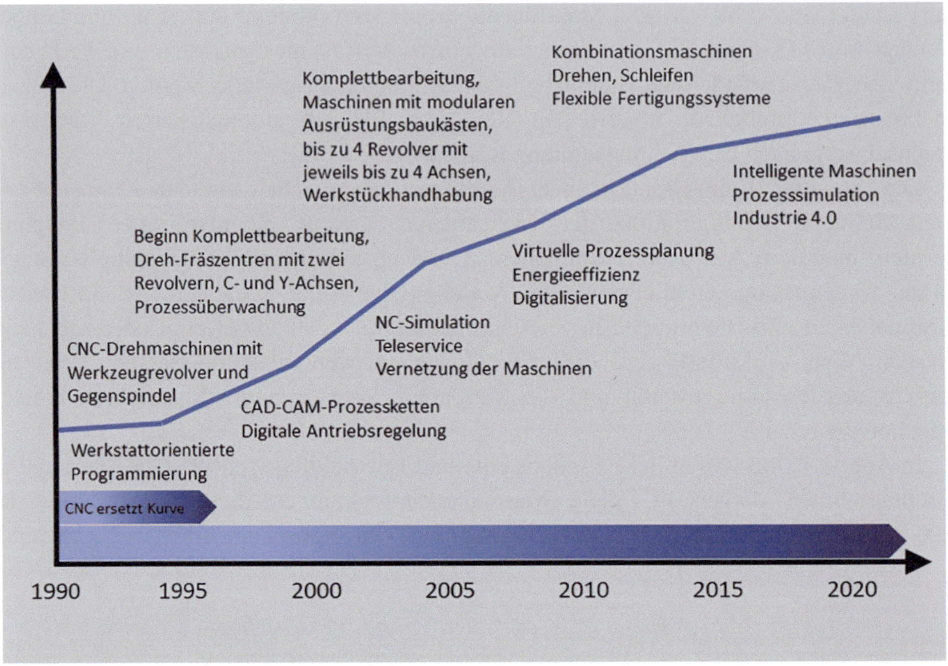

Abb. 4.3 Technische Entwicklungsschritte von Drehmaschinen mit Einführung der CNC-Technik

matisierter Fertigung. Dazu zählte die sukzessive Entwicklung der Maschinenkonzepte zu Dreh-Fräszentren mit mehrachsigen Bearbeitungseinheiten und angetriebenen Werkzeugen. Weiterhin entstanden Kombinationsmaschinen, mit denen sowohl Dreh- als auch Schleifprozesse möglich sind. Ergänzend zu multitaskingfähigen Einzelmaschinen wurden Fertigungssysteme entwickelt, die je nach Stück- und Variantenzahl des Teilespektrums mehr oder weniger flexibel aufgebaut sind. Dabei sind Einzelmaschinen oder Maschinenmodule, die einzelne Bearbeitungsschritte der Fertigungskette ausführen, zu Fertigungslinien verkettet. Die Handhabung von Rohteilen und Werkstücken erfolgt automatisiert, der störungsfreie Ablauf der Fertigungsprozesse wird mit Hilfe von Sensoren oder Antriebsdaten überwacht.

Parallel zu den Maschinenkonzepten haben sich Steuerungs- und Programmiersysteme entwickelt. In den frühen Jahren der CNC-Technik wurden die Maschinen werkstattnah an Einzelplätzen programmiert. Die Weiterentwicklung führte zu Programmiersystemen, Kopplungen von CAD-Werkstückdaten und der NC-Programmerstellung sowie Möglichkeiten zur Simulation der programmierten Bearbeitungsabläufe und Planungsprozesse. Spätere Entwicklungstrends fokussieren auf eine weitere Vernetzung und Digitalisierung der gesamten Produktionsabläufe sowie auf Energie- und Ressourceneffizienz in der Fertigung. Seit etwa 2014 werden die verschiedenen Entwicklungen zur Digitalisierung mit dem Begriff „Industrie 4.0“ gebündelt.

4.3 Herausforderungen von CNC-Mehrspindel-Drehautomaten

Die Tatsache, dass bei den Mehrspindel-Drehautomaten die Entwicklung zur CNC-Technik deutlich später und langsamer einsetzte als in anderen Maschinengattungen, begründet sich aus den technischen Herausforderungen zur Umsetzung maschinenspezifischer Besonderheiten.

Der Mehrspindel-Drehautomat verfügt über eine hohe Zahl an Bewegungs- und Schaltachsen, die mit den ersten Steuerungsgenerationen nicht verarbeitet werden konnten [Herr14]. Erste CNC-Mehrspindel-Drehautomaten arbeiteten daher mit eigenentwickelten Multiprozessor-Steuerungen [WyHo89]. Heutige NC-Steuerungskonzepte können deutlich mehr als 80 parallel arbeitende NC-Achsen bedienen [Beck17, Cors17]. Die anfängliche Problematik der Achsanzahl stellt also in der aktuellen Praxis keine Grenze mehr dar.

Eine große Herausforderung bestand auch darin, den Zentralantrieb abzulösen, mit dem in den Kurvenmaschinen alle Hauptspindeln mit gleicher Drehzahl angetrieben werden. Da sich die Hauptspindeln auf einer umlaufend rotierenden Spindeltrommel befinden, ist der motorische Einzelantrieb jeder Hauptspindel schwieriger umzusetzen als bei einspindligen Maschinen. Der Bauraum zur Integration der Motoren ist begrenzt und, die Spindeln müssen auf der rotierenden Trommel mit elektrischen Antriebs- und Steuerungssignalen versorgt werden. Die Hersteller von Mehrspindel-Drehautomaten haben für diese Problemstellung unterschiedliche Lösungskonzepte entwickelt, die in Abschn. 5.1 vorgestellt werden.

Weiterhin sind die Mehrspindel-Drehautomaten durch eine außerordentlich hohe Funktionsdichte in einem kompakten Bauraum gekennzeichnet. Die große Zahl an Werkzeugen und Bearbeitungsstationen verlangte schon von den Konstrukteuren der kurvengesteuerten Automaten viel Kreativität, stellte aber die Entwickler der CNC-Maschinen vor noch größere Herausforderungen. Hauptgrund sind die vielen Antriebe, die für Bewegungs- und Schaltfunktionen im eingeschränkten Konstruktionsraum der Maschine platziert werden müssen. Dazu gehören nicht nur CNC-Vorschubachsen für die Bahnbewegungen der Maschinenachsen, sondern auch der verstärkte Einsatz angetriebener Werkzeuge. Neben dem zusätzlichen Bauraum für Motoren und Wandler, sind an den jeweiligen Stationen Versorgungsleitungen für die Energiezuführung, Mess- und Steuersignale sowie Kühlschmiermittel vorzusehen. Hinzu kommen zahlreiche Antriebe für Spann-, Schalt- und Handhabungsvorgänge.

Als CNC-Mehrspindler bezeichnete Maschinen wurden erstmals ab 1985 in Serie gebaut [WyHo89]. Dabei machte man sich die zu Beginn der 1980er Jahre aufkommende Mehrprozessortechnik zu Nutze, die erstmalig die Möglichkeit bot, bis zu 32 Achsen numerisch steuern zu können [Herr14, Spur91]. In den ersten Maschinenbauformen waren zunächst nur die Vorschubachsen mit CNC-gesteuerten Servomotoren angetrieben. Mit der bahngesteuerten Bewegung konnten nun auf den Mehrspindlern beliebige Innen- und Außenkonturen ohne Sondereinrichtungen und –werkzeuge hergestellt werden. Neben dem Verzicht auf werkstückangepasste Profilwerkzeuge, wurden insbesondere die erhöhte Positioniergenauigkeit und die vereinfachte Umrüstbarkeit der Maschine herausgestellt. Die ersten am Markt verkauften Maschinen dieser Bauart verfügten über 10 Quer- und 6 Längsbearbeitungseinheiten und wurden mit einer eigenentwickelten, dialogorientierten Multiprozessor-Steuerung numerisch gesteuert [WyHo89].

In der Folge war die Entwicklung von CNC-Mehrspindel-Drehautomaten durch zwei grundlegend unterschiedliche Bauformen gekennzeichnet, die bis heute in den am Markt verfügbaren Maschinenkonzepten erkennbar sind. Eine Gruppe von Maschinenkonzepten folgt dem Grundaufbau der kurvengesteuerten Drehautomaten. Diese Maschinen werden im Folgenden als CNC-Mehrspindler klassischer Bauart bezeichnet. Eine zweite Gruppe bilden Maschinenbaureihen, die grundlegend neu als CNC-Mehrspindel-Drehautomaten konzipiert sind. Sie folgen in Bauform und Philosophie eher den einspindligen CNC-Dreh-Fräsmaschinen und finden sich in diesem Buch als Maschinenkonzepte neuer Bauart wieder.

4.4 CNC-Mehrspindel-Drehautomaten klassischer Bauart

Der Aufbau von CNC-Mehrspindel-Drehautomaten klassischer Bauart ist dem von kurvengesteuerten Drehautomaten sehr ähnlich, Abb. 4.4. Die Maschinenhersteller verfolgen damit das Ziel, dem Bedien- und Einrichtepersonal der kurvengesteuerten Automaten den Einstieg die CNC-Technologie zu erleichtern. Anordnung und Aufbau der Werkzeugsysteme sind vergleichbar, Bedien- und Programmierphilosophie enthalten viele Analogien.

Das Konzept der PC-Baureihe von Schütte folgt der klassischen Maschinenbauform sehr strikt. Dies beginnt im Grundaufbau, bestehend aus einem Spindelkasten (Abb. 4.4, 1), der die Spindeltrommel (Abb. 4.4, 2) mit den Hauptspindeln (Abb. 4.4, 3) aufnimmt, und dem gegenüberliegenden Antriebskasten (Abb. 4.4, 4). Verbunden sind diese beiden Grundelemente mit dem Führungsrohr (Abb. 4.4, 5), das den zwischen Spindel- und Antriebskasten befindlichen Längsschlittenblock (Abb. 4.4, 6) trägt. Dieser dient der Führung der Längsschlitten, von denen die Längsbearbeitungseinheiten (Abb. 4.4, 7) getragen werden. Die Querschlitten (Abb. 4.4, 8) sind wie bei den Kurvenmaschinen auf Konsolen positioniert. Die Vorschubbewegung ist hier allerdings CNC-gesteuert und führt in einfacher Ausbaustufe eine einachsige Linearbewegung in x-Richtung aus. Optional kann ein zweiter Schlitten für eine z-Bewegung aufgebaut werden. Die daraus entstehenden Kreuzschlitteneinheiten werden meist in ausgewählten Bearbeitungslagen eingesetzt, in denen Konturdrehoperationen sinnvoll sind. In der Bearbeitungslage, in der das Werkstück abgestochen und von der Gegenspindel (Abb. 4.4, 9) übernommen wird, befindet sich neben dem Abstechschlitten ein zweiter Querschlitten (Abb. 4.4, 10) für die Bearbeitung der Werkstückrückseite.

Abb. 4.5 zeigt das Maschinenkonzept im Teilaufbau. Die dargestellte Maschine ist mit hydraulisch angetriebenen Vorschubachsen ausgestattet. Vorteile der hydraulischen

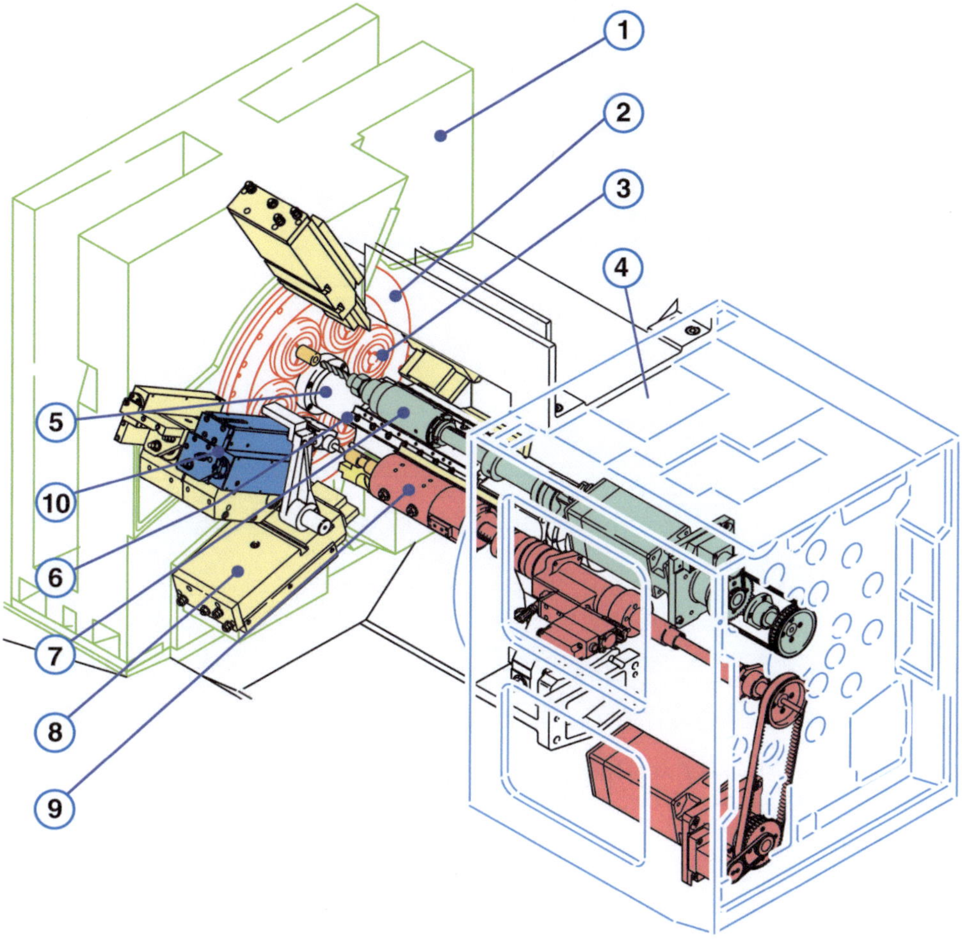

Abb. 4.4 Aufbau eines CNC-Mehrspindel-Drehautomaten mit hydraulischer Antriebstechnik. [Bildquelle: Schütte]

Antriebstechnik liegen in der hohen Leistungsdichte, der im Vergleich zu elektrischen Antrieben kompakten Bauweise und der schwingungsdämpfenden Wirkung des Öls [Beye08, Herr14]. Die Erzeugung und Übertragung hoher Kräfte auf kleinem Bauraum bietet sich insbesondere bei der hohen Funktionsdichte und dem eingeschränkten Konstruktionsraum der Mehrspindler an.

Bei den Querschlitteneinheiten ist der Hydraulikzylinder in die Querschlittenkonsole (Abb. 4.6, 1) integriert. Der Hydraulikkolben (Abb. 4.6, 2) ist über die Kolbenstange (Abb. 4.6, 3) mit einer Anschlagplatte (Abb. 4.6, 4) verschraubt, die an der werkstückabgewandten Seite des Schlittens befestigt ist und die Linearbewegung des Kolbens überträgt. Ein direktes Wegmesssystem (Abb. 4.6, 5) erfasst die Schlittenbewegung

Abb. 4.5 Teilaufgebauter CNC-Mehrspindel-Drehautomat der Baureihe PC mit hydraulischer Antriebstechnik [Schu13]

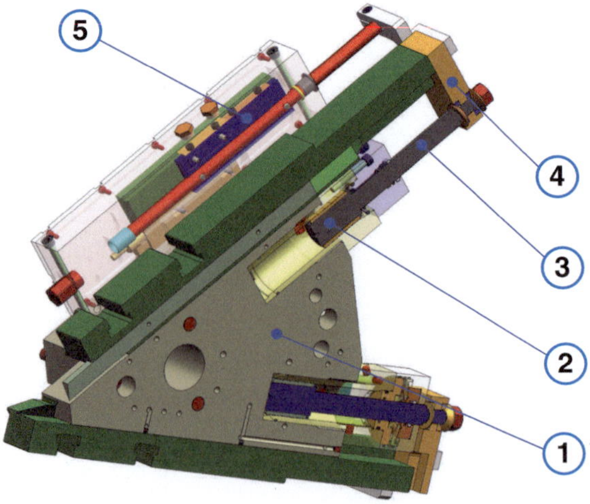

Abb. 4.6 Schnitt durch eine Querschlitteneinheit mit hydraulisch angetriebenen Querschlitten auf der Konsole eines CNC-Mehrspindel-Drehautomaten. [Bildquelle: Schütte]

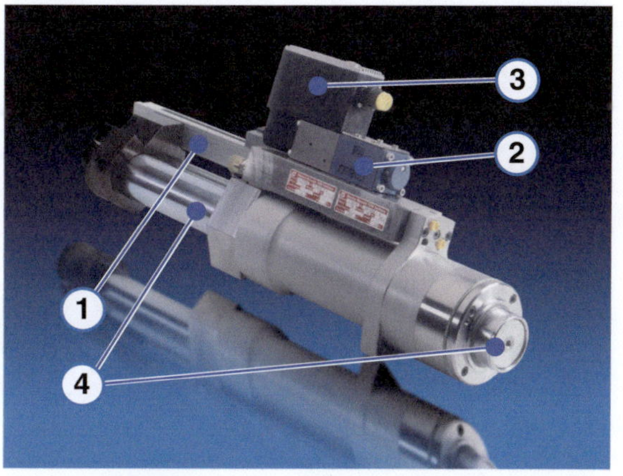

Abb. 4.7 Hydraulischer Antriebszylinder für Längsschlitteneinheiten mit linearem Glasmaßstab, Servoventil und Ventilelektronik. [Bildquelle: Schu13]

und führt dessen Position in den Regelkreis des CNC-Vorschubantriebs zurück. Das für die Bewegung benötigte Öl wird über den Spindelkasten in die Konsole geführt. Am Spindelkasten ist ein Servoventil befestigt, das als Stellglied des Regelkreises fungiert und den Volumenstrom des Öls so dosiert, dass die programmierte Sollposition des Schlittens mit der Ist-Positionen übereinstimmt bzw. eine zugelassene Abweichung nicht überschreitet. Elektronische Regelungsbaugruppen sind dezentral in räumlicher Nähe zu den Ventilen angeordnet und schließen den Regelkreis antriebsnah.

Im Vergleich dazu sind bei elektromechanischen Vorschubachsen einige Funktionsbausteine des Lageregelkreises (z. B. Frequenzumrichter und Regelungselektronik) im Schaltschrank aufgebaut. Die dezentrale hydraulische Regelung hat demgegenüber einen deutlich geringeren Verkabelungsaufwand, was bei der hohen Zahl von geregelten CNC-Vorschubantrieben in der Maschine von großem Vorteil ist [Herr14].

Die Längsschlitteneinheiten werden mit servohydraulischen Zylindern angetrieben, Abb. 4.7. Die Antriebseinheiten sind im Antriebskasten auf einer hydraulischen Verteilerscheibe positioniert, über die sie mit Öl versorgt werden. Ebenso wie die Querschlitten verfügen sie über ein direktes Wegmesssystem, ausgeführt als linearer Glasmaßstab (Abb. 4.7, 1) mit einer Auflösungsgenauigkeit von 0,1 µm. Ringspaltdichtungen sorgen für eine berührungslose, reibungsarme Bewegung des Kolbens im Zylinder [Beye08]. Das hydraulische Servoventil (Abb. 4.7, 2) mit der Ventilelektronik (Abb. 4.7, 3) ist direkt auf dem Zylindergehäuse montiert und schließt den Lageregelkreis für die Vorschubbewegung an der Antriebseinheit. Die Kolbenstange (Abb. 4.7, 4) dient als Schnittstelle zur Anbindung der Längsbearbeitungseinrichtungen und Kreuzschlitteneinheiten.

Die einleitend beschriebene Kreuzschlittenfunktion auf ausgewählten Bearbeitungslagen wird durch die Integration einer zweiten Bewegungsachse realisiert. In der oben dargestellten Maschine wird der z-Schlitten auf den Querschlitten aufgesetzt, Abb. 4.8.

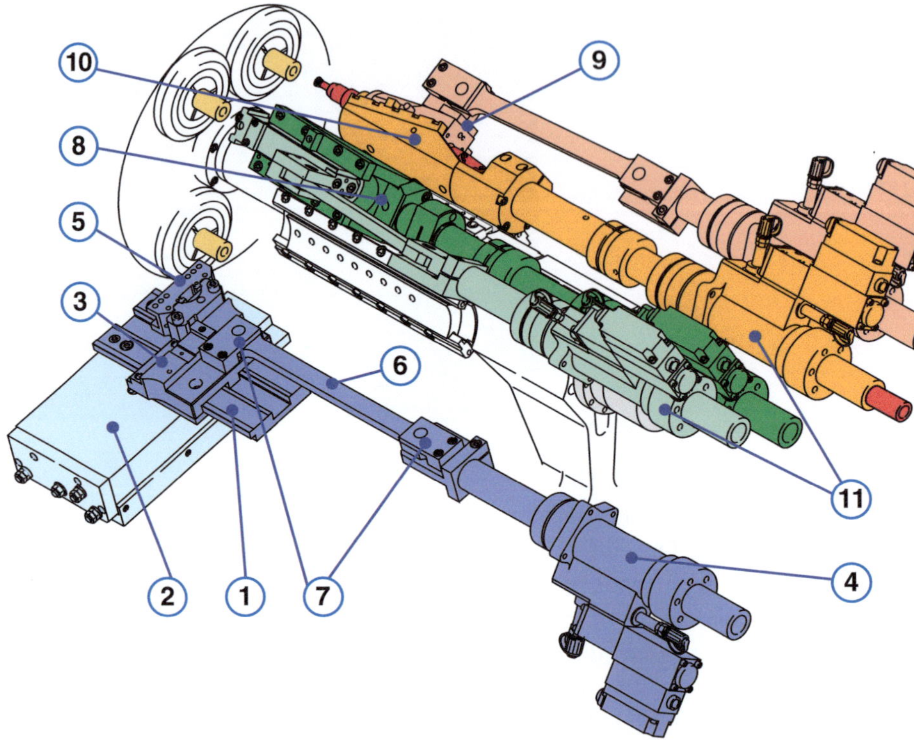

Abb. 4.8 CNC-Kreuzschlitten auf einer Quer- (blau) und Längslage (gelb, grün). [Bildquelle: Schütte]

Die Schlittenführung (Abb. 4.8, 1) für die z-Bewegung wird auf der Oberseite des Querschlittens (Abb. 4.8, 2) verschraubt. Auf der parallel zur Hauptspindelachse ausgerichteten Schlittenführung wird der z-Schlitten (Abb. 4.8, 3) durch einen hydraulischen Servozylinder (Abb. 4.8, 4) mit einem Linearvorschub belegt. Der z-Schlitten trägt die Werkzeughalter (Abb. 4.8, 5), deren Bauhöhe im Vergleich zu den Werkzeughaltersystemen der Querschlitten um die Höhe des z-Schlittenaufbaus reduziert ist. Der Antrieb für die z-Bewegung ist im Antriebskasten aufgenommen und über eine Koppelstange (Abb. 4.8, 6) mit dem Schlitten verbunden. Die Bewegung des z-Schlittens muss sich an die jeweilige x-Position des Querschlittens anpassen, da der Antrieb des x-Schlittens ortsfest in der Konsole ist und somit keine kartesische Achsbewegung vorliegt. Dazu ist die Koppelstange am hydraulischen Antriebszylinder und dem Schlitten mit zwei spielfrei drehbaren Gelenken (Abb. 4.8, 7) angebunden. Die CNC-Steuerung nimmt die notwendige Bewegungsanpassung im Hintergrund vor, sodass die Konturprogrammierung durch den Bediener im Werkstückkoordinatensystem erfolgen kann.

Kreuzschlitten können auch auf den Längslagen aufgebaut werden (Abb. 4.8, 8). Diese werden überwiegend für das Drehen von Innenkonturen eingesetzt. Die Radialbewegung wird durch das Prinzip der schiefen Ebene erzeugt. Der Verfahrweg in x-Richtung ist im Vergleich zum z-Weg klein und orientiert sich an den maximal bearbeitbaren Werkstückdurchmessern. Schlitten (Abb. 4.8, 9) und Schlittenführung (Abb. 4.8, 10) sind in einem flachen Winkel zueinander angeordnet und bilden die schiefe Ebene für die Verfahrbewegung in x-Richtung. Sie werden durch zwei unabhängige hydraulische Linearvorschübe (Abb. 4.8, 11) in z-Richtung bewegt. Aus der Differenzbewegung der beiden Achsen resultiert die radiale Bewegungskomponente. Aus einem überlagerten synchronen Bewegungsprofil beider Komponenten in z-Richtung resultiert die Vorschubkomponente parallel zur Werkstückachse. Durch Interpolation der Bewegungen ist eine Konturerzeugung in der x-z-Ebene möglich. Die Konturprogrammierung erfolgt im Werkstück-Koordinatensystem und die Maschinensteuerung ermittelt die erforderlichen Bewegungsprofile der beiden Antriebe.

Die bisher dargestellte Umsetzung von CNC-Funktionen in Mehrspindel-Drehautomaten klassischer Bauart sind am Beispiel der Baureihe PC des Werkzeugmaschinenherstellers Alfred H. Schütte dargestellt. Andere Hersteller, deren Maschinenkonzepte der klassischen Bauart folgen, bieten vergleichbare Funktionen an, setzen diese aber teilweise unterschiedlich um. Grundlegende Unterschiede in den Maschinenkonzepten resultieren beispielsweise aus Achsaufbau und Antriebstechnik. Abb. 4.9 zeigt den Aufbau der Maschinenreihe MultiSigma von Tornos. Hier handelt es sich um einen elektromechanisch angetriebenen Mehrspindel-Drehautomaten.

Der Maschinenaufbau zeigt den Antriebskasten (Abb. 4.9, 1) auf der linken und den Spindelkasten (Abb. 4.9, 2) auf der rechten Seite. Die Maschine ist mit mehreren Kreuz-

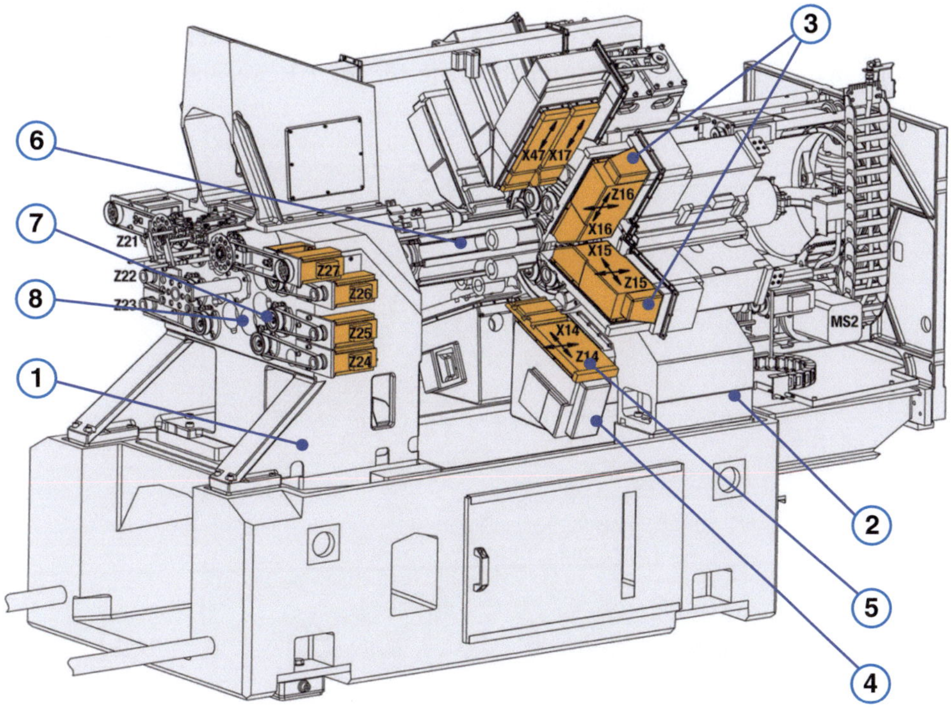

Abb. 4.9 Aufbau eines Mehrspindel-Drehautomaten mit elektromechanisch angetriebenen Vorschubachsen. [Bildquelle: Torn13a]

schlitten in den Querlagen (Abb. 4.9, 3) ausgestattet, die daran erkennbar sind, dass die Bewegungsmöglichkeiten in x- und z-Richtung eingezeichnet sind. Der Achsaufbau ist so gestaltet, dass die z-Achse durch die Bewegung der kompletten Querschlittenkonsolen (Abb. 4.9, 4) realisiert ist. Die in z-Richtung bewegliche Konsole trägt die x-Achse mit Führung und Schlitten (Abb. 4.9, 5) inklusiv der von der Konsole aufgenommenen Antriebselemente Kugelrollspindel und Elektromotor.

Die Längsbearbeitungseinheiten und -werkzeuge werden auf dem Führungsblock (Abb. 4.9, 6) positioniert. Die Linearbewegung in z-Richtung wird über elektromechanische Achsen aus dem Antriebskasten erzeugt. In Abb. 4.9 sind die Antriebsmotoren für die z-Bewegung gelb eingefärbt. Die Vorschubachsen (Abb. 4.9, 7) sind auf einem Teilkreis angeordnet, der größer ist als der Spindelkreis und die dazu fluchtende Position der Längsschlitteneinheiten. Zur Übertragung der Linearbewegung auf die Längsschlitteneinheiten werden Koppelstangen eingesetzt, die den Achsversatz zwischen Antrieb und Bearbeitungseinheit auf dem Längsschlitten ausgleichen und über Kugelgelenke angebunden sind. Auf dem Spindelkreis der Längsschlitteneinheiten (Abb. 4.9, 8) können optional Motorspindeln für die Werkzeugantriebe aufgebaut werden. Keilwellen stellen sicher, dass die Drehbewegung in jeder z-Position auf die Werkzeugspindeln der angetriebenen Einrichtungen übertragen wird.

Das Maschinenkonzept der GMC-Baureihe von DMG-Mori arbeitet ebenfalls mit elektromechanischen Antrieben, Abb. 4.10. Hier trägt eine mit der Spindelkastenwand verschraubte Konsole (Abb. 4.10, 1) den x-Schlitten. Beim Aufbau eines Kreuzschlittens wird die Schlittenführung für die z-Bewegung (Abb. 4.10, 2) auf dem Querschlitten montiert. Die Ankopplung des z-Antriebs (Abb. 4.10, 3) unterscheidet sich von den bisher vorgestellten Konzepten. Der Antriebsstrang für die z-Bewegung kommt aus dem

Abb. 4.10 Querschlittenaufbau der Baureihe GMC. [Bildquelle: Dmgm14]

Spindelkasten und wird über eine in x-Richtung bewegliche Gleitführung (Abb. 4.10, 4) angebunden. Der zusätzliche Bewegungsfreiheitsgrad sorgt dafür, dass die Anbindung der z-Achse bei den unterschiedlichen x-Positionen des Querschlittens rückwirkungsfrei gegeben ist. Vorteilhaft bei dieser Lösung ist der kurze Antriebsstrang.

Die dargestellten Unterschiede in den realisierten Maschinenbauformen zeigen, dass insbesondere die Wahl der Antriebstechnik für Haupt- und Vorschubantriebe die Realisierungskonzepte der Maschinen wesentlich beeinflusst. Trotz der unterschiedlichen konstruktiven Umsetzungen folgt der Grundaufbau der Maschinen in allen Fällen der Bauweise kurvengesteuerter Mehrspindel-Drehautomaten.

4.5 Maschinenkonzepte neuer Bauart

Von der klassischen Bauform abweichend sind weitere Maschinenkonzepte entstanden, die unter anderem dadurch gekennzeichnet sind, dass sie auf den Längsschlittenblock als Führungselement für die Längsbearbeitungseinheiten verzichten. Damit fehlt ein charakteristisches Konstruktionselement der Kurvenautomaten und es ergeben sich grundlegend veränderte Maschinenaufbauten.

4.5.1 Baureihe MS

Ein erster CNC-Mehrspindel-Drehautomat neuer Bauart wurde von den Index-Werken GmbH & Co. KG Hahn & Tessky in den 1980 Jahren entwickelt. Aus dieser Entwicklung entstand die Baureihe MS, die in ihrer Ausbaustufe MS-C als Frontdrehmaschine konzipiert ist und auf einen klassischen Antriebskasten verzichtet, Abb. 4.11.

Abb. 4.11 Ansicht einer MS52-6 aus der Baureihe MS-C [Inde15a]

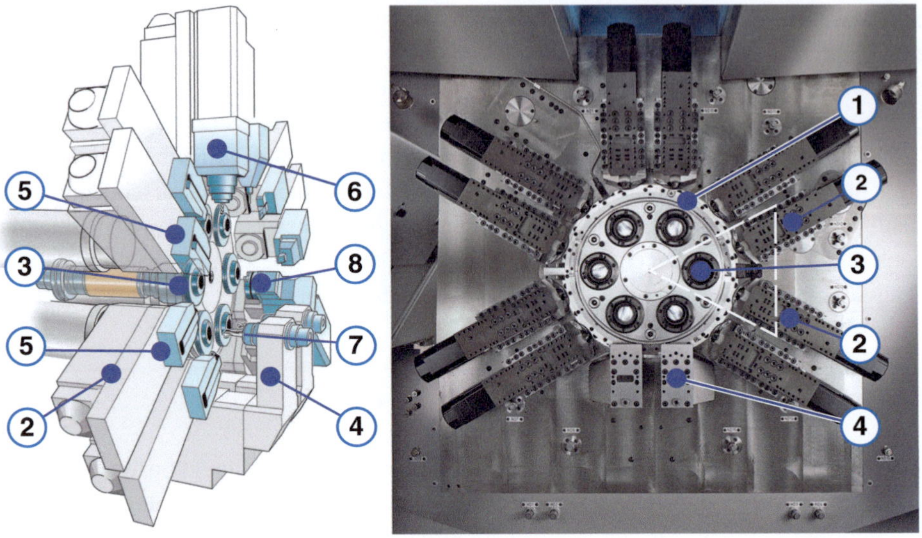

Abb. 4.12 Arbeitsraum der Baureihe MS-C in schematischer Darstellung (links) und mit teilaufgebautem Spindelkasten (rechts). [Bildquellen: Inde15b]

Die Maschinen der Baureihe MS-C bestehen aus einem Spindelkasten mit Spindeltrommel (Abb. 4.12, 1) und Bearbeitungseinheiten (Abb. 4.12, 2), die sowohl für Umfangs- als auch Stirnseitenoperationen genutzt werden. Um dabei hinreichend viele Werkzeugplätze anbieten zu können, arbeiten in jeder Bearbeitungsstation zwei Werkzeugschlitten auf eine Spindel (Abb. 4.12, 3) [Link02b].

Eine 6-spindlige Maschine verfügt dementsprechend über 12 Bearbeitungseinheiten, die üblicherweise als Kreuzschlitten ausgeführt sind. Ausnahmen sind die Bohrschlitten (Abb. 4.12, 4) in den unteren Bearbeitungslagen, die nur über eine z-Achse verfügen. Auf den Kreuzschlitten werden Drehwerkzeuge (Abb. 4.12, 5) und angetriebene Einrichtungen (Abb. 4.12, 6) montiert. Stirnseitig arbeitende Bohrwerkzeuge werden über gekröpfte, rückwärts orientierte Werkzeughalter (Abb. 4.12, 7) oder angetriebene Werkzeugköpfe (Abb. 4.12, 8) angestellt.

Die Kreuzschlitteneinheiten sind weitestgehend identisch aufgebaut. Der z-Schlitten ist als Rundpinole (Abb. 4.13, 4) ausgeführt, die in einer Bohrung im Spindelkasten (Abb. 4.13, 6) hydrostatisch gelagert und geführt wird [Link02a]. Die Pinole wird über einen elektromechanischen Antriebsstrang bewegt. Dieser besteht aus einem elektrischen Antriebsmotor (Abb. 4.13, 8) und einer Kugelrollspindel (Abb. 4.13, 7), die parallel zur z-Pinole angeordnet ist. Die Linearbewegung der Mutter wird über einen Stützarm (Abb. 4.13, 5) auf die Pinole übertragen. Der Arm dient gleichzeitig als Drehmomentstütze, um eine ungewünschte Rotationsbewegung der Pinole zu verhindern.

Der x-Schlitten (Abb. 4.13, 1) ist stirnseitig an der z-Pinole im Arbeitsraum der Werkzeugmaschine angeordnet. Er wird über einen Servomotor (Abb. 4.13, 3) angetrieben, der über eine Kugelrollspindel (Abb. 4.13, 2) die Linearbewegung in x-Richtung erzeugt

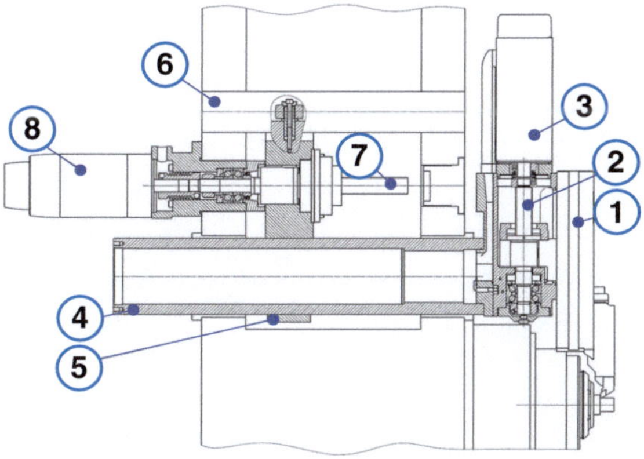

Abb. 4.13 Kreuzschlitteneinheit der Baureihe MS [Link02a]

[Link02a]. Die im Arbeitsraum liegenden x-Schlitten sind mit hydrodynamischen Gleitführungen versehen.

Das zur Führung der z-Pinole eingesetzte hydrostatische Führungsprinzip bringt über eine oder mehrere externe Pumpen einen Öldruck zwischen Führung und Schlitten auf. Dieser zentriert die Pinole in der Führungsbohrung. Anders als bei hydrodynamischen Führungen, in denen sich der drucklos zugeführte Ölfilm durch die Relativbewegung zwischen Schlitten und Führung aufbaut, wird damit ein Festkörperkontakt der Führungselemente während der Bewegung vermieden. Dementsprechend wird auch bei langsamen Bewegungsgeschwindigkeiten eine gleichmäßige und geringe Flüssigkeitsreibung sichergestellt. Hydrostatische Führungen sind verschleißfrei und weisen durch den Flüssigkeitsfilm gute Dämpfungseigenschaften auf.

Eine weitere Ausbaustufe der Maschinenreihe MS stellt zusätzliche Werkzeugträger für die stirnseitige Innenbearbeitung bereit, Abb. 4.14. Bei der sogenannten Pinolenmaschine, die in der Baureihe mit MS-P bezeichnet wird, befindet sich gegenüber dem Spindelkasten ein weiterer Trägerkasten, das Pinolengehäuse [Link02a].

Stirnseitig zum Werkstück werden weitere Kreuzschlitten bereitgestellt, die hauptsächlich für Bohr- und Innenbearbeitungswerkzeuge vorgesehen sind. Alternativ können lange und schlanke Werkstücke am freien Ende abgestützt werden. Die Kreuzschlitten sind baugleich mit den Kreuzschlitten der Spindelkastenseite. Eine Bearbeitungslage nimmt die Gegenspindel auf, die das Werkstück mit dem Abstich abgreift und für eine rückwärtige Bearbeitung bereitstellt. Die rückwärtige Bearbeitung findet auf der Seite des Pinolengehäuses statt und nutzt die dort verfügbaren Bearbeitungseinrichtungen und Werkzeugträger (Abb. 4.14).

Insgesamt stehen in dieser Ausbaustufe 10 Werkzeugträger auf der Spindelkastenseite und weitere 7 Kreuzschlitten der Längswerkzeugträger zur Verfügung. Gemeinsam mit den Hauptspindeln und der Gegenspindel arbeiten damit mehr als 40 CNC-Achsen parallel.

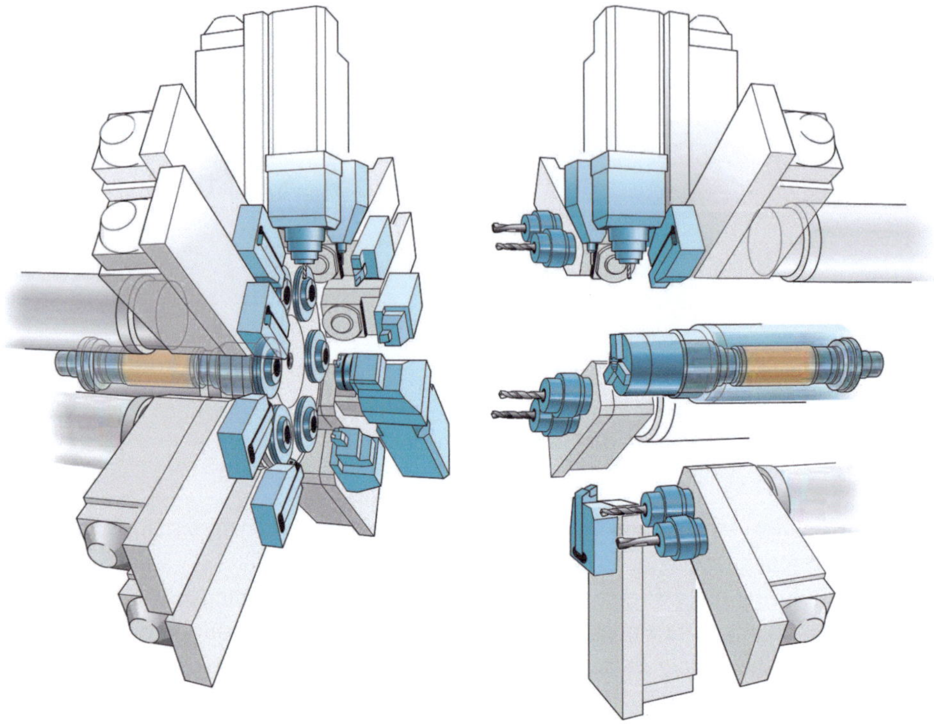

Abb. 4.14 Baureihe MS in Ausbaustufe P mit Spindelkastenseite (links) und gegenüberliegenden Längsantrieben (rechts) [Link02b]

Die höchste Ausbaustufe setzt den Hauptspindeln auf der Spindelkastenseite eine Gegentrommel mit der gleichen Anzahl an Spindeln gegenüber. Sie wird nur dann eingesetzt, wenn eine umfangreiche beidseitige Werkstückbearbeitung gefordert ist und wird mit den Lösungskonzepten für die Zwei-Seiten-Bearbeitung in Abschn. 5.4.2 vorgestellt.

4.5.2 Baureihe Multi-Swiss

Eine weitere Maschine in frontoffener Bauweise wird seit 2013 von der Tornos Holding AG mit Sitz in Moutier (CH) angeboten [Torn14]. Die Gesamtansicht einer Maschine Multi-Swiss 6x14 mit maximalem Stangendurchlass von 14 mm und sechs Hauptspindeln ist in Abb. 4.15 dargestellt.

Die Achskinematik der Multi-Swiss wird in Abb. 4.16 deutlich. Die Maschine verfügt über x-Schlitten (Abb. 4.16, 1), die im Spindelkasten um die Trommel herum angeordnet sind und die Linearbewegung in x-Richtung ausführen. Die für eine Kreuzschlittenfunktion erforderliche zweite Linearbewegung in z-Richtung wird durch die

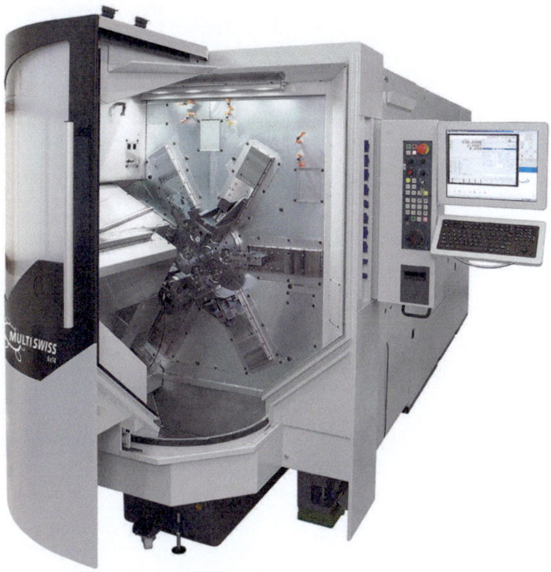

Abb. 4.15 Gesamtansicht der Multi-Swiss 6x14 bei geöffneter Arbeitsraumtür [Torn14]

Abb. 4.16 Schlitteneinheiten und Spindeltrommel der Multi-Swiss 6x14. [Bildquelle: Torn17]

Hauptspindeln ausgeführt (Abb. 4.16, 2). Die Drehspindeln und deren Lagerung sitzen dazu in Pinolen (Abb. 4.16, 3), die in der Spindeltrommel hydrostatisch gelagert sind. Jede der Pinolen kann eine unabhängige, CNC-gesteuerte Linearbewegung in z-Richtung ausführen und bildet gemeinsam mit den x-Antrieben der Querschlitten eine Kreuzschlittenfunktion. Auf ausgewählten Bearbeitungslagen kann optional mit einer weiteren Bewegungsachse in y-Richtung eine dreiachsige Bearbeitungseinheit realisiert werden.

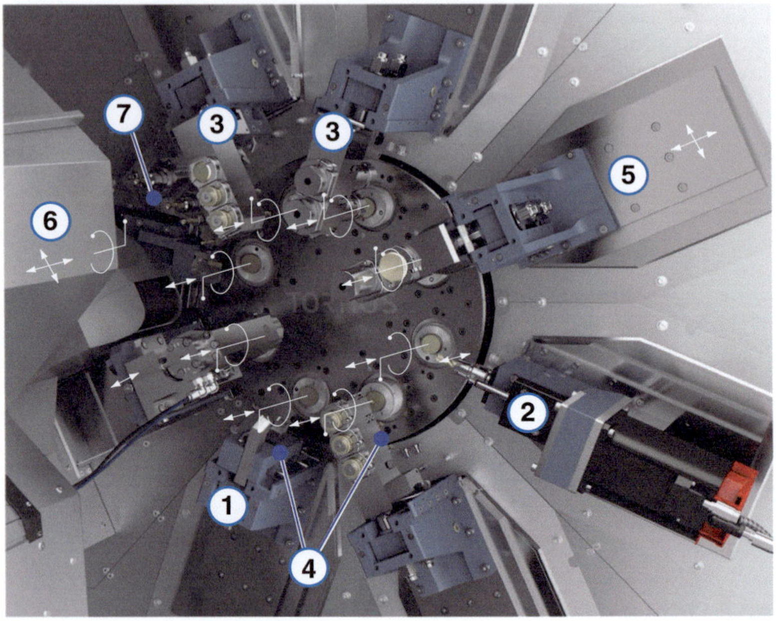

Abb. 4.17 Arbeitsraum der Multi-Swiss 8x26 mit aufgebauten Werkzeugträgern. [Bildquelle: Torn17]

Die Abstichlage ist für Bearbeitungen der zweiten Werkstückseite mit einer Gegenspindel (Abb. 4.16, 4) und einem Abstechschlitten (Abb. 4.16, 5) versehen. Für die rückwärtige Bearbeitung steht ein weiterer Werkzeugschlitten (Abb. 4.16, 6) zur Verfügung.

Abb. 4.17 zeigt den Arbeitsraum einer Multi-Swiss 8x26 mit aufgebauten Einrichtungen und Werkzeugen sowie den Bewegungsachsen der Maschine. Werkzeughalter für stehende Werkzeuge (Abb. 4.17, 1) und angetriebene Bearbeitungseinrichtungen (Abb. 4.17, 2) werden auf die Schlittenplatten der x-Achsen aufgesetzt. Stirnseitige Bearbeitungen werden mit Werkzeugträgern (Abb. 4.17, 3) oder Einrichtungen vorgenommen, bei denen die Werkzeuge über gekröpfte Werkzeughalter oder angetriebene Einrichtungen mit Umlenkgetrieben auf die Planfläche der Werkstücke orientiert sind. Über Mehrfach-Werkzeughalter (Abb. 4.17, 4) wird die Anzahl einsetzbarer Werkzeuge in einer Bearbeitungsstation erhöht. Mehrere Bearbeitungsstationen sind mit y-Achsen versehen. Die Bewegungsoption ist exemplarisch in Abb. 4.17, 5 eingezeichnet. Die Gegenspindel sitzt bei dieser Maschine auf einer mehrachsigen Bearbeitungseinheit (Abb. 4.17, 6), mit der ein Arbeitsbereich für die rückwärtige Bearbeitung (Abb. 4.17, 7) angefahren werden kann. Neben dem Abstecher sind mit dieser Anordnung bis zu vier Werkzeuge für die Bearbeitung der zweiten Werkstückseite einsetzbar, von denen maximal zwei angetrieben sein können.

4.5.3 Baureihe Multisprint

Auf der EMO 2017 präsentierte die DMG-Mori AG erstmalig das Maschinenkonzept MultiSprint. Der CNC-Mehrspindler neuer Bauart wird in zwei Baugrößen mit Stangendurchlass 25 mm und 36 mm angeboten [Dmgm17]. Die Baureihe hat eine frontoffene Bauweise und der Achsaufbau des x-z-Kreuzschlittens ist der im vorangegangenen Kapitel dargestellten Multi-Swiss ähnlich.

Auch hier wird die z-Achse über eine lineare Bewegung der Hauptspindeln realisiert, Abb. 4.18. Die Spindeln sind in einer Buchse aufgenommen, die in der Trommelbohrung geführt wird und über deren Axialbewegung der z-Vorschub umgesetzt ist. Die Werkzeugschlitten für die radiale x-Bewegung sind im Spindelkasten aufgenommen. Sie sind im Standard als Kreuzschlitten ausgeführt und verfügen über eine Bewegungsachse in y-Richtung, mit der unter anderem mehrere Werkzeuge in Eingriff gebracht werden können.

Neuartig für ein mehrspindliges Maschinenkonzept ist, dass die Maschine als Kurz- und Langdreher betrieben werden kann. Dazu wird in jeder Spindelbohrung ein sogenannter SwissTypekit aufgebaut, den der Hersteller bereits in einspindligen Drehmaschinen vom Typ Sprint einsetzt [Dmgm13].

Abb. 4.18 Spindeltrommel der Multisprint-Maschine mit aufgebauten Werkzeugträgern [Dmgm17]

Abb. 4.19 Swisstypekit als zusätzliche Führungsbuchse (links) und Gelenkwelle als typisches Werkstück (rechts) für die Bearbeitung im Langdrehverfahren [Dmgm17]

Zum Umbau auf die Langdrehfunktion wird für jede Spindel eine zusätzliche Führungsbuchse montiert (Abb. 4.19, oben rechts). Diese wird auf der Stirnseite der Spindeltrommel verschraubt und rotiert synchron mit der Spindeldrehzahl. Sie bietet dem Werkstück eine zusätzliche Führung und Abstützung gegen Querkräfte, die im Bereich der Bearbeitungsstelle auftreten. Die z-Bewegung des Werkstücks erfolgt wie bei der Kurzdrehvariante der Maschine durch eine Axialbewegung der Spindel. Mit diesem Aufbau können Bauteile bis zu einer Länge von 180 mm im Langdrehverfahren bearbeitet werden.

Vorteil dieser Anordnung ist, dass das Werkstück nach dem Drehen der vorderen Werkstückpartie weiter vorgeschoben werden kann und einen neuen Arbeitsbereich zur Verfügung stellt, der von der Führungsbuchse wieder an der Bearbeitungsstelle gestützt wird. Diese Variante ist zur Bearbeitung von langen, schlanken Werkstücken mit einem Verhältnis von Länge zu Durchmesser (L/D) größer 4 geeignet. Dies sind beispielsweise wellenförmige Bauteile, wie die in Abb. 4.19 dargestellte Lenkwelle mit einem L/D-Verhältnis größer 6.

Die Baureihe Multisprint ist zwischen der Kurzdreh- und Langdrehvariante umbaubar. Die Zeit für diese Umrüstung liegt nach Angabe des Herstellers unter 2 h [Dmgm17].

Im Standard ist die Maschine auf jeder Bearbeitungsstation mit einer weiteren, auf dem Werkzeugschlitten für die x-Bewegung aufgesetzten Linearachse ausgeführt. Mit der zusätzlichen y-Achse lassen sich auf jeder Bearbeitungsstation mehrere Werkzeuge nacheinander in Eingriff bringen, Abb. 4.20. Insgesamt sind so bis zu 28 Werkzeuge einsetzbar, von denen 24 angetrieben sein können. Zusätzlich ist damit in jeder Bearbeitungsstation eine dreiachsige Bearbeitungseinheit für Fräs- und Querbohroperationen realisiert. Der maximale Hub der y-Achse beträgt 100 mm.

Abb. 4.20 Bearbeitungseinheit mit y-Achse und drei Werkzeugen, hier alle angetrieben [Dmgm17]

Aufgrund eines fehlenden zweiten Werkzeugschlittens ist in jeder Bearbeitungsstation immer nur ein Werkzeug im Einsatz. Aufgrund der hohen Anzahl an Werkzeugplätzen eignet sie sich trotzdem für die Bearbeitung komplexer Werkstücke mit hohem Bearbeitungsumfang.

Eine Gegenspindel greift die Werkstücke in der Abstichlage aus der Hauptspindel ab. In einfachster Form ist diese als Pick-Up-Spindel mit einer einachsigen z-Verfahrbewegung ausgeführt. In diesem Fall kann eine einfache Rückseitenbearbeitung mit dem x-y-Kreuzschlitten der gleichen Bearbeitungslage ausgeführt werden. In höherer Ausbaustufe ist die Gegenspindel mit einer dreiachsigen Vorschubeinheit versehen. In diesem Fall führt die Gegenspindel das Werkstück einem Bearbeitungsbereich für die Zerspanung der zweiten Werkstückseite zu, der sich oberhalb der Spindeltrommel befindet. Dort können fünf Werkzeuge aufgebaut werden, von denen maximal drei angetrieben sind. Die Werkzeuge sind stationär montiert, die Bewegungsführung des Werkstücks erfolgt durch die Gegenspindel. Eine optionale zweite Gegenspindel für die erweiterte Rückseitenbearbeitung wird in Abschn. 5.4.2 zur Zwei-Seiten-Bearbeitung beschrieben.

4.5.4 Baureihe SCX

Ein weiteres, grundlegend neu entwickeltes Maschinenkonzept eines CNC-Mehrspindel-Drehautomaten hat der Werkzeugmaschinenhersteller Alfred H. Schütte aus Köln im Jahr 2008 auf den Markt gebracht. Eine Maschine der Baureihe SCX ist in der Gesamtansicht in Abb. 4.21 zu sehen. Sie hat im Grundaufbau einen Spindel- und einen

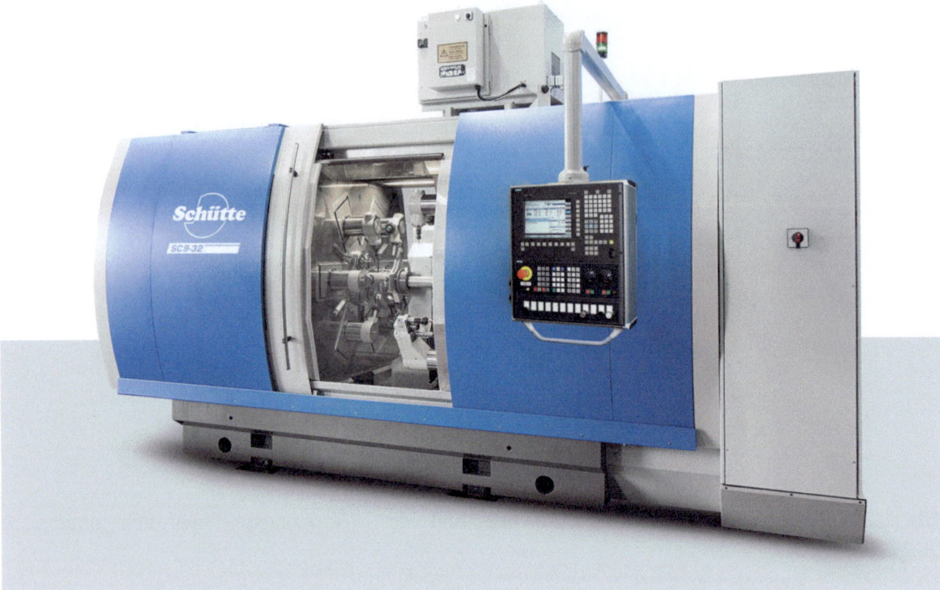

Abb. 4.21 Gesamtansicht des Mehrspindel-Drehautomaten SC9-32 [Schu10]

gegenüberliegenden Antriebskasten, die auf dem Maschinenbett aufgesetzt sind und oben durch Zuganker miteinander verbunden werden. Dadurch ergibt sich eine verwindungssteife Rahmenkonstruktion. Das Konzept verzichtet auf Querschlittenkonsolen und einen zentralen Führungsblock für die Längsschlitteneinheiten.

Im Spindelkasten sind die Spindeltrommel und – je nach Maschinentyp – sechs oder acht baugleiche, in identischen Winkeln angeordnete Kreuzschlitteneinheiten aufgenommen (Abb. 4.22, 1). Die z-Achse der Kreuzschlitten ist als Rundpinole (Abb. 4.22, 2) ausgeführt. Dieser Kreuzschlitten hat einen Achsaufbau, bei dem die z-Achse von dem x-Schlitten (Abb. 4.22, 3) getragen wird. Die z-Pinole ist im x-Schlitten hydrostatisch geführt und verfügt über die bekannten positiven Merkmale dieses Führungsprinzips, d. h. sie ist verschleißfrei, reibungsarm und hat ein gutes Dämpfungsverhalten. Letzteres ist insbesondere bei wechselnden Lasten aus dynamischen Bearbeitungsprozessen von Vorteil. Der großzügig dimensionierte Durchmesser der Pinolen trägt zu einer hohen Steifigkeit des Achsaufbaus bei.

Der x-Schlitten (Abb. 4.22, 3) bewegt die komplette z-Vorschubachse mit Gehäuse, Pinole und Antriebsmotor. Er ist durch Linearwälzführungen geführt, die auf der Rückseite der Spindelkastenvorderwand verschraubt sind und durch die Positionierung außerhalb des Arbeitsraums vor Kühlschmierstoff und Spänen geschützt bleiben. Die arbeitsraumzugewandte Stirnseite der Pinolen (Abb. 4.22, 4) bildet die Schnittstelle, um Werkzeugträger und Bearbeitungseinheiten zu montieren. Als Montageschnittstelle bedient man sich des bewährten Konstruktionselements der Hirth-Verzahnung

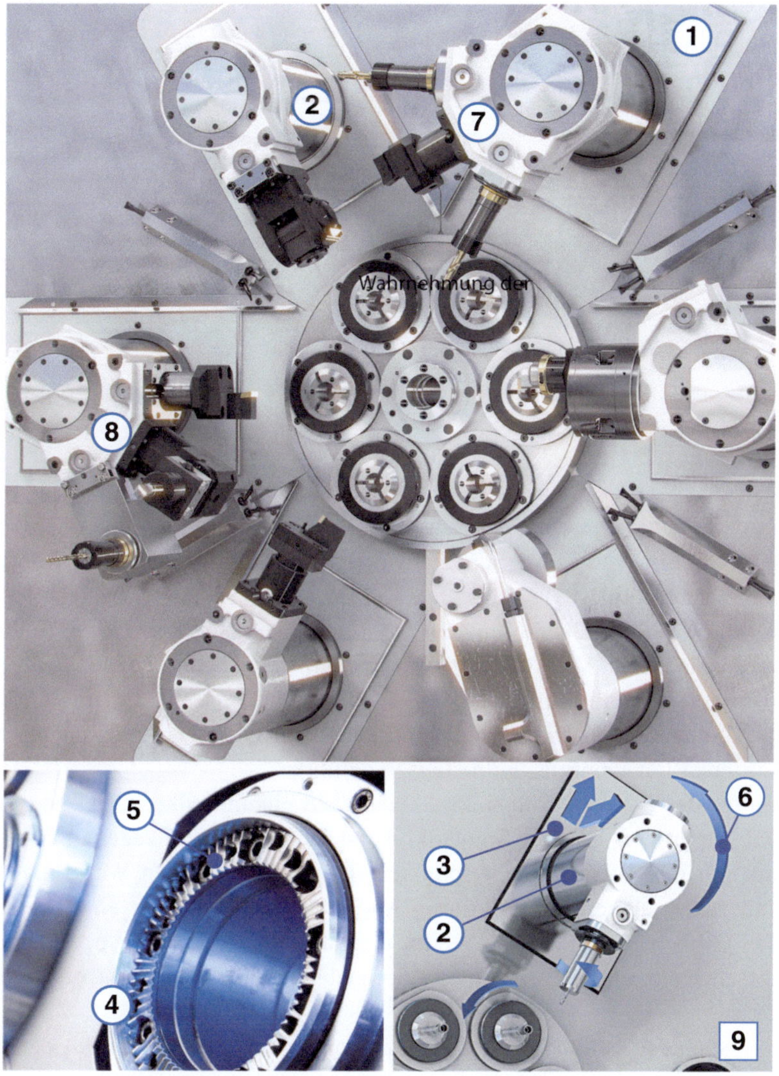

Abb. 4.22 Frontansicht des Spindelkastens der SCX-Maschine (oben), Schnittstelle zum Aufbau von Werkzeugköpfen und angetriebenen Einheiten (unten, links) sowie Darstellung der Bewegungsmöglichkeiten einer Bearbeitungseinheit (unten, rechts). [Bildquelle: Schu16a]

(Abb. 4.22, 5), die auch bei der Trommelschaltung eine wiederholgenaue Positionierung sicherstellt. Zusätzlich zur linearen Bewegungen in z-Richtung gibt die Rundführung der Pinolen einen rotatorischen Bewegungsfreiheitsgrad (Abb. 4.22, 6). Die Drehbewegung wird genutzt, um mit Mehrfachwerkzeugträgern verschiedene Werkzeuge nacheinander in die Bearbeitungsposition zu bringen. Mit drei Werkzeugen bestückte Bearbeitungsköpfe sind in Lage IV (Abb. 4.22, 7) und in der Abstichlage VI (Abb. 4.22,

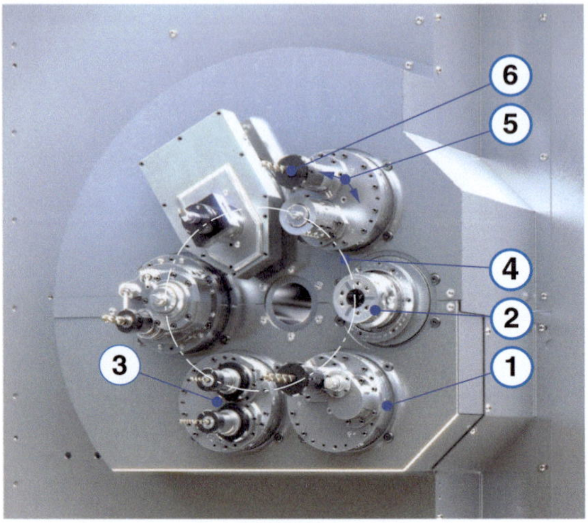

Abb. 4.23 Anordnung und Bewegungsmöglichkeiten der Längsbearbeitungseinheiten im Antriebskasten der SCX. [Bildquelle: Schütte]

8) montiert. Alle Bewegungsmöglichkeiten von Bearbeitungseinheit und Spindel sind in (Abb. 4.22, 9) dargestellt.

Für die stirnseitigen Bearbeitungen am Werkstück stehen weitere Bearbeitungseinheiten von längs zur Verfügung. Dazu sind im gegenüberliegenden Antriebskasten fünf Pinolen mit Werkzeugträgern (Abb. 4.23, 1) und eine Pinole mit Gegenspindel (Abb. 4.23, 2) angeordnet. Die Pinolen sind denen der Querschlitteneinheiten baugleich und im Antriebkasten ebenfalls hydrostatisch geführt.

Die Zentren der Pinolen (Abb. 4.23, 3) sitzen auf einem Teilkreis, der gegenüber dem Spindelkreis vergrößert ist. Der Spindelkreis ist in Abb. 4.23 angedeutet (Abb. 4.23, 4) und stimmt mit den Werkzeugmittelpunkten der innen liegenden Werkzeuge bzw. der Gegenspindelachse überein. Vorteil dieser Anordnung ist, dass über eine Drehbewegung der Pinolen (Abb. 4.23, 5) weitere Werkzeugpositionen (Abb. 4.23, 6) in den Spindelkreis eingeschwenkt und somit mit den Spindelachsen in die Flucht gebracht werden können.

In der Abstichlage befindet sich die Gegenspindel (Abb. 4.23, 2), mit der die Werkstücke nach der Vorderseitenbearbeitung übernommen werden. Ein in dieser Lage am Spindelkasten positionierter Mehrfachkopf (Abb. 4.22, 8) stellt neben dem Abstichwerkzeug zwei weitere Werkzeugplätze zur Verfügung, die für die Bearbeitung der Werkstückrückseite genutzt werden können. Eine erweiterte Rückseitenbearbeitung für größere Bearbeitungsumfänge wird in Abschn. 5.4.2 vorgestellt.

Das SCX-Konzept bietet insgesamt eine sehr gute Zugänglichkeit des Arbeitsraums. Führungen, Leitungen und Antriebsmotoren sind außerhalb des Arbeitsraums positioniert, werden von Spänen und Kühlschmierstoffen geschützt und stören Bearbeitung und Spänefall nicht. Kühlschmiermittel wird über die Pinolen zugeführt, an der Schnittstelle zwischen Pinolen und Werkzeugköpfen weitergeleitet und innerhalb der Werkzeugköpfe und -aufnahmen zur Zerspanstelle geführt.

5 Antriebe, CNC-Steuerungen, Zusatzachsen und Zwei-Seiten-Bearbeitung

Das folgende Kapitel beschäftigt sich mit den Antriebskonzepten für die Hauptspindeln, den CNC-Maschinensteuerungen, den Antrieben der Werkzeuge und Bearbeitungseinrichtungen sowie mit den CNC-Vorschubachsen in Grund- und Erweiterungsausstattung. Besondere Herausforderung in der hohen Funktionsdichte des Arbeitsraums von Mehrspindel-Drehautomaten ist die Bearbeitung der zweiten Werkstückseite. Die vorgestellten Lösungskonzepte für Antriebe, CNC-Steuerungen, Achsanordnungen und Zweitseitenbearbeitung bilden die Basis zur Umsetzung der später beschriebenen Technologien und Anwendungen.

5.1 Antriebskonzepte für die Hauptspindeln

Das Antriebskonzept für die Hauptspindeln ist ein wesentliches Unterscheidungsmerkmal der CNC-gesteuerten Mehrspindel-Drehautomaten. Unterschiedliche Realisierungen unabhängiger Antriebe der Hauptspindeln werden nachfolgend beschrieben. Eine Prinzipdarstellung möglicher Antriebskonzepte ist in Abb. 5.1 gegeben.

Bei kurvengesteuerten Mehrspindel-Drehautomaten wird fast ausschließlich der Zentralantrieb mit einer einzigen kompromissbehafteten Spindeldrehzahl für alle Hauptspindeln eingesetzt (Abb. 5.1, links). Die damit verbundenen Einschränkungen in der technologischen Optimierung der Einzelprozesse wurden bereits dargestellt. Eine Verbreitung elektrischer Antriebsmotoren im Bereich der einspindligen Drehmaschinen machte den Anwendern den Komfort der Drehzahlflexibilität offenkundig. Man gewöhnte sich an die Wahl technologisch optimierter Schnittwerte und nutzte vermehrt die Möglichkeit des C-Achs-Betriebs für Bohr- und Fräsprozesse. Die Einschränkungen bei den zentral angetriebenen Mehrspindlern wurden zunehmend bewusster, sodass deren Hersteller in den 1990er Jahren Lösungsalternativen entwickelten.

M. Reuber, *CNC-Mehrspindel-Drehautomaten*,
https://doi.org/10.1007/978-3-658-29338-3_5

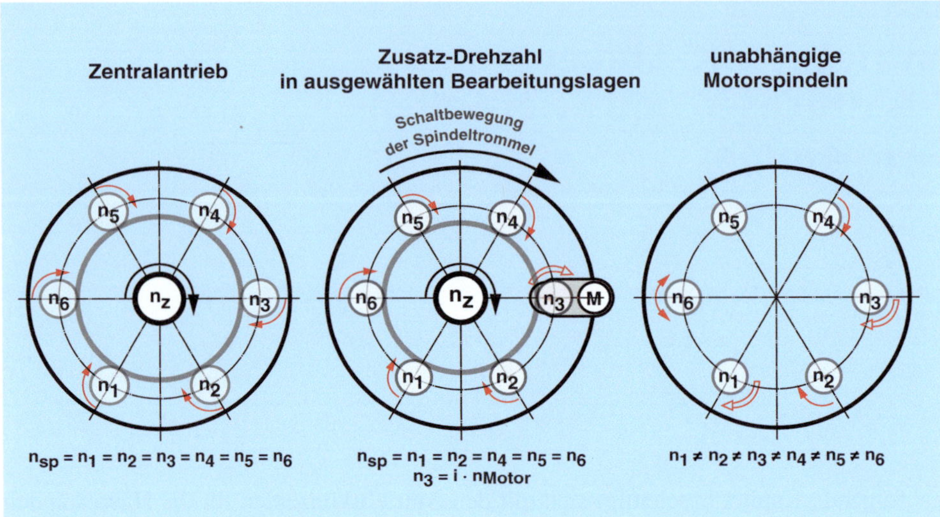

Abb. 5.1 Prinzipielle Antriebskonzepte für die Hauptspindeln von Mehrspindel-Drehautomaten

Die frühen CNC-Maschinen behielten den für die Mehrspindler charakteristischen Zentralantrieb noch bei. Das Wechselradgetriebe zum Einstellen der Spindeldrehzahl wurde zwar durch einen regelbaren Elektromotor ersetzt, der mechanische Antriebsstrang zur Weiterleitung der Drehzahl auf die Spindeln blieb aber zunächst unverändert.

5.1.1 Zusatzdrehzahlen

Ein Konzept, das in der PC-Baureihe des Herstellers Schütte angewendet ist, ergänzt den klassischen Zentralantrieb mit Zusatzdrehzahlen in ausgewählten Bearbeitungslagen (Abb. 5.1, Mitte). Der Zentralantrieb bietet Vorteile hinsichtlich der Kosten, des geringen benötigen Bauraums und der großen Antriebsleistungen und Drehmomente. Letztere resultieren daraus, dass der Zentralantrieb für die Summe aller Spindelantriebe ausgelegt wird. Dadurch, dass in den parallel arbeitenden Bearbeitungslagen unterschiedliche Leistungs- und Momentenbedarfe bestehen, profitieren die kraftintensiven Schruppoperationen von einer außerordentlichen Leistungsreserve. Ziel des Einsatzes von Zusatzdrehzahlen ist es, die Stärken des Zentralantriebs zu erhalten und dem Anwender gleichzeitig die Flexibilität eines individuellen Spindelantriebs in ausgewählten Bearbeitungslagen zu geben.

Abb. 5.2 zeigt den Gesamtaufbau des Antriebskonzepts in der Maschine mit farblicher Hervorhebung des Zentralantriebs (grün) und der Zusatzdrehzahlen (gelb) in den Lagen I, IV und V.

Der Zentralantrieb realisiert eine Drehübertragung auf alle Spindeln der rotierenden Trommel analog zu den Kurvenmaschinen. Ein Asynchronmotor für die Hauptspindeln

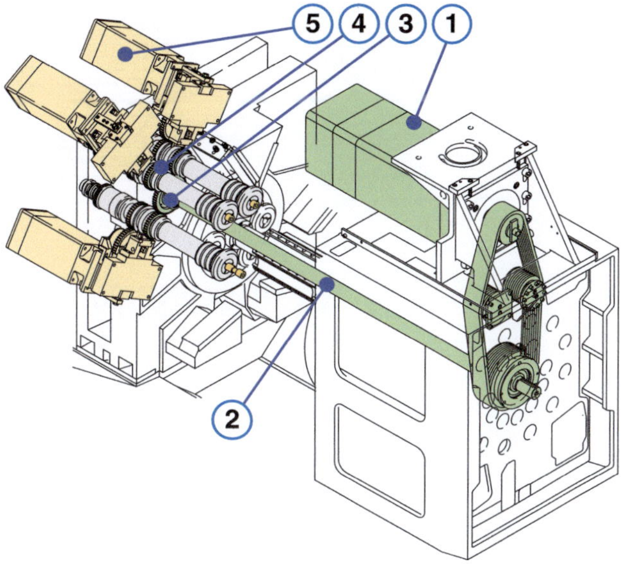

Abb. 5.2 Gesamtansicht einer PC-Maschine von Schütte mit Zentralantrieb und optionalen Zusatzdrehzahlen. [Bildquelle: Schu13]

(Abb. 5.2, 1) treibt über einen Riemen die Zentralwelle (Abb. 5.2, 2) an, die an ihrem spindelkastenseitigen Ende das Zentralrad (Abb. 5.2, 3) trägt. Die um das Zentralrad umfänglich verteilten Spindelräder (Abb. 5.2, 4) übertragen das Drehmoment auf die Hauptspindeln.

Ein charakteristischer Vorteil des Zentralantriebs ist, dass er eine Gesamtleistung zur Verfügung stellt, die sich auf die unterschiedlichen Bearbeitungslagen verteilt. Der Leistungsbedarf der Prozesse ist unterschiedlich, in der Regel werden insbesondere in den ersten Bearbeitungslagen kraft- und momentenstarke Schruppbearbeitungsoperatio nen durchgeführt, während in den Schlichtbearbeitungen nachfolgender Bearbeitungsstationen kaum Antriebsleistung erforderlich ist. Einzeln angetriebene Hauptspindeln durchlaufen jede der Operationen und müssen immer auf die maximal zu erwartende Prozesslast ausgelegt werden. In der Summe sind sie also immer stärker zu dimensionieren als ein Zentralantrieb, der die erwartete gemittelte Antriebsleistung aller Prozesse bereitstellen muss.

Unabhängig davon bleibt die Einschränkung durch die drehzahlgleichen Hauptspindeln erhalten. Das dargestellte Maschinenkonzept bietet daher die Option, Zusatzantriebe (Abb. 5.2, 5) in ausgewählten Bearbeitungslagen zu installieren, mit denen eine freie Wahl der Spindeldrehzahl und ein C-Achsbetrieb möglich sind.

Für die Nutzung dieser Funktionen wird in einer gewählten Bearbeitungslage die jeweilige dort befindliche Hauptspindel vom Zentralantrieb abgekoppelt und mit einem separaten Antriebsmotor verbunden. Die entsprechenden Kraftflüsse sind in Abb. 5.3 dargestellt.

Die Funktionseinheit Zusatzdrehzahl greift die Drehgeschwindigkeit des Zentralantriebs über einen Drehgeber ab und fährt ihren Antriebsmotor (Abb. 5.3, 1) auf

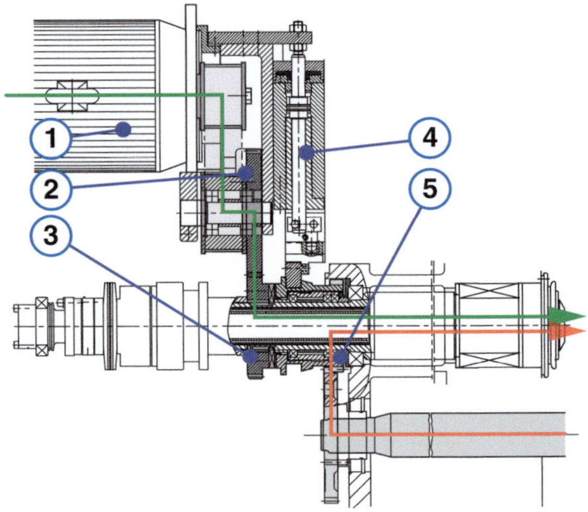

Abb. 5.3 Kraftfluss von Zentralantrieb (rot) und Zusatzdrehzahl (grün) für einen separaten Hauptspindelantrieb in ausgewählten Bearbeitungslagen. [Bildquelle: Schu13]

eine synchrone Drehzahl, bei der die Umfangsgeschwindigkeiten der Stirnräder von Zusatzdrehzahl (Abb. 5.3, 2) und Hauptspindel (Abb. 5.3, 3) gleich sind. Sobald die in der Spindeltrommel gelagerte Hauptspindel nach der Trommelschaltung in der Bearbeitungsstation verriegelt ist, fährt die rotierende Zusatzdrehzahl in das synchron rotierende Antriebsrad der Hauptspindel ein. Die radiale Zustellbewegung ist über einen hydraulischen Linearantrieb gesteuert (Abb. 5.3, 4). Im nächsten Schritt wird das mit dem Zentralantrieb verbundene Antriebsrad der Spindel (Abb. 5.3, 5) durch eine Axialbewegung vom Zentralantrieb abgekoppelt. Die Zusatzdrehzahl kann nun die Spindeldrehzahl unabhängig variieren. Vor der nächsten Trommelschaltung wird in umgekehrter Abfolge die Spindel wieder an den Zentralantrieb übergeben. Die Zusatzdrehzahl fährt in ihre rückwärtige Position und gibt das Stirnrad der Hauptspindel frei für die Schwenkbewegung der Spindel mit der nächsten Trommelschaltung. Aus Taktzeitgründen sind die dargestellten Bewegungen soweit wie möglich überlagert, damit Nebenzeiten zur An- und Abkopplung der Zusatzdrehzahl möglichst klein bleiben.

Die Zusatzdrehzahlen sind optionale Baugruppen und können auf einer, mehreren oder allen Bearbeitungslagen installiert werden, Abb. 5.4. Der Anwender konfiguriert die Maschine entsprechend der Anforderungen seines Teilespektrums. Dies erfolgt in der Regel beim Kauf der Maschine, kann aber bei Bedarf auch nachgerüstet werden.

5.1.2 Einzelspindelantriebe

Inzwischen sind alternative Lösungskonzepte verfügbar, die ohne den Zentralantrieb auskommen und alle Hauptspindeln unabhängig voneinander antreiben (Abb. 5.4, rechts). Ein Konzept am Markt arbeitet mit koaxialen Antriebswellen, die aus dem Antriebskasten mit jeweils einem Motor angetrieben werden und jeweils eine Hauptspindel bedienen

Abb. 5.4 Anordnung von Zusatzdrehzahlen auf mehreren Bearbeitungslagen [Schu13]

[Mori12]. Die Anzahl der Wellen korrespondiert mit der Anzahl der Hauptspindeln und ist mit sechs und acht Spindeln umgesetzt. Die Einkopplung im Antriebskasten erfolgt über Stirnradgetriebe, sodass eine umlaufende Schaltung der Trommel möglich ist.

In allen anderen Maschinenkonzepten mit Einzelspindelantrieben werden voneinander unabhängige Spindelmotoren auf der Spindeltrommel eingesetzt, Abb. 5.5.

Die Herausforderung bei diesem Konzept liegt in der Versorgung der Spindeln auf der umlaufenden Trommel mit Energie- und Signalleitungen. Einige Maschinenkonzepte

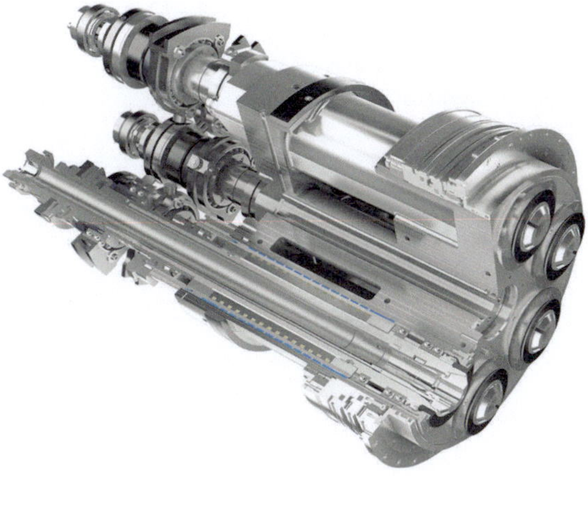

Abb. 5.5 Spindeltrommel mit Motorspindeln. [Quelle: Schu16a]

realisieren dies mit Versorgungskabeln, die über Steckverbindungen mit den Spindeln fest kontaktiert sind und über eine Kabelführung zugeführt werden. Diese Anordnung erlaubt allerdings keine durchlaufende Rotationsbewegung der Spindeltrommel in eine Richtung. Es ist vielmehr erforderlich, dass die Spindeltrommel nach einem Umlauf wieder auf ihre Ausgangsposition zurückdreht. Kabel und Schläuche werden in einer Wickeltrommel auf- und abgewickelt [Herr14, Link02b, Torn13b]. Die Zeit für das Rückschalten wird anteilig auf die Nebenzeit eines Schaltvorgangs aufgerechnet.

Inzwischen existieren Lösungen, die auf das Rückschalten der Trommel verzichten und die erforderlichen Signale mit Schleifringen übertragen. Je nach Lösungsprinzip wird eine mehr oder weniger große Anzahl von Schleifringen benötigt [Dmgm14, Herr14, Krom06, Schu07]. Eine minimale Übertragung elektrischer Signale über die Schleifringe wird mit einer patentierten Lösung des Herstellers Schütte erreicht. Hier befinden sich die Antriebsregler für die Spindelmotoren dezentral in Verlängerung der Spindeltrommel und damit auf dem rotierenden System.

Der Aufbau dieser Lösung in der Maschine SCX ist in Abb. 5.6 schematisch dargestellt. In der Bildmitte sind die Spindelkastenvorderwand (Abb. 5.6, 1) und der Antriebskasten (Abb. 5.6, 2) erkennbar. Die Spindelkastenrückwand (Abb. 5.6, 3) trägt eine kreisrunde Platte mit den Antriebsreglern (Abb. 5.6, 4) für alle Spindeln. Diese sind in Verlängerung der Spindeln (Abb. 5.6, 5) und der Spindeltrommel (Abb. 5.6, 6) angeordnet und versorgen die Spindeln mit Energie und Signalen über Kabelverbindungen. Auf der Rückseite der Platte befindet sich das Trommelschaltrad (Abb. 5.6, 8), mit dem die Schaltbewegung des Verbundes aus Spindeltrommel und Reglerplatte initiiert wird. Der Schleifring (Abb. 5.6, 9) zur Übertragung von elektrischer Energie, Signaldaten und Kühlfluid auf das rotierende System befindet sich auf der Rückseite des Antriebskastens. Nach der Übertragung auf das rotierende System werden Energie, Signale und Medium über Verkabelungen bzw. Verrohrungen innerhalb eines Schutzrohrs (Abb. 5.6, 10) durch den Arbeitsraum in den Spindelkasten transportiert. Eine Anordnung, die auf das Schutzrohr im Arbeitsraum

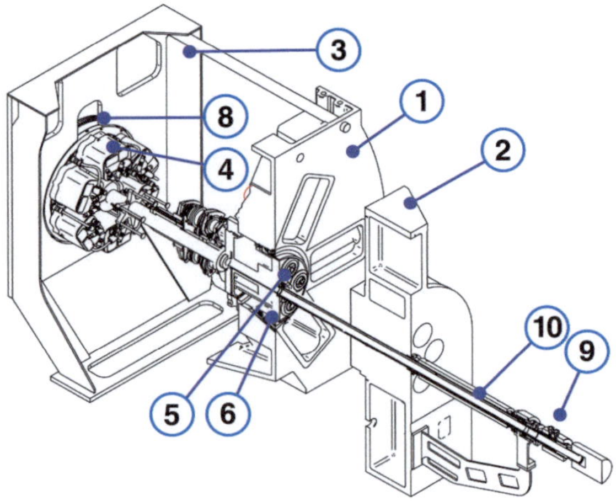

Abb. 5.6 Servomotorische Hauptspindeln mit mitschaltenden Antriebsreglern in der Baureihe SCX. [Bildquelle: Schütte]

verzichtet und die Drehdurchführung auf der Spindelkastenseite positioniert, ist wegen der Stangenzufuhr von der Spindelkastenrückseite ausgeschlossen worden.

Mit der Lösung der dezentralen Antriebsregler können die Spuren im Schleifring auf wenige Datenleitungen reduziert werden. Bei einer üblichen Positionierung der Regler im Schaltschrank müsste für alle Spindeln die schnelle und echtzeitkritische Kommunikation der Regelkreise über den Schleifring geführt werden. Hier beschränkt sich die Übertragung des Schleifrings auf die Energieversorgung und wenige, langsamere Datenleitungen für die Kommunikation zur CNC-Steuerung sowie die Drehdurchführungen für die Fluide zur Spindel- und Antriebskühlung [Herr14].

Am Markt durchgesetzt haben sich die Lösungen mit Servomotoren auf allen Hauptspindeln. Die meisten aktuell angebotenen Maschinentypen arbeiten mit rückschaltender Trommel und Kabelversorgung. Bei den Lösungen mit durchtaktender Trommel ist das patentgeschützte Konzept der mitgeschalteten Antriebsregler marktbeherrschend, das in der Baureihe SCX eingesetzt ist.

5.2 Steuerungskonzepte von CNC-Mehrspindel-Drehautomaten

Die hohe Anzahl von Achsen, die auf einem CNC gesteuerten Mehrspindler parallel angesteuert werden müssen, war ein wesentliches Hemmnis in der Umstellung der Mehrspindel-Drehautomaten auf die CNC-Technologie. Die Struktur der numerischen Steuerungen war noch Anfang der 1980er Jahre ausschließlich auf die Steuerung der Relativbewegung von einem Werkstück und einem Werkzeugträger ausgelegt. Für die Mehrspindler wurden daher spezifische Steuerungsarchitekturen benötigt und entwickelt, die den Besonderheiten der mehrspindligen Fertigung mit einer umlaufenden Trommel gerecht geworden sind [Herr83]. Diese bestehen ganz wesentlich darin, dass bei jeder Schaltung der Spindeltrommel die Spindeln in einen neuen Bearbeitungsverbund mit den ortsfesten Schlitten der jeweiligen Lage gebracht werden müssen [Schm15]. Diese wechselnde Zuordnung muss ebenso im Hintergrund ablaufen, wie die übergeordneten zentralen Funktionen und Abläufe, die nicht dem NC-Programm einer Bearbeitungslage zugeordnet werden können, wie beispielsweise Materialzuführung und -spannung oder Trommelschaltung und -verriegelung.

Zur Umsetzung der Anforderungen verfolgen die CNC-Maschinen klassischer Bauart und die CNC-Maschinen neuer Bauart unterschiedliche Ansätze. Die CNC-Maschinen klassischer Bauart setzen auf eine virtuelle Kurvensteuerung, die sich an das Steuerwellenkonzept der Kurvenmaschinen anlehnt und dieses in der Steuerungsstruktur abbildet. Die Arbeits- und Bewegungsabläufe der Werkzeugschlitten werden auf Basis der programmierten Werkzeugwege mit den Winkelbewegungen der Steuerwelle synchronisiert und in Tabellen hinterlegt. Im automatisierten Betrieb synchronisiert die virtuelle Steuerwelle die in den Tabellen gespeicherten Bahnbewegungen im Millisekundentakt [Nn01a, Schw96, Torn01]. Vorteil dieser Lösung ist, dass die Daten aus den Tabellen nur ausgelesen werden müssen und keine Berechnung der Sollwerte mehr stattfinden muss. Dies reduziert die notwendige Rechenkapazität, die für eine Echtzeitberechnung bei der hohen Zahl an Achsen erforderlich wäre. Bei einem Umstieg von kurvengesteuerten Drehautomaten auf die CNC-Technologie besteht ein weiterer Nutzen darin, dass sich Bedien- und Programmierelemente an die Kurventechnologie anlehnen. Einrichtern und Bedienern von Kurvenmaschinen wird daher der Einstieg in die CNC-Technik erleichtert.

Die CNC-Maschinen neuer Bauart gehen in der Steuerungsarchitektur einen anderen Weg. Hier ist die Steuerung in einer Kanalstruktur aufgebaut. Dabei steuert jeder Kanal einen eigenen Bearbeitungsverbund. Die Kanäle beinhalten die ortsfesten Achsen der Bearbeitungseinheiten einer Lage sowie die jeweils zugeordneten Spindeln. Die Spindeln sind keiner Bearbeitungseinheit zugeordnet, sondern werden nach jeder Trommelschaltung mit der jeweiligen Bearbeitungsstation verknüpft. Dieses Prinzip der vagabundierenden Spindeln bildet den Mehrspindler als getaktetes Transfersystem ab. Eine übergeordnete Ablaufsteuerung sorgt für eine Synchronisation der eingebundenen Einzelfunktionen. Dazu gehören beispielsweise die Vorgänge der Spindeltrommelschaltung, das Weiterleiten der Spindeln sowie die Kopplung mit Funktionen der speicherprogammierbaren Steuerung (SPS, PLC) [Link02a, Mitt11, Schu15].

Jeder Kanal umfasst mehrere translatorische bzw. rotatorische Achsen, die als unabhängiger Interpolationsverbund miteinander verknüpft sind. Die Vorschubregelkreise der Achsen werden über die Sollwertsteuerung miteinander gekoppelt und erzeugen eine mehrachsig programmierte Werkzeugbahn durch die überlagerten Bewegungsprofile der Einzelachsen.

CNC-Mehrspindel-Drehautomaten werden mit Steuerungen unterschiedlicher Hersteller betrieben [Beck17, Cors17, Dmgm17, Fanu11, Mitt11, Schu13]. Die Baureihen MS und SCX werden aktuell mit Sinumerik 840D SL-Steuerungen von Siemens ausgestattet. Die PC-Baureihe läuft mit TwinCat-Steuerungen von Beckhoff und die Baureihen MultiSwiss sowie Multisprint werden mit der Fanuc 30i betrieben. Alle Steuerungen bieten eine ausreichende Anzahl an Kanälen und interpolierenden Achsen. Die meisten Steuerungen sind modular aufgebaut und können an den Achs- und Kanalbedarf der CNC-Mehrspindler angepasst werden. Dieser variiert in Abhängigkeit von der Anzahl an Spindeln und Vorschubachsen. Die Siemens-Steuerung 840D SL skaliert sich beispielsweise dadurch, dass sie Einzelsteuerungen mit bis zu 10 Kanälen und 31 Achsen zu Doppel- oder Trippel-NCUs zusammenschaltet. Dabei werden zwei bzw. drei Steuerungsplattformen echtzeitfähig miteinander verknüpft [Link02a, Mitt11, Schu15].

5.3 Maschinenfunktionen für weitere Bearbeitungsprozesse

Mit den dargestellten Maschinenbauformen, Antriebskonzepten und Steuerungsarchitekturen sind die Grundvoraussetzungen für die CNC-Steuerung der Mehrspindel-Drehautomaten gegeben. Die folgenden Abschnitte beschreiben Funktionen und Bearbeitungseinrichtungen, mit denen das angebotene Technologieportfolio erweitert wird. Von den CNC-Dreh-Fräsmaschinen sind die Anwender eine hohe Prozessflexibilität gewohnt. Konsequenterweise streben sie auch auf den produktiven Mehrspindlern die Komplettbearbeitung komplexer Werkstückgeometrien an. Dazu gehört der Einsatz angetriebener Werkzeuge für verschiedene Optionen an Bohr- und Fräsbearbeitungen. In einigen Prozessen sind Kopplungen von Dreh- und Vorschubbewegung der Werkzeuge oder eine Interpolation mit der Hauptspindel erforderlich. Andere Verfahren erfordern Bewegungsprofile, für die mehr als die beiden im Standard der Drehmaschine verfügbaren Vorschubachsen benötigt werden.

Die Maschinenhersteller bieten auf ihren CNC-Maschinen entsprechende Bearbeitungseinrichtungen und Funktionen an. Dazu gehören der C-Achs-Betrieb der Hauptspindeln, unabhängige elektromotorische Rotationsantriebe für Werkzeuge sowie weitere Bewegungsachsen, wie beispielsweise eine y-Achse für dreiachsige Bearbeitungen. Verschiedene Funktionen sind in den Maschinen standardmäßig verfügbar, andere können über die Ausrüstungsbaukästen bei Bedarf hinzukonfiguriert werden. Die Funktionsbereiche Werkzeugantriebe und Zusatzachsen sind in den unterschiedlichen Maschinentypen mit verschiedenen Lösungsprinzipien umgesetzt, von denen einige in den folgenden Kapiteln beschrieben werden.

5.3.1 Unabhängige Werkzeugantriebe

In den Maschinenkonzepten klassischer Bauart werden angetriebene Einrichtungen für Längsbearbeitungen aus dem Antriebskasten versorgt, Abb. 5.7. Beim Einsatz unabhängiger Werkzeugantriebe besteht der Antriebsstrang aus elektrischen Motoren (Abb. 5.7, 1), die über einen Zahnriementrieb (Abb. 5.7, 2) an eine Hülse-Welle-Kombination mit Keil- oder Polygonprofil (Abb. 5.7, 3) angebunden sind.

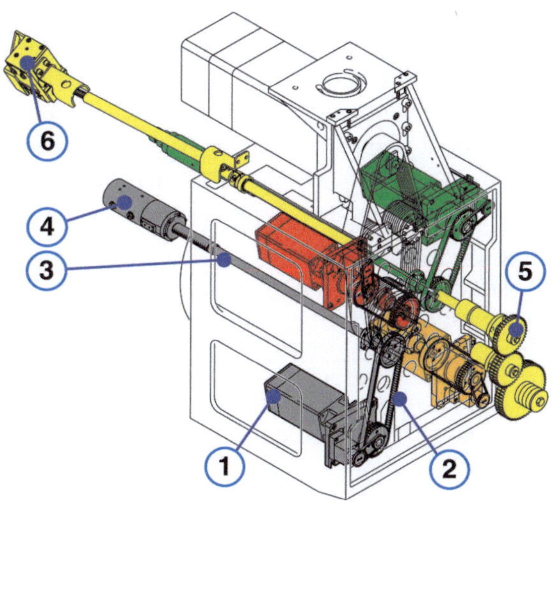

Abb. 5.7 Werkzeugantriebe für Längsbearbeitungseinheiten im Antriebskasten einer PC-Maschine. [Bildquelle: Schu13]

Mit diesem Aufbau überträgt die Antriebswelle das rotatorische Drehmoment auf die angetriebene Einrichtung (Abb. 5.7, 4) und erlaubt gleichzeitig das lineare Verfahren der Einrichtungen im Arbeitsraum. Die unabhängigen Werkzeugantriebe sind optionale Baugruppen und können in unterschiedlichen Längslagen aufgebaut werden. Meist ist die maximale Anzahl an unabhängigen Antrieben durch die bauliche Anordnung begrenzt. Bei Maschinen mit Zentralantrieb kann der Antrieb der Längswerkzeuge alternativ über ein Stirnradgetriebe (Abb. 5.7, 5) von der Zentralwelle abgeleitet werden. Sofern der Anwender auf einen Werkzeugantrieb mit variablen und programmierbaren Drehzahlen verzichten kann, ist diese Variante kostengünstiger. Falls die Anzahl an unabhängigen Antrieben nicht ausreicht, kann die Ableitung vom Zentralantrieb weitere Längseinheiten ergänzend bedienen. In Abb. 5.7 ist eine auf dem Querschlitten montierte Mehrkantdreheinrichtung (Abb. 5.7, 6) auf diese Weise angetrieben. Über das Getriebe wird ein festes Drehzahlverhältnis zwischen dem Werkstück in der Hauptspindel und dem angetriebenen Werkzeug eingestellt.

Bei Querbearbeitungen mit Werkzeugantrieb sind die Antriebsmotoren in den klassischen Querschlittenaufbauten meist mit den Bearbeitungseinrichtungen im Arbeitsraum platziert. Mit den Einrichtungen verbaute Motoren haben den Vorteil kurzer Antriebsstränge, belasten aber die Einrichtungen mit Baugröße und Gewicht. In vielen Fällen resultieren daraus Einschränkungen für den Aufbau auf unterschiedlichen Lagen, da die Einrichtungen nicht in jeder Position kollisionsfrei zu benachbarten Längs- oder Quer-Bearbeitungsstationen aufgebaut werden können. Sofern keine grundsätzliche Kollisionsfreiheit zwischen Nachbarlagen gegeben ist, müssen Kollisionen durch einen sorgfältig gewählten NC-Programmablauf vermieden werden.

Abb. 5.8 zeigt Beispiele von Querbearbeitungseinrichtungen für Maschinen klassischer Bauart. Im Bild links ist eine Mehrkantdreheinrichtung zu sehen, die bereits als mechanisch angetriebene Einrichtung bei den Kurvenmaschinen vorgestellt wurde. Der elektrische Antriebsmotor (Abb. 5.8, 1) treibt einen Zahnriemen an, der senkrecht zu den Achsen von Messerkopf (Abb. 5.8, 2) und Motor durch das Gehäuse (Abb. 5.8, 3) läuft. Der Bearbeitungsprozess Mehrkantdrehen ist durch Einzelschneideneingriffe gekennzeichnet und erzeugt eine hohe dynamische Belastung. Daher sind eine steife Radiallagerung sowie ein momentensteifer und spielfreier Antrieb notwendig.

Bei der Querbohreinrichtung ist der Antriebsmotor (Abb. 5.8, 4) parallel zum Spindelgehäuse (Abb. 5.8, 5) angeordnet und über einen Zahnriementrieb im Gehäuse auf der

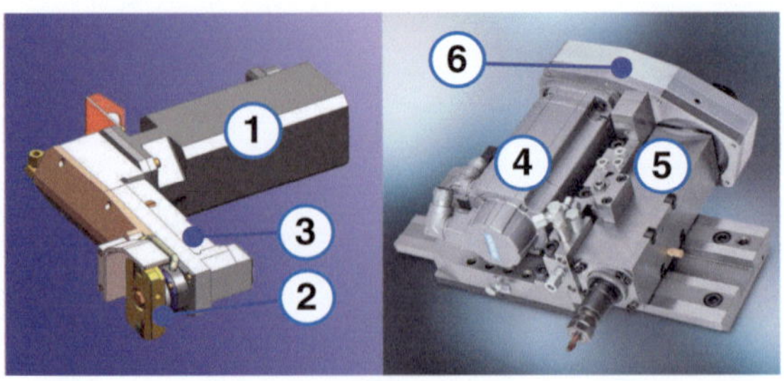

Abb. 5.8 Mehrkant-Dreheinrichtung (links) und angetriebene Querbearbeitungseinrichtung (rechts) zum Aufbau auf einem Quer- oder Kreuzschlitten der Baureihe PC. [Bildquelle: Schu13]

Rückseite (Abb. 5.8, 6) mit der Spindel verbunden. Beide Einrichtungen sind prinzipiell auf Quer- und Kreuzschlitten aufbaubar. Für den Einsatz auf einem Kreuzschlitten sind Einrichtungen mit geringeren Bauhöhen notwendig, da durch den Aufbau des z-Schlittens der Bauraum reduziert wird. Die Montage auf dem Kreuzschlitten bietet den großen Vorteil, dass beliebige z-Positionen entlang der Werkstückachse angefahren werden können. Damit lassen sich Positionen von Querbohrungen über das NC-Programm anfahren und korrigieren. Das Mehrkantdrehen kann im Langdrehverfahren, d. h. mit einem Vorschub des Messerkopfs in Achsrichtung des Werkstücks ausgeführt werden.

Bei den CNC-Mehrspindel-Drehautomaten neuer Bauart werden Werkzeugantriebe unterschiedlich umgesetzt. Die MS-Baureihe hat aufgrund der frontoffenen Bauweise nur Querlagen. Ähnlich wie bei den klassischen Maschinenbauformen sind die Motoren an den angetriebenen Einrichtungen angeflanscht und werden als gemeinsame Baugruppe auf den stirnseitigen Montageplatten der X-Schlitten aufgebaut. Neben dem erhöhten Gewicht der Einrichtungen wird bei einer höheren Zahl an angetriebenen Werkzeugen der Arbeitsraum auch bei der frontoffenen Maschine zugebaut. Motoren und Verkabelung müssen für den Einsatz im Arbeitsraum ausgelegt sein.

Bei der Baureihe SCX sind die Werkzeugantriebe in die Rundführungen der z-Pinole integriert, Abb. 5.9. Diese Lösung bietet gleich mehrere Vorteile. Der Antriebsmotor und seine Versorgungsleitungen befinden sich außerhalb des Arbeitsraums und sind somit vor Spänen und Kühlschmiermittel geschützt.

Weiterhin wird der Aufbau von angetriebenen Einrichtungen auf den Querbearbeitungslagen erheblich vereinfacht, da die Motoren nicht mit den Einrichtungen verbunden sind. Beim Aufbau von Bohr- oder Fräsköpfen sind nur die mechanischen Bauteile zu montieren. Die Anbindung an den Werkzeugantrieb erfolgt mit einer steckbaren, spielfreien und elastischen Kupplung. Der Motor ist mit einem kurzen Antriebsstrang nah an der Wirkstelle des Werkzeugs positioniert. Querbearbeitungseinrichtungen

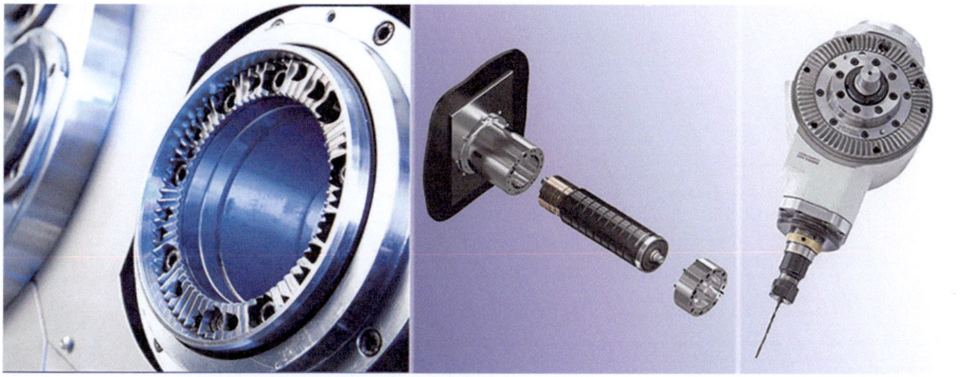

Abb. 5.9 Angetriebene Einrichtung der Baureihe SCX mit der Werkzeugschnittstelle auf der Stirnseite der Pinole (links), dem in die Pinole integrierten Antriebsmotor (Mitte) und der angetriebenen Querbohreinrichtung (rechts). [Quelle: Schütte]

benötigen ein Umlenkgetriebe, das in den Werkzeugkopf integriert ist. Die Werkzeugantriebe und deren Schnittstellen sind für Quer- und Längsbearbeitungsstationen identisch.

5.3.2 Zusatzachsen für mehrachsige Bearbeitungen

Die in jeder Querbearbeitungslage mit Kreuzschlittenfunktionen vorhandenen x-z-Verfahrwege bieten bereits umfangreiche Möglichkeiten für Bohr- und Fräsbearbeitungen. Mit diesem Bewegungsprofil können Bohrungen und Fräsungen durchgeführt werden, bei denen das Werkzeug die Werkstückachse orthogonal schneidet. Ein einfaches Beispiel ist eine Passfedernut, die achsparallel am Umfang der Werkstücke eingebracht wird (Abb. 5.10, oben links). Bietet die Spindel die Möglichkeit einer Winkelpositionierung, können Bohrungen und Nuten in einer definierten Winkellage und somit orientiert zueinander eingebracht werden. Mit einer C-Achs-Funktion lässt sich die Drehachse der Spindel als Vorschubachse nutzen. Die interpolierende Bahnbewegung

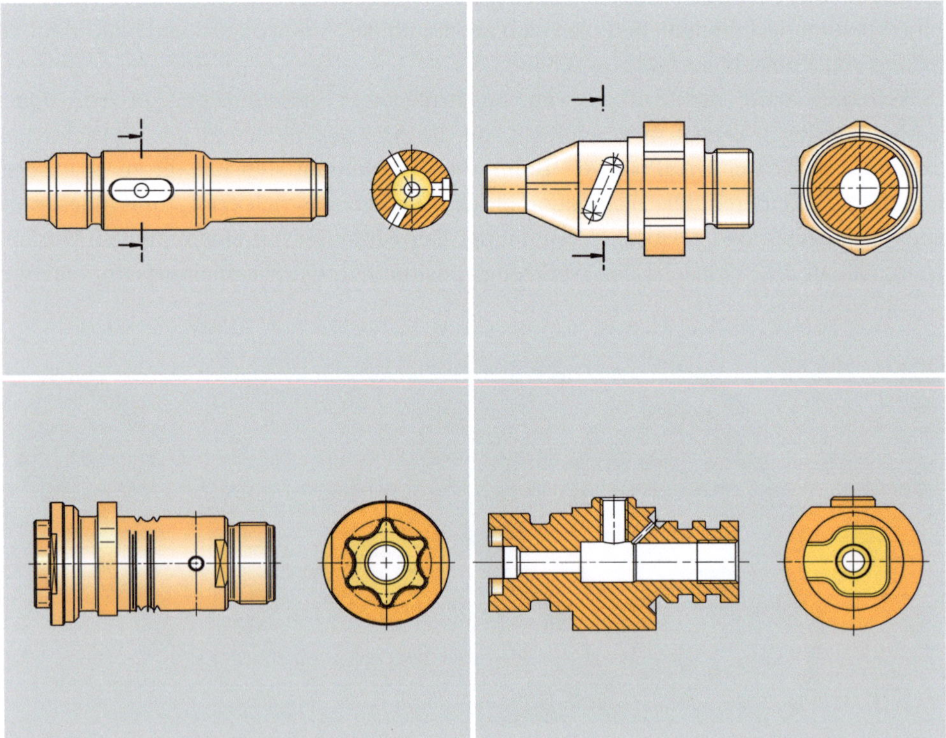

Abb. 5.10 Werkstücke mit Fräsbearbeitungen und unterschiedlichen Anforderungen an die Achskonfiguration. [Quelle: Schütte]

mit der z-Achse erlaubt das Abfahren einer Nut am Werkstückumfang in beliebigem Winkel oder Konturzug (Abb. 5.10, oben rechts). Eine dritte Linearachse wird erst dann erforderlich, wenn Flächen am Umfang des Werkstücks gefräst werden sollen. Dies ist beispielsweise bei Schlüsselflächen (Abb. 5.10, unten links) oder einer zirkular gefrästen Fläche (Abb. 5.10, unten rechts) der Fall. Hier muss der Fräser die Spitzenhöhe des Werkstücks verlassen und ober- bzw. unterhalb der Werkstückmitte arbeiten. Dazu wird eine dreiachsige Bearbeitungseinheit benötigt, die eine Linearbewegung senkrecht zur x-z-Ebene in y-Richtung erlaubt.

Auf einspindligen Dreh-Fräszentren ist eine entsprechende Achsanordnung bereits etabliert. Bei den Mehrspindel-Drehautomaten stellt vor allem der begrenzte Bauraum eine große Herausforderung bei der Realisierung dreiachsiger Einheiten dar.

Für die Umsetzung einer y-Achse existieren verschiedene konstruktive Lösungen. Diese sind abhängig vom Maschinenaufbau und unterscheiden sich im prinzipiellen Lösungsansatz. In den klassischen Maschinenbauformen werden die y-Achsen in der Regel in die aufgebauten Bearbeitungseinheiten integriert.

In Abb. 5.11 sind zwei dem auf Querschlitten aufbaubare Zusatzeinrichtungen für die y-Achsbewegung zu sehen. Die Linearbewegung in y-Richtung wird in beiden Fällen virtuell erzeugt, d. h. durch die Überlagerung einer Schwenkbewegung des Einrichtungskopfes (A-Achse) (Abb. 5.11, 1) und der z-Achse der Maschine (Abb. 5.11, 2). Unter Hinzunahme der Hauptspindelrotation als C-Achse (Abb. 5.11, 3) und der x-Achse sind weitere Freiheitsgrade gegeben. So können beispielsweise Taschen, Flächen, Nuten oder Mehrkante unterschiedlicher Tiefe gefräst werden. Durch die C-Achse der Hauptspindel ist die Drehwinkelorientierung jedes gefrästen Konturelements in jeder Lage bekannt. Daher können die Geometrieelemente beliebig zueinander positioniert werden.

Die Einrichtungen benötigen dementsprechend einen Antrieb für das Werkzeug (Abb. 5.11, 5) und für die Schwenkbewegung des Kopfes. In der Bearbeitungseinrichtung in Abb. 5.11, links wird dazu ein Hohlwellenmotor eingesetzt. Die beiden gezeigten Einrichtungsköpfe (Abb. 5.11, 1) stellen zudem mehrere Werkzeugplätze (Abb. 5.11, 4) zur Verfügung, die über die rotatorische Schwenkbewegung des Kopfes in Eingriffsposition gebracht werden.

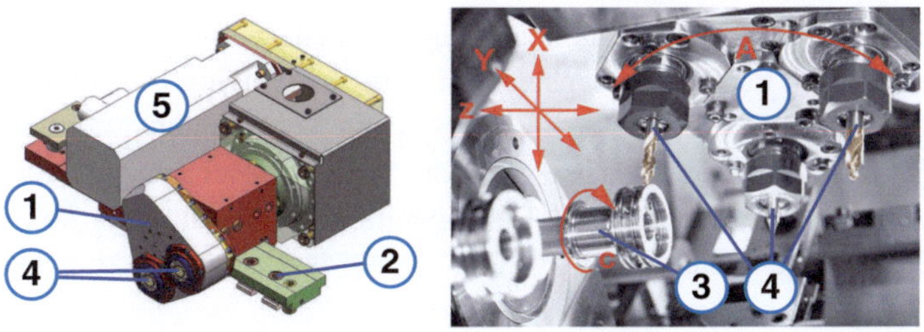

Abb. 5.11 Bearbeitungseinrichtungen mit Schwenkköpfen zur Erzeugung der y-Achsbewegung. [Bildquellen: Schütte (links), [Dmgm14] (rechts)]

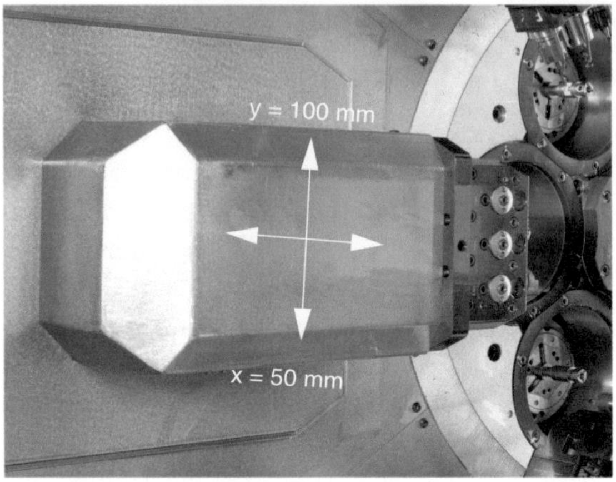

Abb. 5.12 Linearachse in y-Richtung im Kreuzschlitten einer Multisprint [Dmgm17]

Bei den Maschinen neuerer Bauart verfügt die Baureihe Multisprint über y-Achsen in allen Bearbeitungsstationen. Hier ist die y-Bewegung mit einem Linearschlitten umgesetzt, der einen Verfahrweg von 100 mm realisiert, Abb. 5.12. Damit können neben der y-Achs-Funktion auch drei Werkzeugplätze in Bearbeitungsposition gebracht werden.

Die Linearführungen und -antriebe für den x/y-Kreuzschlitten sind auf der arbeitsraumabgewandten Seite des Spindelkastens positioniert. Die z-Vorschubachse wird durch eine Linearbewegung der Hauptspindel umgesetzt (siehe Abschn. 4.5.3). Die Baureihe Multisprint setzt die y-Achsen in vergleichbarer Kinematik um (siehe Abb. 4.17).

Die Maschinen der Baureihen MS und SCX nutzen den rotatorischen Freiheitsgrad in den Pinolen der Werkzeugschlitten zur Realisierung einer virtuellen y-Achse. Ein Servoantrieb erzeugt eine NC-gesteuerte Drehbewegung der z-Pinole und wird als interpolationsfähige Vorschubachse mit der C-Achse der zugeordneten Hauptspindel gekoppelt. Aus einer abgestimmten Rotationsbewegung der beiden Drehachsen und einer überlagerten Ausgleichsbewegung in x-Richtung resultiert eine lineare Werkzeugbewegungen in der y-Achse, Abb. 5.13.

Der Verdrehwinkel α der Pinole und die Korrekturbewegung x sind eine Funktion des y-Weges und lassen sich über trigonometrische Zusammenhänge interpolieren [Link02a]. Die entsprechenden Algorithmen werden mithilfe der Funktion „Doppel-Transmit" in der Maschinensteuerung umgesetzt [Herr14, Link02a], sodass der Anwender seine NC-Werkzeugwege im kartesischen Koordinatensystem programmieren kann. Mit der entstehenden y-Achse sind die bereits beschriebenen umfangsseitigen Fräsoperationen und exzentrischen Bohroperationen ausführbar. So entsteht eine kompakte dreiachsige Bearbeitungseinheit, ohne dass eine zusätzliche Einrichtung erforderlich ist.

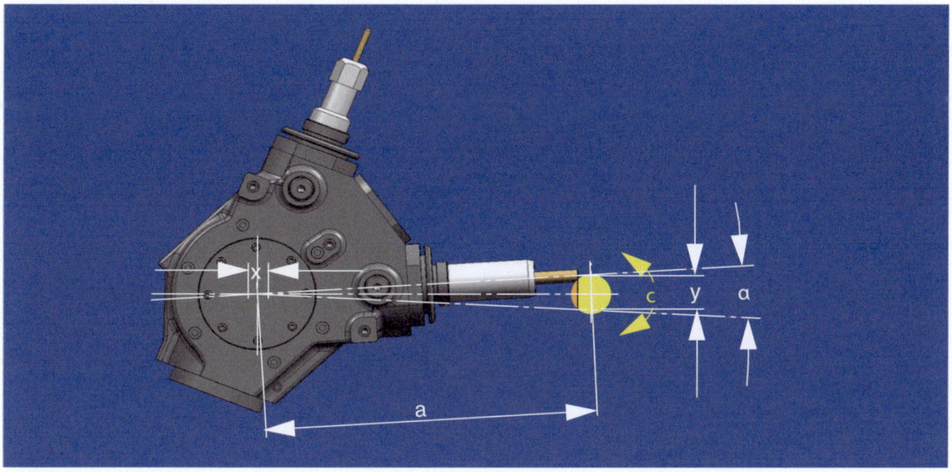

Abb. 5.13 Virtuelle y-Achse durch überlagerte Dreh- und Linearbewegungen am Beispiel einer Querbearbeitungseinrichtung der Maschine SCX. [Bildquelle: Schütte]

Bei der SCX-Baureihe von Schütte befinden sich die NC-gesteuerten Schwenkantriebe am arbeitsraumabgewandten Ende der Pinolen, d. h. außerhalb des Arbeitsraums. Sie sind als Torquemotoren ausgeführt und werden als Zusatzausrüstung modular ergänzt. Abb. 5.14 zeigt das Fräsen einer Fläche am Umfang eines Drehteils mit der y-Achse einer SCX.

Abb. 5.14 Fräsen einer Fläche am Umfang des Werkstücks mit y-Achse [Schu16a]

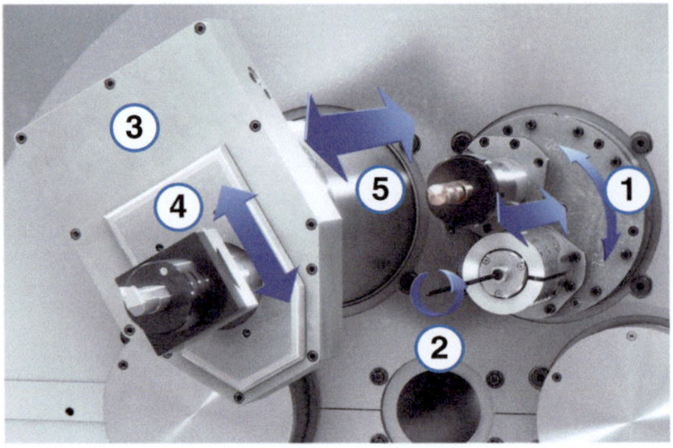

Abb. 5.15 y-Achse für angetriebene Werkzeuge (rechts) und Kreuzschlitten für Innenausdrehoperationen (links) auf Längslagen der SCX. [Bildquelle: Schu16a]

Auch auf den Längslagen bietet die Maschinenbaureihe SCX optional mehrachsige Bewegungen für stehende und angetriebene Werkzeuge. Bei den angetriebenen Werkzeugen realisiert sie eine zweite Achse – analog zur Querbearbeitung – virtuell über die Interpolation der Pinolen-Schwenkbewegung (Abb. 5.15, 1) und der C-Achse der Hauptspindel. Mit der Überlagerung der beiden Rotationsbewegungen kann jede Position in der x-y-Ebene angefahren werden. Damit lassen sich außermittige Bohrungen auf der Stirnseite des Werkstücks einbringen, deren Position in der NC-Steuerung programmierbar und korrigierbar ist. Über interpolierende Bahnbewegungen lassen sich Fräsoperationen auf der Stirnseite oder in Bohrungen durchführen. Als Werkzeugantrieb dient ein in die z–Pinole integrierter Servomotor. Über ein Stirnradgetriebe wird der Drehantrieb (Abb. 5.15, 2) auf die unterschiedlichen Werkzeugplätze verteilt. Die Schwenkbewegung der Pinole wird analog zu den Querlagen mit einem Torquemotor umgesetzt.

Das Ausdrehen von Innenkonturen mit stehenden Werkzeugen kann auf diese Weise nicht realisiert werden. Die Kinematik der überlagerten Schwenkbewegungen führt beim einschneidigen Werkzeug zu unterschiedlichen Anstellwinkeln der Werkzeugschneide. Die Veränderungen der wirksamen Werkzeugwinkel in Abhängigkeit von der radialen Position des Werkzeugs sind im Zerspanprozess nicht tolerierbar. Daher wird eine zusätzliche Kreuzschlitteneinheit für stehende Werkzeuge (Abb. 5.15, 3) angeboten. Die x-Achse des Kreuzschlittens (Abb. 5.15, 4) wird auf die z–Pinole aufgesetzt (Abb. 5.15, 5). Der Antrieb für die lineare Bewegung in x-Richtung wird mit dem gleichen Antriebsmotor umgesetzt, der ansonsten für die Werkzeugantriebe vorgesehen ist. Ein Umlenkgetriebe auf Basis eines Exzenters setzt die Rotation des Servomotors in eine lineare Radialbewegung um.

Insgesamt erfüllen alle CNC-Mehrspindel-Drehautomaten die notwendigen Voraussetzungen für die zur Komplettbearbeitung erforderlichen Bohr- und Fräsbearbeitungen. Maschinen neuerer Bauart haben durch einen veränderten Arbeitsraumaufbau in Zugänglichkeit und Einrichtungsaufbau verbesserte Bedingungen geschaffen. Ein modularer Systembaukasten und der weitgehend identische Aufbau der Bearbeitungslagen ermöglicht eine flexible Konfiguration der Bearbeitungseinheiten und somit eine variable Gestaltung der Prozessfolge.

Letzter Baustein für eine Komplettbearbeitung komplexer Werkstückgeometrien sind geeignete Lösungskonzepte für die Bearbeitung beider Werkstückseiten.

5.4 Der besondere Anspruch – die zweite Werkstückseite

Die eingeschränkten Möglichkeiten zur Bearbeitung der zweiten Werkstückseite sind im Konstruktionsprinzip des Mehrspindel-Drehautomaten verankert. Während für die Erstseitenbearbeitung sechs oder acht Hauptspindeln und die entsprechende Anzahl an Bearbeitungsstationen zur Verfügung stehen, ist im klassischen Mehrspindler die Bearbeitung der zweiten Werkstückseite auf eine Spindel und häufig auch auf ein Werkzeug beschränkt. Daraus ergeben sich für den Anwender zwei wesentliche Einschränkungen:

- die Bearbeitungsmöglichkeiten auf der zweiten Werkstückseite sind durch die geringe Anzahl einsetzbarer Werkzeuge und eine begrenzte Technologieauswahl eingeschränkt und
- sofern die Rückseitenbearbeitung nicht taktzeitbestimmend werden soll, ist das Taktzeitfenster für die Rückseitenbearbeitung auf die längste Taktzeit der Frontseitenbearbeitung limitiert. Unvermeidliche Zeitanteile im Abstich- und Abgreifvorgang sowie der Teilabführung (siehe auch Abschn. 2.2) reduzieren die zur Verfügung stehende Bearbeitungszeit.

Bei einspindligen Maschinen mit Gegenspindeln werden die Prozesse aus Produktivitätsgründen möglichst gleichmäßig auf die Haupt- und Gegenspindel aufgeteilt, damit auf der ersten und zweiten Werkstückseite möglichst im gesamten Taktzeitfenster parallel gearbeitet wird.

Beim Mehrspindel-Drehautomaten muss die Arbeitsaufteilung anders gewählt werden. Die Erstseitenbearbeitung profitiert von dem hohen Kapazitätsangebot durch viele Spindeln, die Rückseitenbearbeitung ist auf eine Gegenspindel begrenzt. Daher wird der Arbeitsplaner bestrebt sein, mehr als 80 % der Bearbeitung auf die Spindeltrommelseite zu konzentrieren und nur die Prozesse auf die zweite Werkstückseite zu legen, die sich anders nicht herstellen lassen.

Die Anforderungen der Anwender an die Zweitseitenbearbeitung sind allerdings gestiegen, weil die Entwicklung einspindliger Dreh-Fräszentren mit Gegenspindel die Möglichkeiten einer Komplettbearbeitung der Werkstücke von beiden Seiten deutlich erweitert haben. Entsprechend haben sich die Produktionsstrategien und die zu fertigenden Bauteile verändert und die Anforderungen an den Mehrspindler hinsichtlich seiner Bearbeitungsmöglichkeiten für die zweite Werkstückseite erhöht. Lösungen der Hersteller von CNC-Mehrspindel-Drehautomaten für diese Anforderungen sind im Folgenden dargestellt.

5.4.1 Zwei-Seitenbearbeitung – Maschinen klassischer Bauart

Bei den CNC-Maschinen klassischer Bauart sind Aufbau und Ablauf der rückwärtigen Bearbeitung in den Grundzügen analog zu den Kurvenmaschinen. Abb. 5.16 zeigt die Abstichlage im Arbeitsraum eines CNC-Mehrspindel-Drehautomaten klassischer Bauart.

Die Gegen- oder Abgreifspindel (Abb. 5.16, 1) ist auf dem Längsschlittenblock in z-Richtung geführt. Sie verfügt über einen unabhängigen Drehantrieb und greift das Werkstück bei synchronisierter Drehzahl mit der Hauptspindel. Auf der hauptspindelzugewandten Querschlittenposition befindet sich das Abstichwerkzeug (Abb. 5.16, 2), mit dem das Werkstück von der Materialstange getrennt wird. Nach dem Abstichvorgang fährt die Gegenspindel zurück in eine rückwärtige Bearbeitungsposition. Die Querschlittenkonsole der Abstichlage verfügt über einen zweiten Querschlitten (Abb. 5.16, 3), auf dem Werkzeuge für die rückwärtige Bearbeitung aufgebaut werden können.

Die im Standard vorhandene CNC-Achse des Querschlittens kann beliebige x–Positionen anfahren und damit zwei oder mehr Werkzeuge einsetzen. In Interpolation mit dem z–Antrieb der Gegenspindel lassen sich Konturdrehoperationen ausführen.

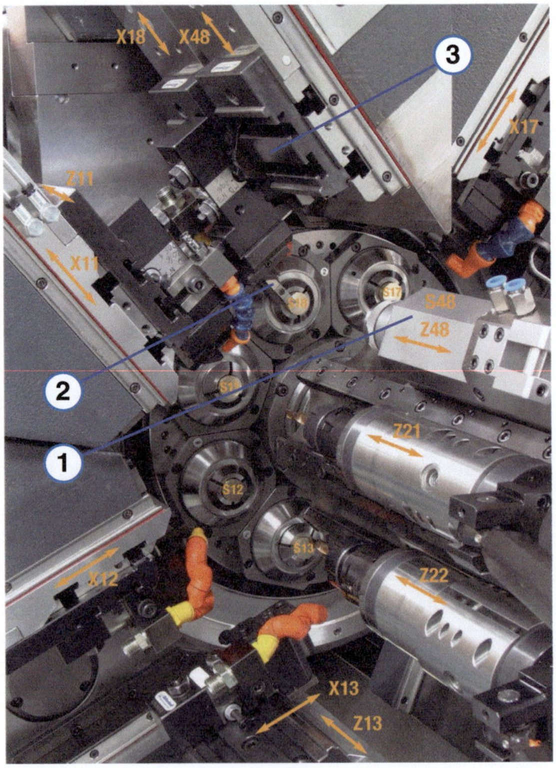

Abb. 5.16 Arbeitsraum eines CNC Mehrspindel-Drehautomaten klassischer Bauart mit Gegenspindel und Doppelquerschlitten in der Abstichlage. [Bildquelle: Torn13a]

Damit sind Flexibilität und Umfang der Rückseitenbearbeitung prinzipiell gegenüber den Kurvenmaschinen deutlich erhöht.

Zur Erhöhung der Werkzeugplätze auf den Linearschlitten werden oft Mehrfachwerkzeughalter eingesetzt. Der Abstand der Werkzeugplätze muss dabei so groß gewählt werden, dass – in Abhängigkeit von Werkstückdurchmesser und Werkzeuggestaltung – ein kollisionsfreies Anfahren jeder Werkzeugposition gewährleistet ist. Auf dem begrenzten Hub eines Querschlittens lassen sich in der Regel zwei oder drei stehende Werkzeuge platzieren. Im letzteren Fall ist meist ein erhöhter Querschlittenweg erforderlich, der allerdings durch einen Kollisionsbereich zwischen Querschlitten und Längsschlittenblock begrenzt ist. Beim Aufbau angetriebener Werkzeuge werden aus Bauraumgründen meist nur zwei Werkzeuge eingesetzt, Abb. 5.17.

Eine weitere Möglichkeit zur Erhöhung der Werkzeugplätze ist in dem Maschinentyp Multi-Alpha umgesetzt, Abb. 5.18. Die Gegenspindel (Abb. 5.18, 1) selbst wird mit weiteren Bewegungsachsen ausgestattet, sodass Werkzeugplätze außerhalb der Reichweite des Führungsblocks angefahren werden können. Dazu wird die Gegenspindel nicht auf einem Längsschlitten geführt, sondern in einer der oberen Lagen auf einen separaten 2-achsigen Kreuzschlitten (Abb. 5.18, 2) aufgebaut. Die rückwärtige Bearbeitung erfolgt damit außerhalb der Abstichebene. Die Werkzeuge (Abb. 5.18, 3) sind oberhalb der Spindeltrommel an der Spindelkastenwand (Abb. 5.18, 4) angeordnet und werden mit dem Kreuzschlitten der Gegenspindel angefahren. Eine weitere Bewegungsachse im Werkzeugträger macht bis zu fünf stehende bzw. drei angetriebene Werkzeuge nutzbar [Ange07, Torn13b].

Mit den erweiterten Möglichkeiten der Rückseitenbearbeitung wirkt sich beim Mehrspindler die prinzipbedingte Taktzeitproblematik im starr gekoppelten Transfersystem immer stärker aus. Beim Einsatz von drei und mehr Werkzeugen wird die Rückseitenbearbeitung in vielen Anwendungen taktzeitbestimmend. Insbesondere bei

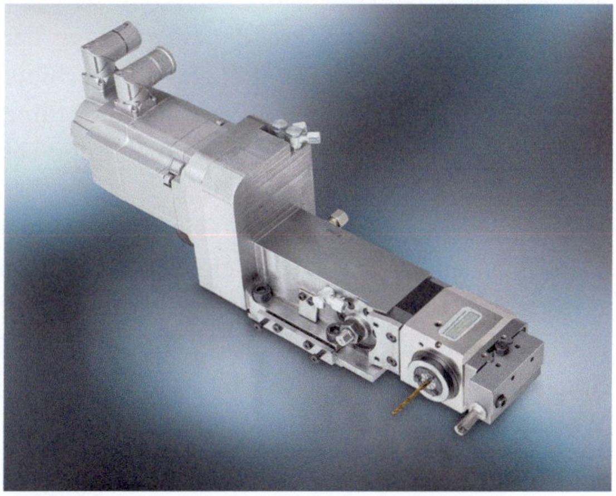

Abb. 5.17 Einrichtung für die rückwärtige Bearbeitung vom Querschlitten mit einem stehenden und einem angetriebenen Werkzeug [Schu13]

Abb. 5.18 Dreiachsige rückwärtige Bearbeitung mit bis zu 5 stehenden und angetriebenen Werkzeugen. [Bildquelle: Torn13]

kurzen und mittleren Taktzeiten ist ein größerer Umfang an Rückseitenbearbeitung nicht wirtschaftlich.

Die Lösungsstrategie zur Erhöhung des Taktzeitfensters besteht in einer Parallelisierung der Arbeitsabläufe auf der Werkstückrückseite. Dazu werden von einigen Maschinenherstellern für umfangreiche Rückseitenbearbeitungen Maschinen mit zwei Gegenspindeln angeboten. Die Gegenspindeln arbeiten parallel und haben jeweils eigene Werkzeugaufbauten mit stehenden und angetriebenen Werkzeugen an der Spindelkastenwand. Für die Bearbeitung der Werkstückrückseite mit zwei Gegenspindeln steht die doppelte Taktzeit zur Verfügung. Wenn die Gegenspindeln am Ende von zwei Arbeitstakten die Werkstücke abführen, hat die Trommel seit dem letzten Abstich zwei Positionen weitergeschaltet und stellt für beide Spindeln neue, frontseitig fertig bearbeitete Werkstücke bereit.

Der Einsatz einer doppelten Gegenspindel bietet sich insbesondere in achtspindligen Maschinen an, da zwei Spindeln der Spindeltrommelseite für das Abstechen benötigt werden und für die Vorderseitenbearbeitung verloren gehen. Das Konzept eignet sich auch sehr gut für eine Doppel-Vierspindlige Bearbeitung. In diesem Fall führt die Spindeltrommel bei jeder Schaltung einen doppelten Schaltschritt aus, sodass zwei Werkstücke auf jeweils benachbarten Lagen bearbeitet werden. Dieser Zyklus kann auch auf die beiden Rückseitenspindeln übertragen werden, die dann parallel in einem

Arbeitstakt laufen. Die Werkstücke sind in diesem Fall weniger komplex, sodass ein Taktzeitfenster in der Regel ausreicht.

5.4.2 Zwei-Seitenbearbeitung – Maschinen neue Bauart

Die frontoffenen Maschinen der Baureihe MS-C verzichten auf einen Antriebskasten und nehmen die Gegenspindel, die seitens des Herstellers Index als Synchronspindel bezeichnet wird, im Spindelkasten auf. Der Grundaufbau ist in Abb. 5.19 dargestellt. Die Synchronspindel (Abb. 5.19, 1) ist gemeinsam mit ihrem Antriebsmotor auf einer der z–Achs-Pinolen (Abb. 5.19, 2) in der Abstichlage montiert. Dabei ist das Spannfutter für die Werkstücke zur Spindeltrommel hin orientiert.

Die Pinole führt die Linearbewegung der Synchronspindel in z-Richtung aus und ermöglicht darüber hinaus eine Drehbewegung, mit der die Spindel auf ihrem Schwenkkreis in unterschiedliche Positionen gebracht werden kann. Der Schwenkkreis entsteht dadurch, dass die Drehachse der Spindel achsparallel, aber versetzt zur Pinolenachse (Abb. 5.19, 3) angeordnet ist. In Abb. 5.19 fluchtet die Gegenspindel mit der Hauptspindel. In dieser Position übernimmt sie das von der Vorderseite bearbeitete Werkstück. Das Abstichwerkzeug ist auf dem zweiten Kreuzschlitten (Abb. 5.19, 4) der Abstichlage

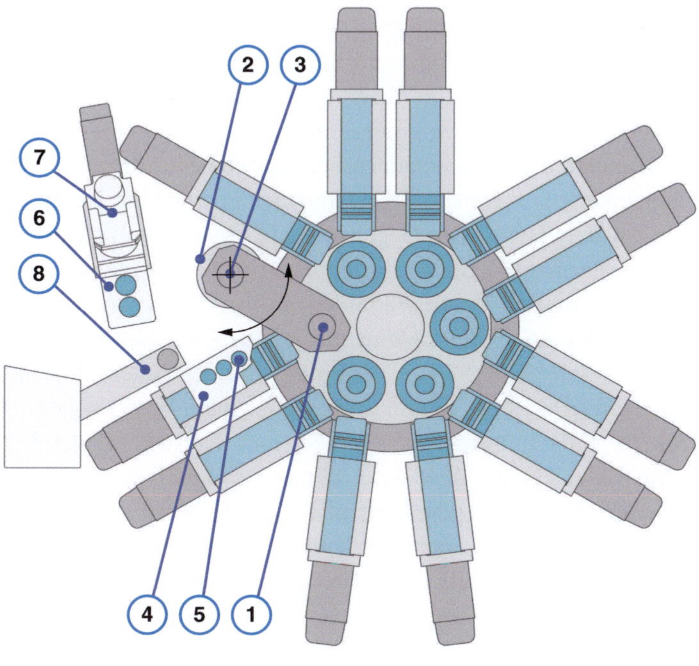

Abb. 5.19 Schematische Darstellung der Anordnung mit einer Gegenspindel bei einem Sechsspindler der Baureihe MS-C. [Bildquelle: Inde14a]

positioniert. Dieser stellt zusätzlich bis zu drei weitere Werkzeugplätze für die Rückseitenbearbeitung (Abb. 5.19, 5) zur Verfügung, die über den Linearhub des Schlittens in Bearbeitungsposition gebracht werden. Bei einfachen Rückseitenbearbeitungen, beispielsweise zentrischen Aufbohroperationen, Entgratungen oder einfachen Drehoperationen an der Abstichseite des Werkstücks, reicht der Linearschlitten aus.

Werden mehr Werkzeuge benötigt, kann die Gegenspindel in einen weiteren Bearbeitungsbereich außerhalb der Vorderseitenbearbeitung einschwenken. An dieser Stelle kann an der Spindelkastenwand ein weiterer Linearschlitten, der sogenannte Hinterbohrschlitten (Abb. 5.19, 6), montiert werden. Dessen Linearbewegung bringt ebenfalls bis zu drei Werkzeuge in den Schwenkkreis der Gegenspindel. Gemeinsam mit der z-Achse der spindeltragenden Pinole bildet der Hinterbohrschlitten eine Kreuzschlitteneinheit, mit der Konturdrehoperationen auf der Werkstückrückseite vorgenommen werden können. Ein Werkzeugantrieb auf dem gleichen Schlitten (Abb. 5.19, 7) ermöglicht den Einsatz von bis zu zwei angetriebenen Werkzeugen für Bohr- und Fräsoperationen. Nach Abschluss der Rückseitenbearbeitung werden die Werkstücke aus der Gegenspindel in einen Abwurfschacht (Abb. 5.19, 8) ausgestoßen und schwerkraftbasiert abgeführt oder mit einer Handhabungseinrichtung abgegriffen.

Alternativ zu dem geschilderten Aufbau hat der Hersteller für die Rückseitenbearbeitung einen Scara-Roboter angeboten, der die Synchronspindel trägt und das Werkstück an unterschiedliche Positionen mit Rückseitenwerkzeugen führt [Nn04]. Die frei programmierbaren Bewegungen fahren bis zu vier angetriebene oder stehende Werkstückplätze und den Teileauswurf an. Diese Variante erlaubt auch y-Achsfunktionen, hat aber im Vergleich zur sehr kompakten und kinematisch einfachen Schwenkspindel mit Linearschlitten die Nachteile geringerer Modularität und höherer Komplexität.

Abb. 5.20 zeigt den Arbeitsraum einer Maschine der Baureihe MS-C mit Doppelgegenspindel im Bereich der Rückseitenbearbeitung. Die erste Gegenspindel (Abb. 5.20, 1) befindet sich in einer zur Hauptspindel fluchtenden Position zur Übernahme des Werkstücks nach dem Abstich. Die zweite Gegenspindel (Abb. 5.20, 2) steht im Bereich ihres Hinterbohrschlittens (Abb. 5.20, 3), d. h. in der Position für die rückwärtige Bearbeitung. Beide Gegenspindeln werden durch z-Pinolen (Abb. 5.20, 4) aus dem Spindelkasten getragen. Für die rückwärtige Bearbeitung der ersten Gegenspindel steht ein weiterer Hinterbohrschlitten (Abb. 5.20, 5) zur Verfügung. Beide Hinterbohrschlitten sind mit drei Werkzeugplätzen (Abb. 5.20, 6) und mit jeweils einem Werkzeugantrieb (Abb. 5.20, 7) ausgestattet. Die Teileabführung erfolgt über eine Rutsche oder ein Transportband und ist durch eine Abdeckung (Abb. 5.20, 8) vor Spänefall geschützt. Beim Auswurf schwenkt die Synchronspindel vor die kreisrunde Öffnung (Abb. 5.20, 9).

Die zweite Gegenspindel ist optional und wird in der Regel bei zeitintensiven Rückseitenbearbeitungen aufgebaut. Die schematischen Anordnungen der Doppel-Gegenspindeln bei einer sechs- und achtspindligen Maschine sind in Abb. 5.21 zu sehen.

Beide Spindeln erreichen Abstich-, Bearbeitungs- und Ausstoßposition über die bereits beschriebene Schwenkbewegung. Jeder Spindel sind ein Abstechschlitten und ein

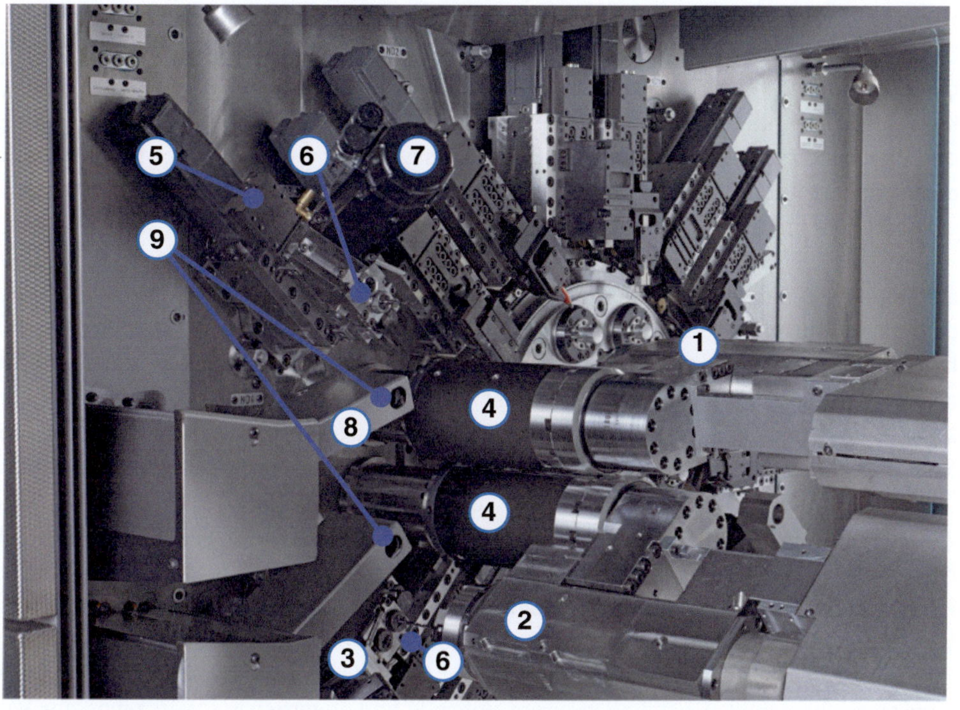

Abb. 5.20 Arbeitsraum im Bereich der Rückseitenbearbeitung einer Maschine der Baureihe MS-C mit Doppel-Gegenspindel. [Bildquelle: Inde15a]

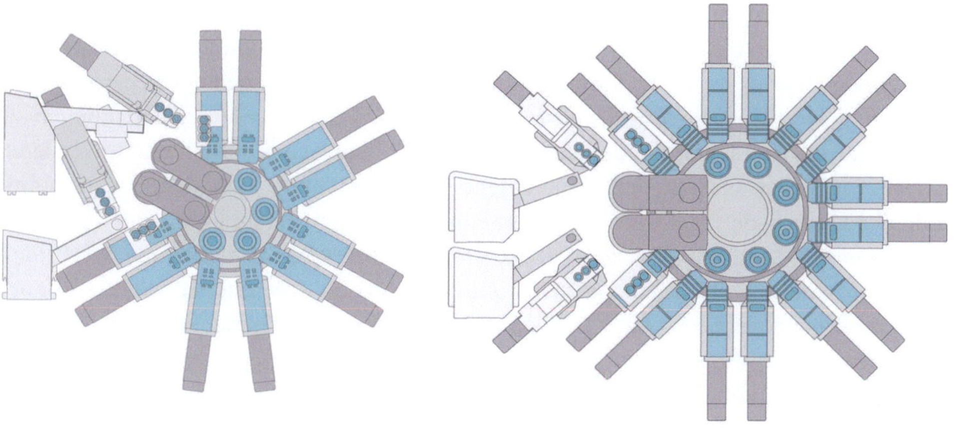

Abb. 5.21 Schematische Darstellung der Anordnung mit zwei Gegenspindeln bei einem Sechsspindler (MS52-6, links) [Inde15a] und einem Achtspindler (MS22-8, rechts) [Inde14b]

Hinterbohrschlitten zugeordnet. Die Bearbeitung erfolgt im Doppelzyklus, d. h. beide Gegenspindeln arbeiten simultan über zwei Taktzeitfenster der Frontseitenbearbeitung hinweg. Durch die doppelte Rückseitenbearbeitung gehen allerdings zwei Bearbeitungslagen an der Spindeltrommel verloren, wodurch sich der mögliche Bearbeitungsumfang der Erstseitenbearbeitung reduziert. Beim Einsatz einer 8-spindligen Maschine wird dieser Nachteil durch die 2 zusätzlichen Spindeln auf der Spindeltrommel teilweise aufgehoben [Damm11].

Mit zwei Gegenspindeln bietet sich auch die Fertigung über 2x3 bzw. 2x4 Spindeln an [Damm13]. Bei der Bearbeitungsvariante als Doppel-Drei-Spindler wird die Trommel über einen Winkel von 120°, beim Doppel-Vier-Spindler über 90° geschaltet. Auf jeweils benachbarten Spindellagen werden simultan identische Bearbeitungen durchgeführt, ebenso auf der Rückseite. Pro Arbeitstakt entstehen so zwei Fertigteile. Bei weniger komplexen Drehteilen lassen sich die Bearbeitungsstationen so zur Erhöhung der Produktivität einsetzen [Damm11].

Auch weitere Ausbaustufen der MS-Baureihe adressieren die Zwei-Seiten-Bearbeitung. In der bereits vorgestellten Maschine der Baureihe MS-P befindet sich die Gegenspindel in dem Pinolenkasten, Abb. 4.14. Sie wird in einer Pinole gelagert, die in z-Richtung verfahrbar ist. In vorderer Position holt sie das Werkstück beim Abstichvorgang von der Hauptspindel ab. In der rückwärtigen Position am Pinolenkasten findet die Rückseitenbearbeitung statt. Hierzu trägt der Pinolenkasten eine Kreuzschlitteneinheit. Es stehen mehrere stehende und angetriebene Werkzeuge zur Verfügung. Insgesamt ähnelt der Ablauf dem bei Maschinen klassischer Bauart mit einer Bearbeitungsstation für die Werkstückrückseite.

Für Werkstücke mit sehr aufwendigen Zwei-Seitenbearbeitungen, bei denen eine gleichmäßige Arbeitsaufteilung auf beiden Werkstückseiten sinnvoll ist, wurde in der höchsten Ausbaustufe der MS-Baureihe eine Gegentrommelmaschine angeboten. Die MS-G verfügt über zwei gegenüberliegende Spindelkästen, die beide mit einer schaltenden Spindeltrommel ausgestattet sind, Abb. 5.22. Der Trommel für die Erstseitenbearbeitung steht eine zweite Trommel mit weiteren drei oder sechs Gegenspindeln zur Verfügung. Die Gegenspindeln sind in verfahrbaren Pinolen gelagert und können zur Übernahme des Werkstücks in der entsprechenden Spindellage in z-Richtung traversieren.

Das von der Gegenspindel entnommene Werkstück wird von der Gegentrommel umlaufend durch die rückwärtigen Bearbeitungsstationen geführt und dort bearbeitet. Der Gegenspindelkasten trägt dazu Kreuzschlitteneinheiten, mit denen die Werkstücke analog zur Erstseitenbearbeitung stirn- und umfangsseitig bearbeitet werden können. Alle Arbeitsgänge am Werkstück können auf neun oder zwölf Spindeln gleichmäßig verteilt werden.

Auch die Baureihe Multisprint von DMG-Mori bietet konfigurierbare Lösungen für unterschiedliche Bedarfe im Umfang einer Zwei-Seiten-Bearbeitung. Neben einer Pick-Up-Spindel für einfache Rückseitenbearbeitungen in der Abstichlage, wird eine

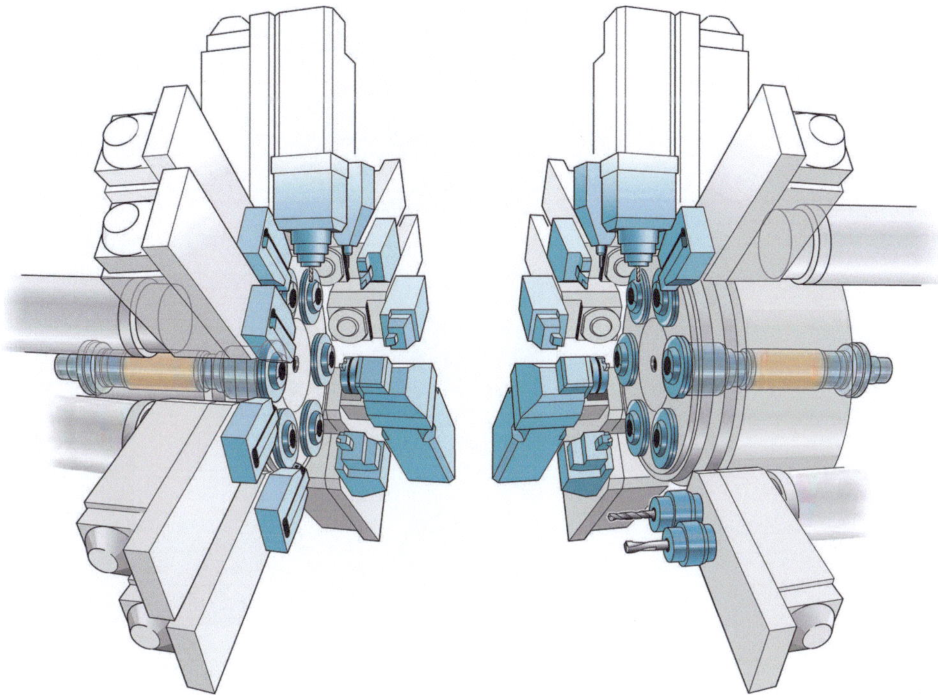

Abb. 5.22 Gegentrommel-Konzept der MS-Baureihe [Link02b]

Gegenspindel angeboten, die von einer dreiachsigen Vorschubeinheit getragen wird. Die Gegenspindel (Abb. 5.23, 1) fährt einen Bearbeitungsbereich mit bis zu fünf Rückseiten-Werkzeugen (Abb. 5.23, 2) an, von denen bis zu drei angetrieben sein können.

Die Werkzeuge sind stationär aufgebaut und die Bewegungsführung bei der Rückseitenbearbeitung erfolgt durch die Gegenspindel. Optional ist eine zweite Gegenspindel aufbaubar, die parallel mit einem zweiten Werkzeugaufbau arbeiten kann. Analog zur bereits oben beschriebenen Arbeitsweise ist damit eine umfangreichere Rückseitenbearbeitung über zwei Arbeitstakte möglich.

Ein weiteres modulares Konzept für die Zwei-Seitenbearbeitung bietet die Baureihe SCX des Herstellers Schütte. Eine sechsspindlige SCX-Basismaschine kann auf der gleichen Maschinenplattform als 6-, 7- und 9-Spindler ausgeführt werden. Die 6-spindlige Variante ist für Werkstücke ohne Rückseitenbearbeitung oder Futterteile gedacht und wird nur mit den Hauptspindeln der Spindeltrommel ausgestattet.

Die 7-spindlige Ausbaustufe erlaubt Rückseitenbearbeitungen mit einer Bearbeitungsstation, Abb. 5.24. Analog zu den Bearbeitungsmöglichkeiten der Maschinen klassischer Bauart verfügt diese Variante über eine Gegenspindel im Antriebskasten und eine Bearbeitungsstation (Abb. 5.24, 1), die sowohl das Abstichwerkzeug (Abb. 5.24, 2) trägt als auch die Werkzeugplätze für die Rückseitenbearbeitung (Abb. 5.24, 3) bereit

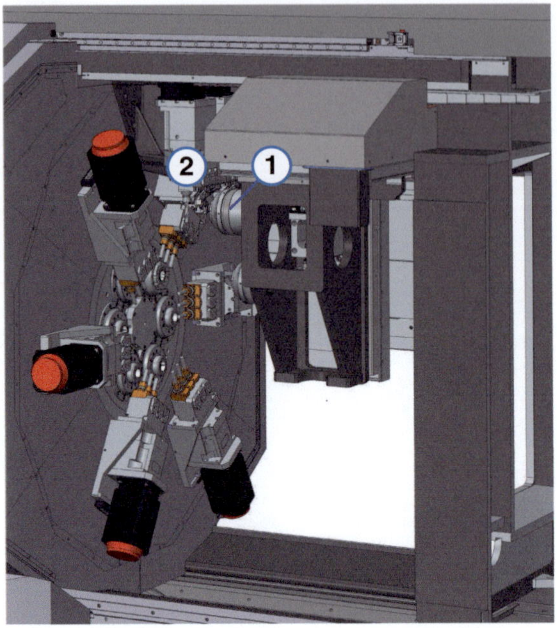

Abb. 5.23 Multisprint mit Gegenspindel auf einer dreiachsigen Vorschubeinheit. [Bildquelle: Dmgm17]

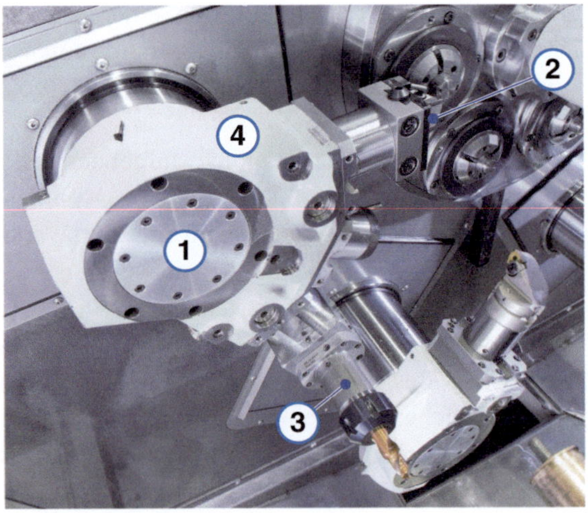

Abb. 5.24 Rückseitenbearbeitungsstation der SCX in der Ausführung als 7-Spindler. [Bildquelle: Schütte]

stellt. Die Bearbeitungseinheit ist in der Abstichlage auf der Spindelkastenseite untergebracht und wird üblicherweise mit einem Mehrfach-Bearbeitungskopf (Abb. 5.24, 4) ausgestattet, der über eine Schwenkbewegung bis zu drei Werkzeugplätze in die Bearbeitungsposition bringen kann. Die Schwenkbewegung des Bearbeitungskopfs wird am arbeitsraumabgewandten Ende der Pinole durch einen elektrischen Antrieb eingeleitet. Der Antrieb ist baugleich mit der Umsetzung der y-Achse in diesem Maschinenkonzept, die in Abschn. 5.3.2 beschrieben ist.

In Abb. 5.24 befindet sich der Mehrfach-Werkzeugträger in Abstichposition. Das Werkstück ist bereits von der Gegenspindel übernommen, das Abstichwerkzeug (Abb. 5.24, 2) befindet sich in der Rückzugsbewegung. Zwei weitere Werkzeugplätze stehen für die Rückseitenbearbeitung zur Verfügung. Die mittlere Position ist in Abb. 5.24 nicht belegt und mit einem Stopfen verschlossen. Diese Position kann stehende Werkzeuge aufnehmen, die beiden äußeren Positionen des Werkzeugträgers können wahlweise mit stehenden und angetriebenen Werkzeugen bestückt werden. Im dritten Werkzeugplatz befindet sich ein stehendes Formbohrwerkzeug (Abb. 5.24, 3) für eine zentrische Bohroperation auf der Werkstückrückseite.

Durch Mehrfachwerkzeughalter lässt sich die Anzahl der einsetzbaren Werkzeuge weiter erhöhen.

Wenn die Rückseitenbearbeitungen umfangreicher und taktzeitbestimmend werden, bietet das modulare SCX-Konzept in höchster Ausbaustufe die Ergänzung eines sogenannten Rückseiten-Bearbeitungskastens an. Abb. 5.25 zeigt auf der linken Seite den Antriebskasten mit den Längsbearbeitungseinheiten und der Gegenspindel, wie er in Abb. 4.23 bereits vorgestellt wurde. Dieser Aufbau ist für eine rückwärtige Bearbeitung in der Abstichlage vorgesehen, wie sie in Abb. 5.24 dargestellt ist. Der Umfang einer solchen Rückseitenbearbeitung ist durch die geringe Anzahl an Werkzeugen und die Taktzeiteinschränkungen limitiert.

Bei Werkstücken mit einem hohen Bearbeitungsumfang an der zweiten Werkstückseite ist im Konzept der SCX ein Rückseitenbearbeitungskasten (Abb. 5.25, 1) mit zwei zusätzlichen Bearbeitungsstationen für die zweite Werkstückseite vorgesehen. Zwei weitere, parallel arbeitende Spindeln (Abb. 5.25, 2) und Bearbeitungseinheiten (Abb. 5.25, 3) stellen zusätzliche Taktzeitfenster zur Verfügung. Jede Bearbeitungsstation ist als x-z-Kreuzschlitteneinheit aufgebaut und kann mit den gleichen Werkstückköpfen (Abb. 5.25, 4) bestückt werden, die auch auf der Spindelkastenseite eingesetzt sind. Der Werkstücktransport durch die Bearbeitungsstationen erfolgt über wechselbare Werkstückfutter (Abb. 5.25, 5). Die Spannfutter werden – das gespannte Werkstück tragend – von einem Futterwechsler (Abb. 5.25, 6) gegen den Uhrzeigersinn zwischen der Gegenspindel und beiden neuen Bearbeitungsspindeln weitertransportiert.

Der grundlegende Ablauf für diese Rückseitenbearbeitung ist in Abb. 5.26 veranschaulicht. Nach dem Abstich übernimmt die Gegenspindel das Werkstück (Abb. 5.26, 1). Zur Verdeutlichung ist in der Abstichlage dabei die Materialstange ohne Hauptspindel dargestellt. Nach der Übernahme des Werkstücks fährt die Gegenspindel in ihre rückwärtige Position am Antriebskasten. Die beiden Spindeln für die Rückseitenbearbeitung werden ebenfalls von verfahrbaren z-Pinolen getragen und von diesen in die gleiche Ebene transportiert, in der sich die zurückgezogene Gegenspindel befindet (Abb. 5.26, 2). In dieser Ebene werden die im Futter gespannten Werkstücke mit einer Wechselvorrichtung in die jeweils benachbarte Spindel weitertransportiert (Abb. 5.26, 3). Die Funktionsweise der Einrichtung für den Futterwechsel entspricht der von Werkzeugwechslern in Bearbeitungszentren. Auf einem rotierenden Schwenkteller sind drei Arme mit Gabeln positioniert, in denen die Futter während der Rotationsbewegung der Schwenkarme aufgenommen und fixiert sind. Die Spannfutter werden gelöst, mit einer Linearbewegung in z-Richtung aus den Spindeln ausgehoben und zur nächsten Spindel weitergereicht (Abb. 5.26, 3). Die Spindeln sind im Winkel von 120° angeordnet und die Werkstücke werden mit Blick auf den Rückseitenkasten gegen den Uhrzeigersinn transportiert. Nach dem Spannen der Futter traversieren die Pinolen der Rückseitenspindeln in ihre Bearbeitungsposition am Rückseiten-Bearbeitungskasten (Abb. 5.26, 4). In der gegenüber dem Antriebskasten zurückgezogenen Arbeitsebene findet die rückwärtige Bearbeitung mit den beiden zusätzlichen Bearbeitungsstationen statt. Dabei verfügt jede Spindel über einen Kreuzschlitten, der baugleich zu denen der Erstseitenbearbeitung ist (Abb. 5.26, 5). In den zusätzlichen Arbeitstakten kann mit insgesamt sechs Werkzeugplätzen bearbeitet werden, von denen bis zu vier mit angetriebenen Werkzeugen oder Bearbeitungseinrichtungen ausgestattet sein können.

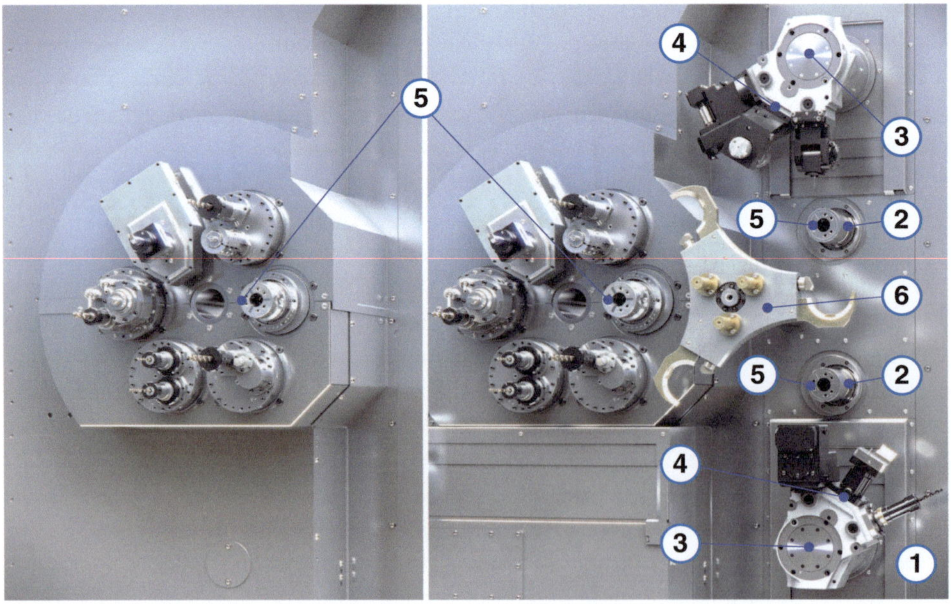

Abb. 5.25 Antriebskasten der Baureihe SCX als 7-Spindler (links) und als 9-Spindler mit zusätzlichen Bearbeitungsspindeln für eine erweiterte Rückseitenbearbeitung (rechts). [Bildquelle: Schütte]

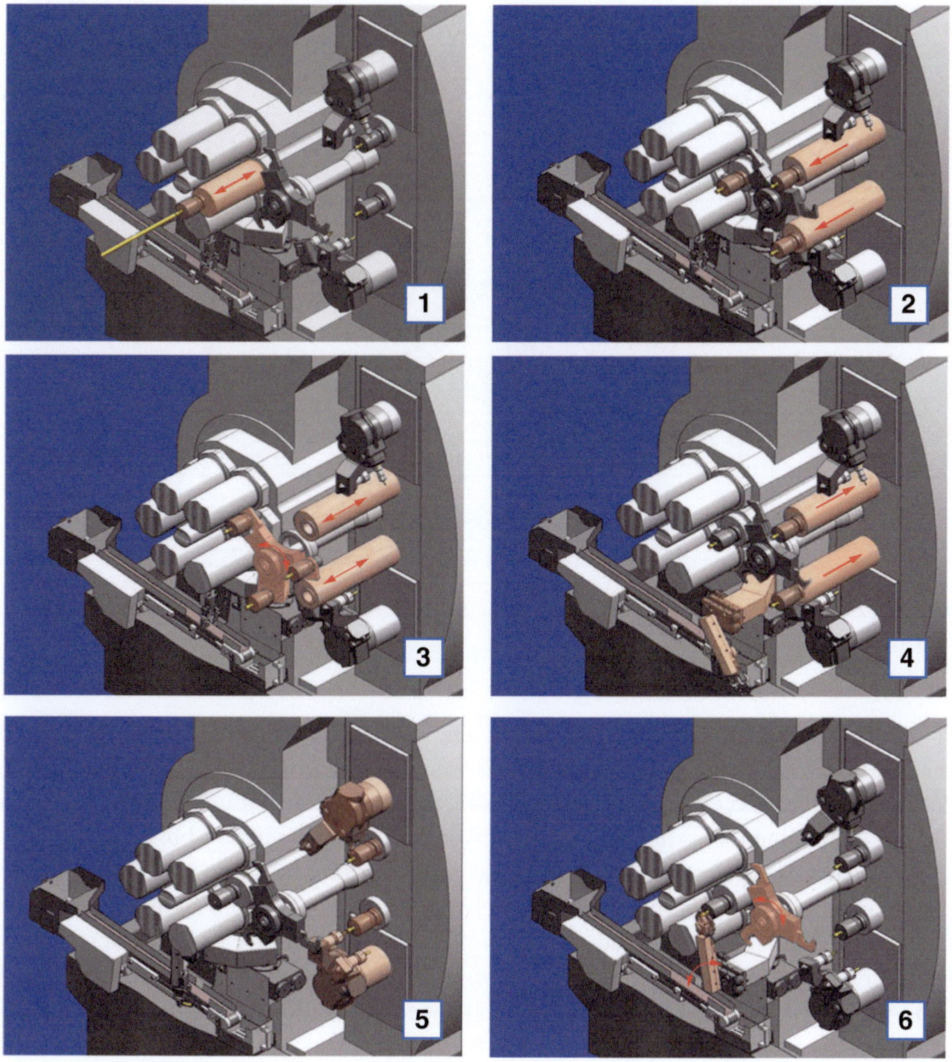

Abb. 5.26 Ablauf der Zwei-Seiten-Bearbeitung mit dem 9-Spindler der Baureihe SCX. [Bildquelle: Schütte]

Am Ende seines Umlaufs wird das fertig bearbeitete Werkstück zurück in die Gegenspindel der Abstichlage transportiert und mit einem Handhabungssystem aus dem Futter entnommen (Abb. 5.26, 6). Entsprechend der unterschiedlichen Anforderungen, die seitens der Anwender an Handhabung und Ablage der Werkstücke gestellt werden, gibt es verschiedene Konzepte zur Werkstückabführung, die in Abschn. 9.5 zu Peripherie und Handhabung erläutert werden.

Abzüglich der Nebenzeit für den Futterwechsel, der parallel zur Trommelschaltung der Vorderseite ausgeführt wird, bleiben so zwei vollständige Arbeitstakte für die Bearbeitung der zweiten Werkstückseite. Abstichvorgang und Werkstückentnahme

Abb. 5.27 Rückseitenbearbeitungsstation einer SC9-32 mit Einrichtungen zum Scheiben- und Gewindefräsen [Schu16a]

laufen in der Gegenspindel parallelisiert ab und schränken die Zeitfenster für die Rückseitenbearbeitung nicht ein. Bei langen Taktzeiten besteht zusätzlich die Möglichkeit, in der Abstichlage eine ergänzende Rückseitenbearbeitung durchzuführen. Hierzu ist analog zur 7-spindligen Maschine ein Mehrfachkopf erforderlich (siehe Abb. 5.24).

Ein Vorteil des Konzeptes ist, dass es die rückseitig einsetzbaren Technologien kaum einschränkt. Die Bearbeitungsstationen sind baugleich zu denen des Spindelkastens und können alle Technologien abbilden, die für die erste Werkstückseite angeboten werden. Dies wird anhand eines voll bestückten Dreifach-Bearbeitungskopfes in Abb. 5.27 deutlich. Auf den beiden äußeren Positionen sind angetriebene Einrichtungen aufgebaut. Der Scheibenfräser dient dem Herstellen eines breiten Schlitzes auf der Werkstückrückseite. Die zweite angetriebene Einrichtung trägt einen Gewindefräser in Form einer Fräsglocke und nutzt beim Fräsprozess die drei Bewegungsachsen x, z und C. Auf der mittleren Werkzeugposition ist ein Drehmeißel aufgebaut, der die hintere Partie überdreht und den beim Fräsen entstandenen Grat bricht.

Die vorgestellten Beispiele und Lösungskonzepte zeigen, dass die CNC-Mehrspindel-Drehautomaten sich analog zu den Einspindlern zu komplettbearbeitungsfähigen Dreh-Fräs-Zentren entwickelt haben. Im Fall eines hinreichend großen Produktionsvolumens bieten sie den bauartbedingten Vorteil einer hohen Produktivität. Für prinzipbedingte Einschränkungen in der Zwei-Seiten-Bearbeitung bieten die Hersteller von Mehrspindel-Drehautomaten inzwischen Lösungskonzepte, mit denen die veränderten Marktanforderungen adäquat bedient werden. Modulare Maschinenkonzepte mit unterschiedlichen Ausbaustufen und konfigurierbaren Ausrüstungen begegnen den vielfältigen Anwendungen anforderungsgerecht und flexibel.

6 Vergleich und Auswahl der unterschiedlichen Maschinentypen

Wie die vorausgehenden Kapitel ausführlich darstellen, sind Mehrspindel-Drehautomaten aufgrund ihrer geschichtlichen Entwicklung und ihrer Einsatzgebiete in unterschiedlichen, sich ablösenden und teilweise parallel eingesetzten Bauformen entstanden. Haupttreiber für neue Antriebskonzepte und Bauformen waren Weiterentwicklungen in der Maschinentechnik und sich verändernde Anforderungen der produzierenden Unternehmen.

Ein wesentliches Unterscheidungsmerkmal der Bauformen ist die Antriebstechnologie, die im Ursprung durch die rein mechanische Steuerung aller Funktionen und Bewegungen gekennzeichnet war. In der Weiterentwicklung entstanden hybride Maschinen mit ausgewählten Funktionen in CNC-Technologie und entsprechend erhöhter Flexibilität und Positioniergenauigkeit. Heute haben vollständig CNC-gesteuerte Mehrspindel-Drehautomaten eine marktbeherrschende Stellung eingenommen und im Neugeschäft die Kurvenmaschinen weitgehend verdrängt. Die mehrspindlige Maschinentechnik folgt damit der technologischen Entwicklung einspindliger Bearbeitungsplattformen und ist heute, etwa 25 Jahre nach der Entwicklung erster CNC-Mehrspindel-Drehautomaten, sehr gut in der Lage, die Vorstellungen der Anwender nach Flexibilität und Produktivität zu vereinen.

6.1 Einordnung und Klassifizierung der Bauformen

Die technologischen Unterschiede der Maschinenbauformen haben Einfluss auf deren Einsatz und Leistungsverhalten. Eine Einordnung der Typen an Mehrspindel-Drehautomaten und der damit korrespondierenden Maschinen im ein- und doppelspindligen Bereich ist in Abb. 6.1 gegeben.

M. Reuber, *CNC-Mehrspindel-Drehautomaten*,
https://doi.org/10.1007/978-3-658-29338-3_6

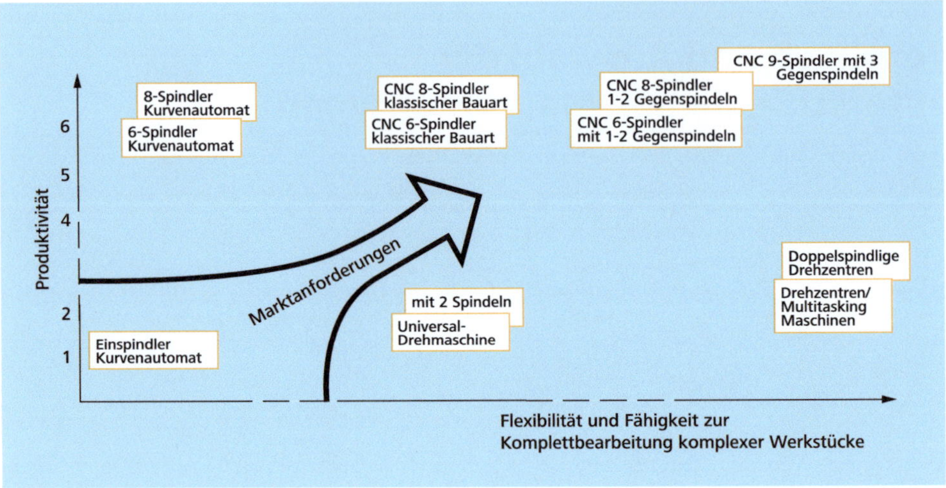

Abb. 6.1 Einordnung verschiedener Maschinenkonzepte im Spannungsfeld aus Produktivität und Flexibilität

Moderne CNC-Mehrspindel-Drehautomaten sind für den Kundenwunsch nach hoher Produktivität bei gleichzeitiger Flexibilität und hoher Wertschöpfung auf einer Maschinenplattform konzipiert. Sie bieten die sehr ausgeprägte Technologieflexibilität der einspindligen Dreh-Fräs-Zentren und verfügen mit modularen Zwei-Seiten-Bearbeitungskonzepten über die Möglichkeit zur spanenden Fertigbearbeitung komplexer Werkstücke. Die Produktivität der mehrspindligen Bearbeitung bleibt dabei erhalten. CNC-Mehrspindel-Drehautomaten neuester Bauart sind in ihren Bearbeitungsmöglichkeiten den ein- und doppelspindligen Dreh-Fräs-Zentren vergleichbar. Wegen ihrer deutlich kürzeren Taktzeiten sind sie bei entsprechendem Produktionsvolumen eine exzellente Alternative zu modernen einspindligen Fertigungskonzepten.

Die Kurvenautomaten bieten zwar eine hohe Produktivität, sind aber im Vergleich zu CNC-Maschinen wenig flexibel und bedürfen bei zunehmendem Bearbeitungsumfang und Portfolio an Fertigungsprozessen aufwendiger mechanischer Bearbeitungseinrichtungen. Bezüglich der Zwei-Seitenbearbeitung sind sie stark eingeschränkt. Ein Vorteil der Kurventechnologie liegt in der hohen Lebensdauer. Kurvenmaschinen ohne CNC-Technologie werden 40 und mehr Jahre in der Produktion eingesetzt. Aufgrund der schnelleren technologischen Entwicklung bei CNC-Maschinen und begrenzten Lebenszeit und Verfügbarkeit verschiedener Elektronikbauteile reduziert sich diese Nutzungsdauer bei CNC-Maschinen signifikant.

Im Folgenden sind die wichtigsten Bauformen der Mehrspindel-Drehautomaten in ihren Grundtypen klassifiziert und in ihren anwendungsrelevanten Funktionsmerkmalen zusammengefasst, Tab. 6.1.

Die Ausrüstungsumfänge in den gebildeten Klassen können je nach Baureihe und Modell der unterschiedlichen Maschinenhersteller variieren. Ebenso geht aus der Über-

Tab. 6.1 Klassifizierung der Maschinenbauformen mit ihren relevanten Funktionsmerkmalen

Maschinenbauform	Funktionsmerkmale
Kurvengesteuerter Mehrspindel-Drehautomat	Mechanische Antriebe aller Schalt- und Bewegungsfunktionen Genauigkeitsmerkmale: Hirth-Verzahnung im Standard, Querschlittenfeinverstellung zur Spindelfehlerkorrektur als Option Zentralantrieb mit optionalem Spindelstillsetzen und -fixieren für Querbearbeitungen mit stehender bzw. orientierter Spindel Angetriebene Einrichtungen für verschiedene Technologien im optionalen Ausrüstungskatalog Ausführungen als Stangenmaschinen, Futter- oder Magazinmaschinen
Kurvengesteuerter Mehrspindel-Drehautomat mit CNC-Zusatzfunktionen	Analoger Grundaufbau zu kurvengesteuerten Mehrspindel-Drehautomaten Optionale CNC-Kreuzschlitten in ausgewählten Bearbeitungslagen für Konturbearbeitungen Optionale elektromotorische Einzelantriebe für Längswerkzeuge in ausgewählten Bearbeitungslagen Optionale CNC-Abgreifspindel mit Kreuzschlittenfunktion für die Rückseitenbearbeitung (1–2 Werkzeuge), nur bei wenigen Maschinentypen
CNC-Mehrspindel-Drehautomat klassischer Bauart	CNC-gesteuerte, einachsige Vorschubantriebe in allen Bearbeitungslagen im Standard Zentralantrieb mit optionalen Einzelantrieben in ausgewählten Bearbeitungslagen oder (bei einigen Maschinentypen) elektromotorische Einzelantriebe aller Hauptspindeln CNC-Kreuzschlitten in ausgewählten oder optional wählbaren Bearbeitungslagen 2–5 Werkzeuge zur Rückseitenbearbeitung über Zusatzschlitten (ggf. mit Linearhubverlängerung); ggf. zusätzliche Bewegungsachsen für die Gegenspindel Optionale Einzelantriebe der Längswerkzeuge in ausgewählten Bearbeitungslagen Optionale angetriebene Einrichtungen für Umfangsbearbeitungen mit Werkzeugantrieben Optionale y-Achsen für dreiachsige Fräsbearbeitungen
CNC-Mehrspindel-Drehautomat neuer Bauart	CNC-gesteuerte Kreuzschlitten in allen (oder der überwiegenden Anzahl von) Bearbeitungslagen im Standard Elektromotorische Einzelantriebe der Hauptspindeln Optionale angetriebene Einrichtungen mit eigenen Werkzeugantrieben ohne große Einschränkungen in Anzahl und Positionierung Hoher lagenübergreifender Standardisierungsgrad der Kreuzschlittenaufbauten, Schnittstellen und Bearbeitungseinrichtungen Optionale Dreiachsige Bearbeitungseinheiten für Fräsoperationen, im Standard oder optional Modulare Maschinenkonzepte zur Anpassung an Umfang und Komplexität der Bearbeitung Modulare Konzepte zur anforderungsgerechten Zwei-Seiten-Bearbeitung mit 1 bis 3 Gegenspindeln und 3–8 Werkzeugen

sicht nicht durchgängig hervor, welche Funktionsbausteine im Standard bzw. als Option angeboten werden. Dazu müssen die am Markt angebotenen Maschinen vor dem Hintergrund der genannten Kategorien detailliert analysiert werden. Diese Vergleiche sind im Investitionsfall anwendungsbezogen durchzuführen. Die Hersteller der infrage kommenden Maschinen werden diese vor dem Hintergrund des Anforderungsprofils konfigurieren und der Anwender kann auf dieser Basis die Maschinenkonzepte vergleichend bewerten.

Die Klassifizierung gibt eine Orientierung bei der Einschätzung des grundsätzlichen Leistungsumfangs von Maschinenbauformen und -typen. Alle Funktionen finden sich in den Kap. 3 und 4 ausführlich beschrieben.

6.2 Anforderungskriterien zur Auswahl der Maschinentechnik

Bei der Vielzahl unterschiedlicher Maschinentypen für das breite Anforderungsspektrum der spanenden Industrie ist es insbesondere für einen Neueinsteiger in die mehrspindlige Maschinentechnik schwer zu bewerten, welche Maschinenbauform für seine Anwendung am besten geeignet ist.

Das beginnt mit der Frage, welche spezifischen Aspekte bei der Investition in ein mehrspindliges Maschinenkonzept im Vergleich zum Einspindler zusätzlich zu beachten sind.

Im Folgenden werden daher einige grundlegende Leitlinien und Hinweise für die anforderungsgerechte Auswahl von Maschine und Technologie gegeben.

Erster Schritt zur Auswahl eines anforderungsgerechten Produktionsmittels ist die Erstellung eines Anforderungsprofils. Bei einer Maschinenauswahl ist daher die Bearbeitungsaufgabe zu analysieren und bezüglich der relevanten Kriterien zu bewerten. Die wichtigsten Kategorien anhand derer ein Anforderungsprofil erstellt wird, sind im Folgenden zusammengefasst und in Tab. 6.2 detailliert:

- die Werkstückgeometrie, die Art und Umfang der spanenden Bearbeitung festlegt,
- der Werkstückwerkstoff, dessen Zerspanbarkeit insbesondere den Spanbruch, die Bearbeitungskräfte und den Werkzeugverschleiß beeinflusst,
- die erforderliche Fertigungsgenauigkeit, an der sich die Arbeitsgenauigkeit der Werkzeugmaschine orientieren muss,
- Stückzahlen, Losgrößen, Varianten und Ähnlichkeiten der zu bearbeitenden Teile, aus denen sich die Anforderungen an Flexibilität, Rüstfreundlichkeit und Automatisierungsgrad ergeben.

Die genannten Kategorien gelten nicht nur bei der Auswahl eines Mehrspindel-Drehautomaten, sondern sind ganz allgemein bei einer Maschinenauswahl zu berücksichtigen. Die ebenfalls in Tab. 6.2 konkretisierten Ausprägungen sind dagegen spezifisch auf die Auswahl von Mehrspindel-Drehautomaten zugeschnitten.

Tab. 6.2 Anforderungskatalog aus einer Bearbeitungsaufgabe mit Relevanz für die Maschinenauswahl

Kategorie	Merkmal	Beschreibung	Ausprägung
Werkstück	Komplexität der Bearbeitung	Geometriemerkmale, Bearbeitungstechnologien, Grad der Komplettbearbeitung	Einfache Bearbeitung
			Mittlere Komplexität
			Hohe Komplexität
			Besondere Anforderungen
	Umfang der Bearbeitung	Zerspanvolumen	Gering: max. 30 % des Rohlings zerspant
			Mittel: 30–70 % des Rohlings zerspant
			Hoch: > 70 % des Rohlings zerspant
		Taktzeiten	Sehr kurz
			Kurz
			Mittel
			Hoch
			Sehr hoch
	Maß-, Form-, Lagetoleranzen	Maßtoleranzen (Durchmesser- und Länge)[a]	Ohne besondere Anforderungen
			Mittel
			Hohe Anforderungen
		Formtoleranzen (Zylinderform)[a]	Gering
			Mittel
			Hoch
		Lagetoleranzen (Rundlauf)[a]	Gering
			Mittel
			Hoch
		Oberflächengüte	Verfahrens- und werkstoffabhängig
Werkstoff	Zerspanbarkeit	Spanbruch und Spänebeherrschung,	Einfach
		Kraft- und Momentenbedarf	Mittel
		Verschleißverhalten des Werkstoffs	Schwer

(Fortsetzung)

Tab. 6.2 (Fortsetzung)

Kategorie	Merkmal	Beschreibung	Ausprägung
Varianten	Anzahl der Varianten	Keine Varianten	Massenfertigung
		Gering	Großserienfertigung
		Mittel	Serienfertigung
		Hoch	Einzelteil- und Kleinserienfertigung
	Ähnlichkeitsgrad der Teile	Hoch	Teilefamilien
		Mittel	Mehrere Teilefamilien
		Gering	Wenig Vergleichbarkeit, eigene Bearbeitungsfolgen
	Umrüstaufwand	Hoch	Umrüsten von Einrichtungen, Rüsten teilegebundener Zu- und Abführung,
		Mittel	Veränderung der Bearbeitungsfolge, Werkzeugwechsel, Zu- und Abführung
		Gering	Veränderung von Werkzeugen und Werkzeugwegen auf mehreren Stationen
		Sehr gering	Programmtechnische Umrüstung (Veränderung der Werkzeugwege)
Produktionsvolumen und Losgrößen	Produktionsvolumen	Bei kurzen Taktzeiten (2 s)[b]	Ab 3–4 Mio. Stück pro Jahr
		Bei mittleren Taktzeiten (8 s)[b]	> 1 Mio. Stück pro Jahr
		Bei hohen Taktzeiten (18 s)[b]	Ab 500.000 Stück pro Jahr
	Losgrößen[c]	Klein	bis 5.000
		Mittel	bis 300.000
		Groß	bis 300.000
		Sehr groß	bis 5.000.000

[a]Angaben ohne statistische Einschränkungen
[b]Annahme eines 2-Schichtbetriebs
[c]für mittlere und hohe Taktzeiten

Prinzipiell macht der Einsatz eines Mehrspindel-Drehautomaten dann Sinn, wenn das vorliegende Produktionsvolumen ausreicht, um seine Auslastung zu gewährleisten. Hierzu ist das gesamte Werkstückportfolio zu berücksichtigen. Bei kleinen Bearbeitungslosen sind zusätzlich die Umrüstaufwände einzubeziehen, die stark durch die Rüstkonzepte der Maschinentypen bestimmt werden. Unter der Annahme eines 2-Schichtbetriebs und eines Nutzungsgrads von 75–80 % sind bei kurzen Taktzeiten deutlich mehr als 3 Mio. Werkstücke pro Jahr herstellbar. Je höher die Komplexität der Teile wird, desto länger werden tendenziell die Taktzeiten. Bei entsprechend aufwendigen Bearbeitungen und korrespondierend längeren Taktzeiten kann sich die Anschaffung eines Mehrspindlers bereits ab einem Jahresvolumen von 500.000 Teilen rechnen.

Die Merkmale zur Erstellung eines Anforderungsprofils werden in Tab. 6.3 in ihren möglichen Ausprägungen erläutert. Im Rahmen der Erläuterungen werden an verschiedenen Stellen Quantifizierungen vorgenommen, die eine tendenzielle Einordnung der Anforderungen erleichtern sollen. Sie sind nicht als feste Grenzen zu verstehen, sondern dienen der Orientierung.

Die genannten Genauigkeitsgrenzen leiten sich aus den Arbeitsgenauigkeiten der angebotenen Maschinen ab. Diese variieren allerdings mit den Maschinentypen und der Antriebstechnik. Die erreichbare Fertigungsgenauigkeit orientiert sich an der Positioniergenauigkeit CNC-gesteuerter Maschinenachsen, hängt aber in vielen Fällen zusätzlich von der Maschinenausrüstung, Spannmitteln und Werkzeugen sowie von Maschinenperipherie und Prozessführung ab.

Bei der reproduzierbaren Einhaltung enger Maßtoleranzen (z. B. Durchmessertoleranz < 0,01 mm) ist beispielsweise die gleichmäßige Temperierung der Maschine sicherzustellen. Bei einer eng tolerierten Rundlauftoleranz von der Vorder- zur Rückseite sind die Fluchtung von Haupt- und Gegenspindel, die Werkstückspannung in der Gegenspindel und die Kraft beim Abstechen von Bedeutung. Diese Beispiele zeigen, dass eine Machbarkeitsprüfung bei erhöhten Anforderungen eine sehr spezifische Betrachtung erfordert. Dazu sind Erfahrungswerte mit der vorausgewählten Maschine erforderlich, die entweder bei einem Anwender bereits bestehen oder die vom Maschinenhersteller bereitgestellt werden müssen.

Ein wichtiger Aspekt zur Bewertung der Losgrößenflexibilität eines Maschinenkonzepts sind seine Rüstkonzepte. Inwieweit das Rüsten im Anforderungsprofil eine Bedeutung hat, hängt von dem Losgrößenprofil des Anwenders ab. Die in Tab. 6.3 klassifizierten Rüstaufwände sind auf Wiederholrüstungen bezogen, d. h. es besteht mit dem Werkstück bereits Fertigungserfahrung auf der Maschine und die Bearbeitung wird erneut eingerüstet. Sie orientieren sich am Ähnlichkeitsgrad der umzurüstenden Werkstücke. Die Bewertung der Rüstaufwände ist losgrößen- und taktzeitabhängig. Eine Rüstzeit von 30 min wird bei einem Fertigungslos von 10.000 Teilen und einer Taktzeit von 20 s als gering wahrgenommen. Der Anteil der Rüstzeit an der Produktionszeit von mehr als 50 Stunden liegt in diesem Fall bei gerade einmal 1 %. Bei der gleichen Losgröße und einem Werkstück, das in einer Taktzeit von 2 s hergestellt wird, beträgt

Tab. 6.3 Erläuterung und Quantifizierung der Anforderungskriterien

Beschreibung	Ausprägung	Erläuterung/Quantifizierung
Werkstückgeometrie	Einfache Bearbeitung	Rotationssymmetrische Drehteile, zentrische Bohrungen, Innen- und Außengewinde, einfache Innenkonturen, Rückseitenbearbeitung mit max. 1 Werkzeug (z. B. Kantenbruch), Mehrkante (im Einstechverfahren, beschränkt auf NE-Metalle, z. B. Messing)
	Mittlere Komplexität	Überwiegend rotationssymmetrische Werkstücke, Querbohrungen, Mehrkante, 2-achsige Fräsbearbeitungen, komplexe Innenkonturen, Rückseitenbearbeitung mit 1–2 Werkzeugen
	Hohe Komplexität	Überwiegend rotationssymmetrische Dreh-Fräswerkstücke, exzentrische Bohrungen, 3-achsige Fräsbearbeitungen, aufwendige Innenkonturen, mehr als 3 Werkzeuge für die Rückseitenbearbeitung
	Besondere Anforderungen	Sehr kleine Bohrungen (<2 mm), Tieflochbohrungen, hoher Anteil an Fräsoperationen, sehr enge Toleranzen, sehr schwer zu zerspanende Werkstoffe, Sonderprozesse (z. B. Wälzfräsen, Gewindefräsen)
Zerspanvolumen	Gering: max. 30 % des Rohlings zerspant	Bearbeitung mit Standardwerkzeugen möglich, geringes Zerspanvolumen gut aufteilbar, ggf. Doppelfertigung, geringer Kraftbedarf, Spanbruch muss bei geringen Aufmaßen beherrscht werden
	Mittel: 30–70 % des Rohlings zerspant	Unterschiedliche Bearbeitungsstrategien wählbar, mittleres Späneaufkommen, mittlerer Kraftbedarf, i. d. R. mit Standardwerkzeugen bearbeitbar
	Hoch: >70 % des Rohlings zerspant	Hoher Kraftbedarf für Innen- und Außenbearbeitung, Antriebsleistung und Steifigkeit der Maschine sind zu beachten, hohes Späneaufkommen, Spänefall bekommt eine hohe Bedeutung
Taktzeiten	Sehr kurz	<1,5 s
	Kurz	1,5–4 s
	Mittel	4–12 s
	Hoch	12–20 s
	Sehr hoch	>20 s
Maßtoleranzen[a]	Ohne besondere Anforderungen	Toleranzfeldbreite Durchmesser und Längen >0,1 mm
	Mittel	Toleranzfeldbreite Durchmesser und Längen 0,03–0,1 mm
	Hohe Anforderungen	<IT7 mit Drehen

(Fortsetzung)

Tab. 6.3 (Fortsetzung)

Beschreibung	Ausprägung	Erläuterung/Quantifizierung
Formtoleranzen[a]	Gering	Zylinderform > 0,03 mm, Rundheit entsprechend geringer
	Mittel	Zylinderform 0,015–0,03 mm, Rundheit entsprechend geringer
	Hoch	Zylinderform < 0,01 mm mit Drehen, insbesondere auf der ersten Werkstückseite
Lagetoleranzen[a]	Gering	Rundlauftoleranz > 0,05 mm in einer Aufspannung gedreht, d. h. ohne Übergabe an die Gegenspindel; > 0,15 mit Übergabe an die Gegenspindel
	Mittel	Rundlauftoleranz 0,03–0,05 mm in einer Aufspannung gedreht; 0,05–0,15 mm Vorder- zur Rückseite
	Hoch	Rundlauftoleranz < 0,01 mm in einer Aufspannung, < 0,03 mm Vorder- zur Rückseite
Zerspanbarkeit des Werkstoffs	Einfach	Guter Spanbruch, geringer Verschleiß, moderate Bearbeitungskräfte ohne besondere Anforderungen an die Schnittaufteilung
	Mittel	Spanbruch mit geeigneten Maßnahmen in Werkzeuggestaltung und Bearbeitungsparametern erreichbar, Optimierung der Prozessparameter (v_c, v_f) in einzelnen Bearbeitungsoperationen erforderlich, Wahl einer geeigneten Bearbeitungsstrategie zur Vermeidung hoher Kräfte
	Schwer	Schwer zu zerspanende Werkstoffe mit schwieriger Spanbeherrschung oder aggressivem Verschleißverhalten, Erfordernis zur technologischen Optimierung fast aller Einzelprozesse, aufwendigen Technologieuntersuchungen zur Beherrschung der Serienfertigung, große chargenspezifische Schwankungen im Prozessverhalten
Anzahl der Varianten	Keine Varianten	1 Variante
	Gering	1–10 Varianten
	Mittel	10–100 Varianten
	Hoch	>100 Varianten
Ähnlichkeitsgrad der Teile	Hoch	Teilefamilien, keine Änderung des Bearbeitungsablaufs, Anpassung nur in den Konturelementen der Werkstücke (über NC-Programm oder Werkzeugwechsel), keine Durchmesseranpassung im Rohmaterial

(Fortsetzung)

Tab. 6.3 (Fortsetzung)

Beschreibung	Ausprägung	Erläuterung/Quantifizierung
	Mittel	Veränderungen im Aufbau der Prozesse erforderlich, Prozessfolge erfordert den Umbau einzelner Einrichtungen, veränderter Durchmesserbereich der Rohmaterialien, werkstückgebundene Handhabungselemente erforderlich
	Gering	Grundlegend veränderte Bearbeitungsfolge, Durchmesser der Rohmaterialen ändern sich, umfangreicher Umbau von Einrichtungen, flexible Wahl der Prozessparameter in jeder Bearbeitungsstation erforderlich
Umrüstaufwand	Hoch	>4–8 h
	Mittel	2–4 h
	Gering	0,5–2 h
	Sehr gering	<0,5 h
Produktionsvolumen	Ab 3–4 Mio. Stück (kurze Taktzeit)	Ein Mehrspindel-Drehautomat wird im 2-Schicht-Betrieb und mit einem angenommenen Nutzungsgrad von 75 % ab diesen Stückzahlen ausgelastet
	> 1 Mio. Stück (mittlere Taktzeit)	
	Ab 500.000 Stück (hohe Taktzeit)	
Losgrößen[b]	Klein	Kleine Losgrößen (bis 5000)
	Mittel	Mittlere Losgrößen (5000–30.000)
	Groß	Größere Lose (30.000–300.000)
	Sehr groß	Großserien (300.000–5.000.000)

[a]Angaben ohne statistische Einschränkungen
[b]für mittlere und hohe Taktzeiten

der Rüstaufwand bereits 10 % der Produktionszeit und hat eine entsprechend höhere Bedeutung. Beide Betrachtungen relativieren sich, wenn größere Fertigungslosgrößen betrachtet werden. Die in Tab. 6.3 genannten Losgrößenklassifizierungen beziehen sich vor diesem Hintergrund auf mittlere und lange Taktzeiten.

Die Ausprägungen und Erläuterungen in Tab. 6.3 zur Komplexität der Bearbeitung, zum Zerspanungsumfang und zur Zerspanbarkeit sind beispielhaft zu sehen und sollen eine initiale Hilfestellung bei der Bewertung der Bearbeitungsaufgabe geben. Sie entbinden nicht von einer anwendungsspezifischen Machbarkeitsprüfung und Wirtschaftlichkeitsanalyse.

Mit einem erstellten Anforderungsprofil können im nächsten Schritt unterschiedliche Maschinenbauformen und -typen auf ihre Eignung zur Lösung der Bearbeitungsaufgabe untersucht werden.

6.3 Auswahl eines geeigneten mehrspindligen Maschinentyps

Mit der Entscheidung für ein mehrspindliges Produktionsmittel vergleicht der Anwender das erstellte Anforderungsprofil mit dem Leistungsangebot der am Markt angebotenen Maschinen. Dieser Abgleich erfolgt in unterschiedlichen Detaillierungsstufen. Zunächst werden grundsätzlich geeignete Maschinenbauformen und deren Hersteller identifiziert. Aufbauend darauf werden die infrage kommenden Maschinen bei den Herstellern angefragt und auf Basis der erstellten Angebote und Verkaufsinformationen in den relevanten Punkten abgeglichen.

Die Prüfung der technischen Machbarkeit von geometrischen Merkmalen und Toleranzen muss werkstückspezifisch erfolgen und hängt unter anderem vom Fertigungsablauf ab. Dieser ist meist abhängig von der Maschinenauswahl und wird in unterschiedlichen Maschinenkonzepten variieren. Eine Bewertung erfordert die Kenntnis der maschinenseitigen Möglichkeiten, der Arbeitsgenauigkeit sowie der Fertigungs- und Werkzeugtechnologie. Fehlt dem Anwender die Erfahrung mit der Maschinentechnologie, macht es Sinn, die Maschinenhersteller in diesen Prozess einbeziehen.

Ein hoher Anteil der Investitionsprojekte für Mehrspindel-Drehautomaten wird daher als „Turn-Key" Projekt abgewickelt, d. h. der Kunde erwirbt nicht nur die Werkzeugmaschine mit einer anforderungsgerecht gewählten Ausrüstungskonfiguration, sondern lässt sich vom Maschinenhersteller die Fertigungstechnologie von einem oder mehreren zu bearbeitenden Werkstücken auslegen und verifizieren. Die technische Machbarkeit der Werkstückproduktion und eine zugesagte Taktzeit werden dem Kunden vertraglich zugesichert und sind Bestandteil der Maschinenabnahme.

Diese Art der Abwicklung wird insbesondere von Anwendern gewählt, die noch keine Erfahrung mit der mehrspindligen Drehtechnologie oder einer bestimmten Maschinenplattform haben. Diejenigen, die bereits Mehrspindel-Drehautomaten einsetzen, nutzen die Prüfung und Auslegung der Bearbeitungstechnologie vom Maschinenhersteller, wenn sie sich mit neuen Anwendungen und besonderen Anforderungen auseinandersetzen müssen. Mit zunehmender Erfahrung erarbeitet sich der Anwender eigenes Fertigungs-Know-How, das ihm am Markt einen Vorsprung gegenüber seinen Wettbewerbern geben kann. Die Unterstützung durch den Maschinenhersteller wird nicht mehr benötigt und zur Aufrechterhaltung der Alleinstellungsmerkmale auch nicht mehr gesucht.

Im Folgenden werden die Einsatzbereiche der Maschinenbauformen vor dem Hintergrund der entwickelten Anforderungskriterien verglichen.

6.3.1 Einsatzbereiche kurvengesteuerter Mehrspindel-Drehautomaten

Tendenziell ist ein Einsatz von Kurvenmaschinen dann zu prüfen, wenn überwiegend rotationssymmetrische Werkstücke in großen Stückzahlen oder als Teilefamilien mit hohem Ähnlichkeitsgrad zu fertigen sind. Varianten mit geringem Ähnlichkeitsgrad sprechen aufgrund der erhöhten Umrüstaufwände gegen die Kurventechnologie. Die bearbeiteten Werkstoffe sollten insbesondere hinsichtlich der Spanbildung gut zu beherrschen sein. Der Zentralantrieb der Hauptspindeln limitiert die technologische Prozessoptimierung, was insbesondere bei schwer zerspanbaren Werkstoffen ein Problem ist.

Kurvengesteuerte Mehrspindel-Drehautomaten mit CNC-Zusatzfunktionen bieten in ausgewählten Bearbeitungslagen eine den CNC-Maschinen vergleichbare Arbeitsgenauigkeit. Das Funktions- und Technologieportfolio ist prinzipiell in der Lage auch hohe geometrische Ausprägungsvielfalt von Werkstücken abzubilden (siehe Abschn. 3.4). Allerdings steigt mit der Komplexität der kinematischen Abläufe und der Breite des Technologieeinsatzes der Aufwand in den mechanischen Bearbeitungseinrichtungen, während vergleichbare Funktionen in den CNC-Maschinen oft mit einfacheren Einrichtungen oder mit bestehenden Bewegungsachsen programmtechnisch umsetzbar sind. Die Leistungsmerkmale kurvengesteuerter Mehrspindel-Drehautomaten mit und ohne CNC-Zusatzfunktionen sind in Tab. 6.4 zusammengestellt.

Ein Kriterium, das einen Ausschlag für die Kurventechnologie geben kann, sind extrem kurze Taktzeiten, in denen die mechanische Kopplung der Kurvenantriebe gegenüber der CNC-Technologie auch heute noch Vorteile bietet.

6.3.2 Einsatzbereiche von CNC-Mehrspindel-Drehautomaten

Bei schwierig zerspanbaren Werkstoffen, einem wachsenden Bearbeitungsumfang, hoher Umrüsthäufigkeit und verstärkten Anforderungen an die Bearbeitung beider Werkstückseiten werden fast ausschließlich CNC-Mehrspindel-Drehautomaten eingesetzt.

Im Vergleich der CNC-Maschinen klassischer und neuer Bauart können ähnliche Kriterien angelegt werden, wie sie bei der Entscheidung zwischen Kurven- und CNC-Technologie zum Tragen kommen, Tab. 6.5. Zusätzlich aufgenommen ist der Bereich Werkstückhandhabung, der bei kurvengesteuerten Maschinen in der Regel über Abführrutschen gelöst ist. Handhabungssysteme werden dort ausschließlich als Sonderlösungen implementiert. Bei den CNC-Mehrspindel-Drehautomaten ist die beschädigungsarme und orientierte Abführung der Werkstücke deutlich stärker in den Fokus gerückt, auch weil Anwendungen mit komplexeren Teilegeometrien diese Anforderungen häufiger stellen.

Die Anforderungs- und Vergleichsübersichten (Tab. 6.1 bis 6.5) und deren Erläuterungen fassen die wichtigsten Aspekte zusammen, die bei der Entscheidung für eine Maschinentechnologie zu beachten sind. Darüber hinaus geben sie Hinweise zur grundsätzlichen Eignung verschiedener Maschinen- und Antriebskonzepte vor dem Hintergrund des Anforderungsprofils und stellen so eine erste Orientierungshilfe in der Entscheidung einer Maschinentechnologie dar. Bei Bedarfsfällen ist selbstverständlich

Tab. 6.4 Einsatzbereiche kurvengesteuerter Mehrspindel-Drehautomaten

Kriterium	Kurvengesteuerter Mehrspindel-Drehautomat	Kurvengesteuerter Mehrspindel-Drehautomat mit CNC-Zusatzfunktionen
Stückzahl und Losgröße	Hohe Stückzahlen und große Lose, hohe Ähnlichkeit im Teilespektrum	Hohe Stückzahlen, mittlere Losgrößen bei Teilefamilien
Benötigte Technologien	Standardprozesse (Drehen, zentrisches Bohren, Gewinden, Mehrkantdrehen im Einstechverfahren), überwiegend rotationssymmetrische Bearbeitung, Einsatz von Profilwerkzeugen zur Konturerzeugung	Standardprozesse (Drehen, zentrisches Bohren, Gewinden, Mehrkantdrehen im Einstechverfahren), überwiegend rotationssymmetrische Bearbeitung, Einsatz von Profilwerkzeugen, kinematische Konturerzeugung auf Bearbeitungsstationen mit CNC-Schlitten
Genauigkeit	Mittlere Genauigkeitsanforderungen mit motorischer Querschlittenfeinverstellung auf ausgewählten Bearbeitungslagen, enge Durchmesser mit Kalibrierwerkzeugen	Mittlere Genauigkeitsanforderungen mit CNC-Kreuzschlitten, enge Durchmessertoleranzen mit Kalibrierwerkzeugen
Werkstoffe	Stähle und NE-Metalle mit guter Zerspanbarkeit, insbesondere gutem Spanbruch	Stähle und NE-Metalle mit guter Zerspanbarkeit, insbesondere gutem Spanbruch
Rückseitenbearbeitung	Einfache Rückseitenbearbeitung mit maximal einem Werkzeug	Erweiterte Flexibilität in der Rückseitenbearbeitung mit Konturdrehen und zwei Werkzeugen beim Einsatz einer CNC-Abgreifspindel mit CNC-Schlitten
Taktzeiten	Sehr kurze bis mittlere Taktzeiten	Kurze bis mittlere Taktzeiten

eine differenzierte Analyse der Anwendungen und Fertigungsstrategien sowie der am Markt angebotenen Maschinen erforderlich.

Die Wirtschaftlichkeit eines Produktionskonzepts ist neben der technischen Machbarkeit ein entscheidendes Kriterium bei einer Investitionsentscheidung. Ist die grundsätzliche Entscheidung für ein mehrspindliges Maschinenkonzept gefallen, sind – sofern hinsichtlich der technischen Machbarkeit Alternativen vorliegen – die in Frage kommenden Maschinentypen und -konzepte in ihrer Wirtschaftlichkeit zu bewerten.

Ein Aspekt der zunehmend an Bedeutung gewinnt, ist die Flexibilität des gewählten Maschinenkonzepts. Heute müssen Anwender bei Maschineninvestitionen nicht nur eine vorliegende Bearbeitungsaufgabe analysieren, sondern dafür gerüstet sein, während der Lebensdauer der Werkzeugmaschine andere, noch nicht bekannte Werkstücke bearbeiten

Tab. 6.5 Einsatzbereiche von CNC-Mehrspindel-Drehautomaten

Kriterium	CNC-Mehrspindel-Drehautomat klassischer Bauart	CNC-Mehrspindel-Drehautomaten neuer Bauart
Stückzahl und Losgröße	Hohe Stückzahlen und mittlere Lose, Teilefamilien mit ähnlichen Geometriemerkmalen	Hohe Stückzahlen, gesamtes Losgrößenspektrum, kleine Losgrößen bei Teilefamilien, ansonsten mittlere Losgrößen
Benötigte Technologien	Standardprozesse (Drehen, Bohren, Gewinden, Mehrkantdrehen), wahlweise Einsatz von Profilwerkzeugen und Standard-Wendeschneidplatten, Drehen von Innen- und Außenkonturen, exzentrische und umfangsseitige Bohrungen, Tieflochbohren, Schaftfräsen	Standardprozesse (Drehen, Bohren, Gewinden, Mehrkantdrehen), überwiegend kinematische Konturerzeugung mit Standard-Wendeschneidplatten, Einsatz von Profilwerkzeugen bei entsprechend steifer Maschinenauslegung, umfangreiche Fräs- und Bohroperationen, Tieflochbohren, Schaft- und Scheibenfräsen, Wälzfräsen
Genauigkeit	Mittlere bis hohe Drehgenauigkeiten, Spindelfehlerkorrektur in allen Lagen	Mittlere bis hohe Genauigkeitsanforderungen, Spindelfehlerkorrektur in allen Lagen
Werkstoffe	Stähle und NE-Metalle mit guter Zerspanbarkeit, insbesondere gutem Spanbruch	Metallische und nichtmetallische Werkstoffe, kaum Einschränkungen hinsichtlich der Zerspanbarkeit
Rückseitenbearbeitung	Rückseitenbearbeitung mit mehreren stehenden und angetriebenen Werkzeugen, je nach Maschinenbauform und Anzahl der Rückseitenspindeln bis zu 5 Werkzeuge	Seitenbearbeitung mit einer oder mehreren Gegenspindeln, stehende und angetriebene Werkzeuge, je nach Maschinentyp alle Technologien der Erstseitenbearbeitung einsetzbar, Einsatz von 6 bis 8 Werkzeugen (je nach Maschinentyp)
Werkstückhandhabung	Beschädigungsarmes Abgreifen der Werkstücke aus der Gegenspindel, Sonderlösungen für Futterteile	Beschädigungsfreie Werkstückhandhabung mit Orientierung und teilweise integrierter Palettierung, ggf. Roboterhandhabung
Taktzeiten	Kurze bis mittlere Taktzeiten	Kurze bis mittlere Taktzeiten

zu müssen. Dazu sind technologieflexible Maschinenplattformen erforderlich, die unterschiedliche Fertigungstechnologien umsetzen und Bearbeitungsfolgen variabel abbilden können. Idealerweise sind Maschinenfunktionen, die zum Investitionszeitpunkt noch nicht absehbar benötigt werden, aber mittelfristig relevant sein können, bei Bedarf nachrüstbar. Andernfalls sollten sie bei der Maschineninvestition berücksichtigt werden.

7 Bearbeitungstechnologien auf CNC-Mehrspindel-Drehautomaten

Die vorangegangenen Kapitel beschreiben die grundlegenden Funktionen und Bauformen der Maschinen. Die folgenden Kapitel fokussieren auf die Zerspantechnologie und Anwendungsaspekte beim Einsatz mehrspindliger Drehtechnik.

Grundsätzlicher Anwendungsschwerpunkt bleiben überwiegend rotationssymmetrische Werkstücke, für deren Herstellung die Grundkonzeption der Maschinen mit umlaufendem Werkstückträger und umlaufenden Werkstücken besonders geeignet ist [SpSt91].

Auf den CNC-Mehrspindel-Drehautomaten ist ein breites Portfolio an Bearbeitungstechnologien einsetzbar. Viele Prozesse und Technologien sind aus Anwendungen auf mechanisch gesteuerten Maschinen für die CNC-Technologie qualifiziert worden. Alle Bearbeitungsprozesse der Kurvenautomaten sind auch auf CNC-Maschinen umsetzbar, teilweise allerdings mit veränderter Bearbeitungsstrategie. Eine andere Entwicklungslinie adaptiert Prozesse und Funktionen einspindliger CNC-Maschinen auf die mehrspindligen Maschinenkonzepte. Dabei sind in den verschiedenen Umsetzungen mehrspindelspezifische Charakteristika eingeflossen. Neben der Weiterentwicklung von Standardprozessen, sind Technologien und Anwendungen entstanden, die auf Mehrspindel-Drehautomaten nicht unbedingt erwartet werden.

Für einen anwendungstauglichen und effektiven Einsatz in der Produktion reicht die Umsetzung von Prozesstechnologie allein nicht aus. Das Technologieangebot muss von Maßnahmen flankiert werden, mit denen Maschine und Peripherie sich für das Produktionsumfeld und die Rahmenbedingungen einer Hochvolumen-Serienfertigung qualifizieren.

Die Werkzeugsysteme spielen in diesem Kontext eine sehr entscheidende Rolle. Die höhere Umrüsthäufigkeit bei kleiner werdenden Losgrößen erfordert schnelle und positionspräzise Werkzeugwechsel. Werkzeughalter und deren Schnittstellen müssen entsprechend gestaltet und modularisiert sein. Voreinstellbare Schnellwechselsysteme existieren bereits für die kurvengesteuerten Mehrspindler, für die CNC-gesteuerten

M. Reuber, *CNC-Mehrspindel-Drehautomaten*,
https://doi.org/10.1007/978-3-658-29338-3_7

Maschinen sind aber angepasste Lösungen erforderlich. Diese sind ein wichtiger Baustein für schnelles und komfortables Umrüsten. Ergänzend sind konstruktive Lösungen erforderlich, die den Tausch von Bearbeitungseinrichtungen angemessen unterstützen.

Ein weiterer wichtiger Bereich für die Anwender ist die Handhabung von Fertigteilen und die Zuführung von Stangen oder Rohlingen. Handhabungskonzepte müssen den mittlerweile weit verbreiteten Anforderungen an das beschädigungsfreie und gerichtete Abführen der Werkstücke gerecht werden.

Steigende Fertigungsgenauigkeiten erfordern Maßnahmen zur Beherrschung der thermischen Ausdehnung der Maschinen. Die CNC-Technologie mit den vielen, in der Maschinenstruktur verteilten Antrieben und Motoren, benötigt eine adäquate Maschinen- und Kühlschmiermittelkühlung, um die geforderte Fertigungsgenauigkeit auf den Maschinen zu gewährleisten.

Werkstoffe, die mit zusätzlichen Legierungselementen einen verbesserten Spanbruch aufweisen, werden zunehmend substituiert. Im Bereich der Stahlwerkstoffe werden zunehmend Legierungen verarbeitet, die höhere Festigkeiten aufweisen und die früher gängigen Automatenstähle ersetzen, die durch das Zusetzen von Phosphor und Schwefel für die Zerspanung optimiert waren. Beim Messing werden in der Zukunft aufgrund gesetzlicher Regularien verstärkt bleifreie Legierungen eingesetzt, die einen schlechteren Spanbruch aufweisen. Diese Trends bedingen, dass neben einer flexiblen Wahl der Prozessparameter weitere Möglichkeiten zur Beherrschung der Spanbildung gegeben werden. Lösungsansätze hierzu sind offene Arbeitsräume für einen freien Spänefall sowie Werkzeug- und Kühlschmiermittelkonzepte zur Unterstützung des Spanbruchs.

Nach der Vorstellung der Zerspantechnologien behandeln die folgenden Kapitel technische Lösungen in den oben genannten Unterstützungsbereichen.

7.1 Drehoperationen

Mechanisch gesteuerte Kurvenautomaten arbeiten bei Drehprozessen aufgrund der eingeschränkten Bewegungsmöglichkeiten der Achsen fast ausschließlich in abbildender Formgebung mit Profilwerkzeugen. CNC-gesteuerte Maschinen stellen Drehkonturen dagegen überwiegend durch überlagerte Bewegungsprofile der CNC-Achsen her, Abb. 7.1.

Bei der kinematischen Formgebung kommen Standard-Wendeschneidplatten zum Einsatz, die, im Gegensatz zu den abbildend arbeitenden Profilwerkzeugen, nicht spezifisch für die jeweilige Werkstückkontur hergestellt werden müssen. Der Anwender gewinnt Flexibilität, da die erzeugte Kontur über das im NC-Programm hinterlegte Bewegungsprofil auf einfache Weise an eine veränderte Werkstückgeometrie angepasst wird. Dies ist insbesondere für die wirtschaftliche Fertigung kleiner Losgrößen von Vorteil und reduziert die Werkzeugkosten, da die Standardwerkzeuge deutlich günstiger sind als individuell herzustellende Profilplatten.

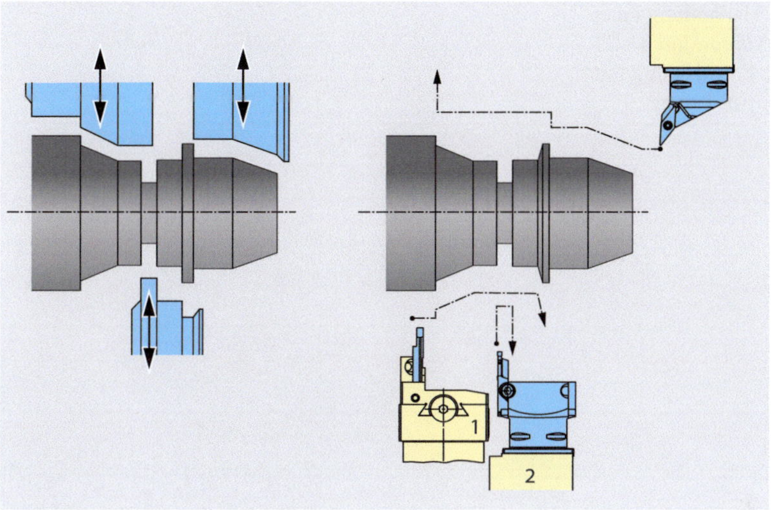

Abb. 7.1 Vergleich der Herstellung einer Werkstückkontur durch abbildende Formgebung mit Profilwerkzeugen (links) und kinematische Formgebung mit Standard-Wendeschneidplatten (rechts)

Trotzdem werden bei größeren Stückzahlen auch auf CNC-Mehrspindel-Drehautomaten noch Profilwerkzeuge eingesetzt. Vorteile liegen in der hohen Reproduzierbarkeit bei der Konturerzeugung und in Taktzeitvorteilen, die sowohl in Schrupp- als auch in Schlichtoperationen erheblich sein können. Vor allem geometrisch komplexe Außenkonturen mit tolerierten Radien und Kantenbrüchen werden durch abbildende Formgebung sehr schnell und wiederholgenau hergestellt, Abb. 7.2.

Die kinematische Konturherstellung ist auf Grund von Richtungsänderungen in der Verfahrbewegung mit häufigen Beschleunigungs- und Bremsvorgängen der Achsen. Bei Präzisionsdrehteilen müssen sich die Achsen mit angepassten Bearbeitungsgeschwindigkeiten bewegen, damit Abweichungen zwischen der programmierten Sollkontur und der von den Achsen ausgeführten tatsächlichen Bahnbewegung in einem zulässigen Rahmen bleiben. Die Vorschubantriebe müssen entsprechend dynamisch ausgeführt sein und eine hohe Regelungsgüte ermöglichen. Sehr kleine Geometriemerkmale, wie Eckenradien und Fasen werden daher häufig auch bei der kinematischen Formgebung in die Schneidengeometrie gelegt.

Bei Profilplatten liegt die Genauigkeit der erzeugten Kontur im Wesentlichen im Werkzeug, sodass die wiederholgenaue Fertigung unabhängig von der Arbeitsgenauigkeit interpolierender Achsen sichergestellt ist. Bei Schruppbearbeitungen ist sicherzustellen, dass Antriebe und Führungen in Leistung und Steifigkeit hinreichend dimensioniert sind, um die beim Einstechdrehen mit breiten Profilplatten hohen Bearbeitungskräfte aufzunehmen. So orientiert sich die Maschinenbaureihe SCX von Schütte als CNC-Mehrspindel-Drehautomat neuer Bauart an den Leistungsmerkmalen

Abb. 7.2 Herstellung einer Werkstückkontur durch abbildende Formgebung mit einem Profilwerkzeug

von Kurvenmaschinen und ist außerordentlich steif und antriebsstark ausgelegt. In Zerspanversuchen hat die SCX-26 nachgewiesen, dass sie Schruppbearbeitungen von Stahlwerkstoffen mit 20 mm breiten Einstechwerkzeugen und Vorschüben von 0,05 mm/U durchführen kann.

Konturdrehoperationen werden in Außen- und Innenbearbeitungen mit CNC-gesteuerten Kreuzschlitten ausgeführt. In den CNC-Maschinen neuer Bauart sind fast alle Bearbeitungseinheiten im Standard mit Kreuzschlittenfunktion ausgestattet. Zusätzlich verfügen sie über Einzelantriebe aller Werkstückspindeln, so dass in den Drehprozessen mit konstanter Schnittgeschwindigkeit gearbeitet werden kann.

Neben der höheren Flexibilität der Konturerzeugung bieten die CNC-Maschinen durch die Nutzung gekoppelter Rotations- und Translationsbewegungen weitere Drehbearbeitungsmöglichkeiten. Ein Beispiel hierfür ist der Prozess des Kugeldrehens, Abb. 7.3.

Das Drehen einer Kugel lässt sich prinzipiell mit einem kartesischen x-z-Kreuzschlitten durchführen (Abb. 7.3, oben Mitte). Dabei besteht allerdings das Problem, dass sich die Kontakt- und Anstellbedingungen der Werkzeugschneide mit ihrer Position entlang der Kugel verändern. Wenn die Geometrie und Anstellung der Werkzeugschneide so gewählt wird, dass sie bis zur Kugelmitte der Stirnseite drehen kann, ist das Drehen an der spindelzugewandten, rückwärtigen Seite der Kugel nur in einem

Abb. 7.3 Beispielwerkstück und Verfahrensvarianten des Kugeldrehens; unten eine CNC-gesteuerte Kugeldreheinrichtung. [Quelle: Schütte]

eingeschränkten Winkelbereich möglich. Je nach Geometrie von Kugel und Werkzeugschneide kann es zu einem Kontakt des Schneidenrückens mit der erzeugten Kugelform kommen. Abgesehen davon werden die Anstellbedingungen die Form der Kugel verzerren. Dieser Effekt lässt sich nur vermeiden, wenn die Schneide entlang der gesamten

Kugeloberfläche tangential geführt wird (Abb. 7.3 oben rechts). Bei mechanischen Maschinen wird dies mit Kugeldrehvorrichtungen realisiert, die manuell über eine Radialverstellung auf den Kugeldurchmesser eingestellt werden. Die Vorrichtung wird über die Maschinenachsen so positioniert, dass ihre Rundführung die Schneide um den Kugelmittelpunkt fährt.

Bei der Kugelfertigung auf einem Mehrspindel-Drehautomaten wird die tangentiale Anstellung mit einer NC-Bewegung ausgeführt. Eine CNC-Rundachse führt die kreisförmige Bewegung um den Kugelmittelpunkt aus und ermöglicht die präzise Fertigung der Kugelform. Die dabei angewendete Kinematik ist beispielhaft in Abb. 7.3 (oben, rechts) dargestellt. Als rotatorische Vorschubachse zur Bewegungsführung ist hier der Werkzeugantrieb einer Querschlitteneinheit eingebunden. Der Werkzeugantrieb wird auch eingesetzt, um den Durchmesser der Kugel über eine radiale Feinverstellung der Schneidenposition einzustellen. Er lässt sich hierzu zwischen der Einstellung des Kugelradius und der Vorschubbewegung umschalten. Im Realbild (Abb. 7.3 unten) befindet sich die Kugeldreheinrichtung in der oberen, hinteren Lage IV. In Lage V wird die Kugel gewalzt und in der Entladelage VI ist die fertige Kugel zu sehen.

Das Kugeldrehen erfordert eine sehr exakte Spitzenhöheneinstellung, da ansonsten der Drehpunkt der Vorschubbewegung nicht auf der Mittelachse des Werkstücks liegt. Bereits geringe Abweichungen in der Spitzenhöhe führen aufgrund der gewählten Arbeitsebene daher zu veränderten Kugeldurchmessern. Mithilfe einer y-Achse wird eine Spindelfehlerkorrektur vorgenommen, die variierende Positionen der Spindeln in Teilungsrichtung ausgleichen, die beispielsweise aufgrund von Streuungen in der Trommelpositionierung entstehen (siehe Abb. 3.8). Die Funktion der Spindelfehlerkorrektur zur Kompensation radialer Positionsstreuungen ist als Grundfunktion von CNC-Mehrspindlern bekannt und in Abschn. 3.3.1 beschrieben. Hier ist das Prinzip auf den Ausgleich der Positionsstreuungen im Drehwinkel der Spindeltrommel übertragen.

7.2 Bohroperationen

Bohrbearbeitungen auf CNC-Maschinen werden mit stehenden und angetriebenen Werkzeugen durchgeführt. Für zentrische Bohrungen auf der Stirnseite des Werkstücks werden häufig stehende Bohrwerkzeuge eingesetzt, da die Drehzahlflexibilität der Werkstückspindelantriebe in einem weiten Durchmesserbereich technologisch geeignete Schnittparameter ermöglicht. Bei sehr kleinen Bohrungen oder einer parallelen Außenbearbeitung nutzt man angetriebene Werkzeugspindeln, um für die Prozesse in optimierten Schnittgeschwindigkeitsbereichen fahren zu können. Durch die Möglichkeit, die Hauptspindeln als positionierbare Achsen zu betreiben, werden verstärkt Werkstücke mit umfangsseitigen oder stirnseitig exzentrischen Bohrungen bearbeitet. In diesen Fällen sind angetriebene Bohreinrichtungen von längs oder quer unverzichtbar.

Bei sehr kleinen Bohrungen (Durchmesser<1 mm) kommen Hochfrequenzspindeln zum Einsatz, die bei entsprechend reduzierten Drehmomenten Umdrehungszahlen von 40.000 1/min – 100.000 1/min erreichen. Alternativ zu den elektrischen Antrieben der Hochfrequenzspindeln werden für Schlicht-, Entgrat- oder Gravieroperationen mit kleinen Werkzeugen neuerdings auch hochdrehende Werkzeugspindeln angeboten, die mit druckbeaufschlagtem Kühlschmiermittel angetrieben werden [Nn15].

Ein gängiges Verfahren auf CNC-Mehrspindel-Drehautomaten ist das Tieflochbohren mit einem Verhältnis von Bohrungslänge zu Bohrungsdurchmesser größer 10. Voraussetzung für Tieflochbohroperationen ist, dass die Bohreinrichtungen sehr genau zur Werkstückachse positioniert sind und eine präzise achsparallele Verfahrbewegung ausführen. Für das Ausspülen der Späne ist eine innere Kühlschmiermittelzufuhr durch das Werkzeug mit einem Kühlschmiermitteldruck erforderlich, der in der Regel oberhalb von 40 bar liegt. In Abb. 7.4 ist eine Bohreinrichtung dargestellt, die auf Längsschlitten eines CNC-Mehrspindlers klassischer Bauart aufgesetzt wird und für die spezifischen Anforderungen des Tieflochbohrens ausgelegt ist. In der Drehachse befindet sich eine hochdrucktaugliche Drehdurchführung (Abb. 7.4, 1), die das Kühlschmiermittel auf das rotierende Werkzeug überträgt. Das Kühlschmiermittel wird der Bohreinrichtung seitlich in Höhe der Drehdurchführung über das Gehäuse zugeführt. Der Drehantrieb wird aus dem Antriebskasten über eine Antriebswelle (Abb. 7.4, 2) zugeführt und im Bereich der Drehdurchführung über zwei Stirnradgetriebe (Abb. 7.4, 3) aus dem Zentrum des Gehäuses verlegt.

Die stirnseitig angeflanschte Spindeleinheit mit Lagerung und Drehspindel (Abb. 7.4, 4) ist zum aufnehmenden Gehäuse mit leichtem Spiel versehen und kann in der Gehäusebohrung feinjustiert werden. Nach Feinausrichtung zur Spindelachse wird sie auf der Planfläche des Gehäuses verschraubt (Abb. 7.4, 5). Mit dieser Anordnung wird die für das Tieflochbohren relevante Fluchtung von Bohrer- und Werkstückachse präzise einstellbar gemacht.

Querbohrungen am Umfang des Werkstücks können senkrecht oder unter einem Neigungswinkel hergestellt werden. Über die z-Achsen der Kreuzschlitten lassen sich

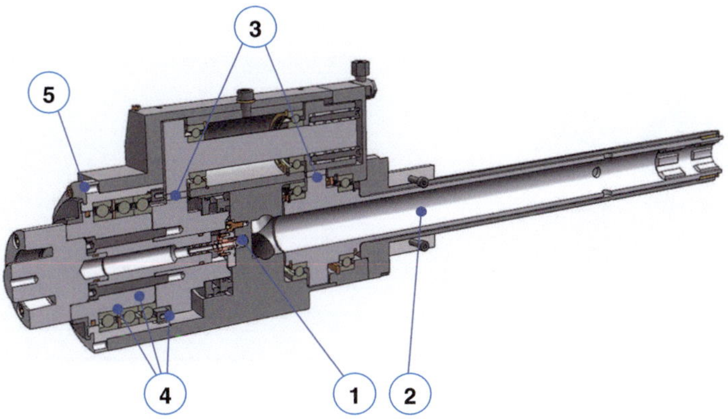

Abb. 7.4 Zur Hauptspindel ausrichtbare Tieflochbohreinrichtung mit innerer Kühlschmiermittelzufuhr bis 100 bar. [Bildquelle: Schütte]

Abb. 7.5 Exzentrische Bohrungen auf der Stirnseite eines Werkstücks, hergestellt auf einem Mehrspindler mit y-Achse [Dmgm17]

die Bohrungen beliebig entlang der Werkstückachse positionieren. Mit einer zusätzlichen y-Achse können die Querbohrungen auch exzentrisch ausgeführt werden, d. h. ober- oder unterhalb der Werkstückmitte liegen. Auch stirnseitig sind exzentrische Bohrungen über kartesische oder virtuelle Kreuzschlittenfunktionen beliebig positionierbar, Abb. 7.5.

Für Bohrungen, die schräg zur Werkstückachse verlaufen, werden winkeleinstellbare Einrichtungen angeboten, Abb. 7.6. Die Einstellung des Winkels erfolgt in der Regel manuell. Im dargestellten Beispielwerkstück (Abb. 7.6, rechts) wird eine Bohrung im Durchmesser 1 mm mit einem Hartmetallbohrer unter 45° eingebracht. Diese Operation zeigt auch die außerordentliche Steifigkeit von Spindelkasten, Bearbeitungseinheiten und Trommelverriegelung. Der Bohrprozess ist unbeeinflusst von der zerspankraftintensiven Schruppbearbeitung in einer Nachbarlage.

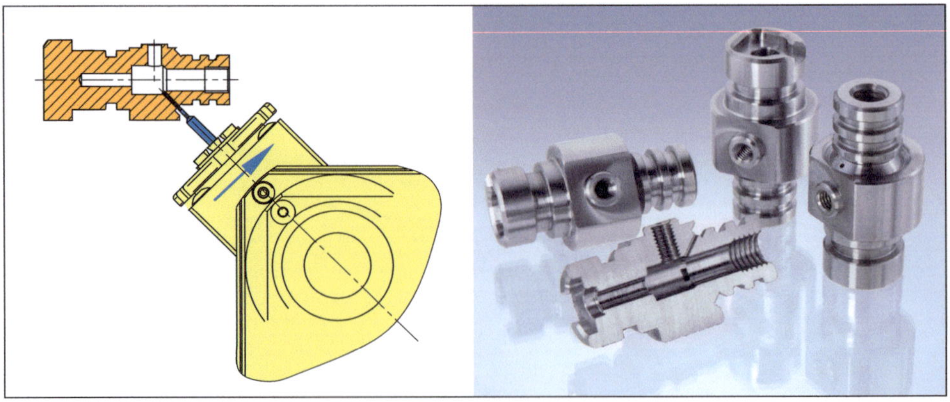

Abb. 7.6 Querbohreinrichtung mit winkeleinstellbarem Bohrkopf und Beispielwerkstück. [Quelle: Schütte]

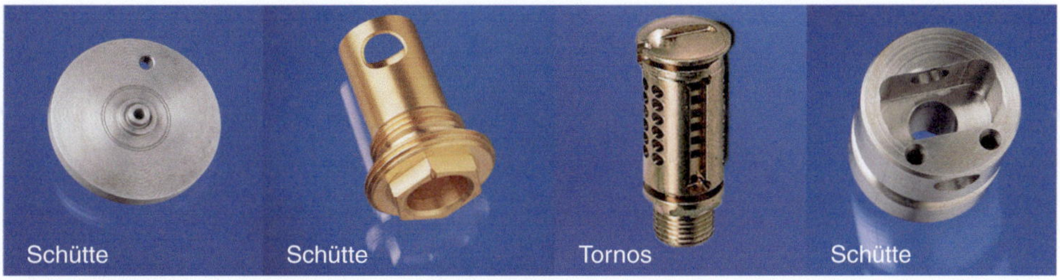

Abb. 7.7 Beispielwerkstücke mit stirn- und umfangsseitigen Bohrungen. [Quellen: Tornos, Schütte]

Mit den dargestellten Anordnungen sind weitere zum Fertigungsverfahren Bohren gehörige Prozesse umsetzbar. Dazu gehören das Zentrierbohren, das Stufenbohren mit Formbohrern, das Reiben oder das Gewindebohren. Beispielwerkstücke mit Anwendung verschiedener Bohroperationen sind in Abb. 7.7 dargestellt.

7.3 Verfahren zur Gewindeherstellung

Für die Fertigung von Innen- und Außengewinden bieten die CNC-Mehrspindel-Drehautomaten verschiedene spanende und umformende Herstellungsverfahren.

Das Gewindebohren wird mithilfe eines elektronischen Getriebes realisiert, das der Kopplung zwischen der rotatorischen Hauptbewegung und der linearen Vorschubbewegung sowie der Drehrichtungsumkehr dient. Die aufwendigen Teilfunktionen einer mechanischen Gewindeschneideinrichtung (siehe Abb. 3.7) werden mit programmierten Achsbewegungen umgesetzt. Bei entsprechend dynamischen und momentensteifen Achsen ist auf CNC-Maschinen ein Gewindeschneiden ohne Ausgleichskupplung möglich.

Das Gewindestrehlen in Abb. 7.8 hat auf kurven- und CNC-gesteuerten Mehrspindlern eine große Bedeutung zur Herstellung von Innen- und Außengewinden. Dabei verfährt ein sogenanntes Strehlwerkzeug (Abb. 7.8, 1) im Längsdrehverfahren parallel zur Rotationsachse des Werkstücks. Die Schneidengeometrie des Strehlwerkzeugs entspricht dabei der Form des erzeugten Gewindes. In Abb. 7.8 wird mit einem Zahn gestrehlt und es wird eine Wendeschneidplatte einsetzt, bei der drei Schneidenbereiche nutzbar sind. Die zylindrische Spirale des Gewindes entsteht durch die Überlagerung der rotatorischen Werkstückbewegung (Abb. 7.8, 2) und der translatorischen Vorschubbewegung des Strehlwerkzeugs (Abb. 7.8, 3). Der Vorschubweg des Werkzeugs in einer Werkstückumdrehung entspricht dabei der Gewindesteigung. Die Strehlplatte positioniert sich im Eilgang vor dem Werkstück auf das gewünschte radiale Zustellmaß und verfährt dann mit einer Vorschubbewegung entlang der Werkstückachse (Abb. 7.8, 3). Am Ende des Gewindes fährt das Werkzeug radial aus und zum Anfangspunkt zurück. Das Gewinde wird in mehreren Überläufen hergestellt, wobei das Werkzeug mit

Abb. 7.8 Werkzeug und Werkstück zum Gewindestrehlen mit Verfahrenskinematik (rechts)

jedem Zyklus radial zugestellt wird, bis die Gewindetiefe erreicht ist. Neben einer rein radialen Zustellung gibt es alternative Zustellstrategien, beispielsweise mit konstantem Spanungsquerschnitt. Je nach Werkstoff und Gewinde variiert die Anzahl der Überläufe, typischerweise im Bereich von 3 bis 8 Zyklen mit Spanabnahme und einem Schlichtzyklus ohne weitere Zustellung.

Zur Abbildung der oben beschriebenen Kinematik werden die Bewegungen von Spindel und Werkzeug gekoppelt. In Kurvenmaschinen wird dies mit mechanischen Getrieben realisiert, in CNC-Maschinen ist die C-Achse der Hauptspindel mit der Vorschubbewegung des Werkzeugschlittens elektronisch über die Achsinterpolation gekoppelt. Hohe Schnittgeschwindigkeiten, beispielsweise bei der Gewindefertigung an Messing- oder Aluminiumwerkstücken, erfordern eine entsprechend hohe Verfahrgeschwindigkeit der Vorschubachse. Bei einer Gewindesteigung von 1 mm und einer Werkstückdrehzahl von 6000 1/min muss die Linearachse beispielsweise mit 6 m/min verfahren. Bei kurzen Ein- und Auslaufwegen, beispielsweise bei der Fertigung eines Gewindes vor oder hinter einem Bund, sind hohe Achsbeschleunigungen notwendig, damit die Vorschubbewegung der Strehlplatte bereits beim Anschnitt die erforderliche Geschwindigkeit erreicht hat und keine Steigungsfehler entstehen. Der Vorschubantrieb muss daher ausreichend dynamisch sein [Nn09, Mück15].

Bei der Bearbeitung von Werkstoffen die zur Langspanbildung neigen, wie beispielsweise kohlenstoffarme Stähle, schwefelreduzierte Edelstähle oder bleifreie Messingwerkstoffe, werden häufig Alternativen zum Gewindestrehlen gesucht. Grund hierfür sind die feinen, dünnen Späne, die beim Strehlen entstehen und insbesondere bei duktilen Werkstoffen kaum brechen. Da die schneidende Spitze des Strehlwerkzeugs die Form der Gewindeflanken abbildet und nur bedingt belastbar ist, können die Spanungsquerschnitte nicht vergrößert werden. Ein mangelhafter Spanbruch führt zu Aufwicklungen und Spänestau und ist bei der automatisierten Fertigung auf einem Mehrspindler nicht tolerierbar. Daher wird bei unzureichender Spanbeherrschung mit alternativen Verfahren zur Gewindeherstellung gearbeitet.

Auf CNC-Maschinen bietet sich in diesen Fällen das Gewindefräsen an. Dieses Verfahren arbeitet im unterbrochenen Schnitt und beugt somit der Fließspanbildung vor.

Das Gewindefräsen kann sowohl für Außen- als auch für Innenbearbeitungen genutzt werden. Bei Innenbearbeitungen werden Gewindefräser eingesetzt, die – anders als Gewindebohrer – kein Gewinde auf dem Schneidteil besitzen, sondern Profilrillen im Abstand der Steigung. Für die Herstellung eines Gewindes muss daher die Maschine eine schraubenförmige Bewegung ausführen, die in z-Richtung der Steigung entspricht. Bei einer Umfahrung des Gewindes werden somit so viele Gewindegänge fertig gestellt, wie sich Rillen über die Eingriffslänge des Fräsers erstrecken [Emug16].

Die Maschinenkinematik zur Fertigung eines Innengewindes ist in Abb. 7.9 dargestellt. Der Werkzeugantrieb lässt den Gewindefräser mit Schnittgeschwindigkeit rotieren, die beiden linearen Vorschubachsen des werkzeugseitigen Kreuzschlittens sorgen für die radiale und axiale Vorschubbewegung. Die C-Achse der Werkstückspindel stellt während des Fräszyklus die rotatorische Vorschubgeschwindigkeit bereit, durch die sich das Gewinde umlaufend in der Bohrung abbildet. Das Gewinde wird auf voller Länge und Tiefe über nur eine Werkstückumdrehung und in sehr kurzer Taktzeit hergestellt.

Die schraubenförmige Prozesskinematik des Gewindefräsens erfordert eine interpolierende Bewegung aller drei Vorschubachsen. Beim Eintauchen des Fräsers auf Gewindetiefe realisiert die x-Achse die radiale Zustellbewegung des Fräsers. Dieser überlagert sind die rotatorische Vorschubbewegung des Werkstücks und eine Ausgleichsbewegung des Fräsers in axiale z-Richtung, damit auch das Eintauchen in der schraubenförmigen Kinematik erfolgt (Abb. 7.9, 1). Die axiale Ausgleichsbewegung des Fräsers muss der Winkelumdrehung des Werkstücks entsprechen. Bei einem Eintauchwinkel von 90° entspricht die Rückzugsbewegung des Fräsers beispielsweise einem Viertel der Gewindesteigung. Mit Erreichen der vollen Schnitttiefe erfolgt eine Umfahrung des Gewindes. Bei der 360°-Drehung des Werkstücks verfährt der Fräser axial um die

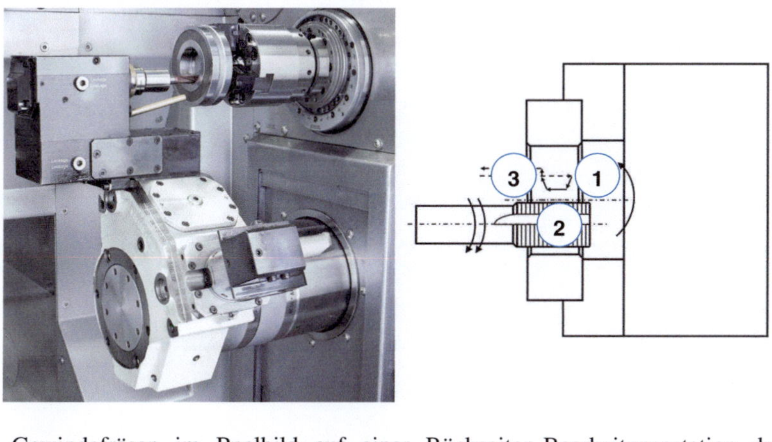

Abb. 7.9 Gewindefräsen im Realbild auf einer Rückseiten-Bearbeitungsstation der SC9-26 (links). [Bildquelle: Schütte] und kinematischer Verfahrensablauf (rechts)

Gewindesteigung (Abb. 7.9, 2). Die Ausfahrbewegung des Fräsers erfolgt analog zum Eintauchen (Abb. 7.9, 3).

Außengewinde werden mit rotierenden Schaftfräsern oder Fräsglocken hergestellt. Letztere haben bei der Anwendung auf Mehrspindel-Drehautomaten den Vorteil einer verlängerten Standzeit, da sich die Einsatzzeit auf mehrere, im Prozess nacheinander in Eingriff kommende Schneideneinsätze verteilt.

Eine weitere Option in der Gewindefertigung ist das Gewindewirbeln. Dieses Verfahren wird insbesondere bei langen Präzisionsgewinden und schwer zerspanbaren Werkstoffen, wie Ti6Al4V oder X2CrNiMo18-15-3 eingesetzt. Diese Kombination tritt vielfach in Anwendungen der Medizintechnik auf, beispielsweise bei der Herstellung von Knochenschrauben, Abb. 7.10 [Torn08, Thie17].

Das Gewindewirbeln wird mit mehrschneidigen Werkzeugen durchgeführt und arbeitet ebenfalls im unterbrochenen Schnitt. Die Schneiden sind bei Innengewinden auf Dornen und bei Außengewinden in Schneidringen oder -glocken positioniert (Abb. 7.10, rechts). Die Schneidengeometrie entspricht dem Profil der Gewindezähne. Im Bearbeitungsprozess steht die mit hoher Geschwindigkeit rotierende Drehachse des Werkzeugs exzentrisch zur Werkstückachse. So ist immer nur eine Schneide des Werkzeugs im Eingriff und erzeugt über die Eingriffslänge einen entsprechend kurzen Span. Das Werkzeug lässt die Werkzeugschneiden mit Schnittgeschwindigkeit rotieren. Beim Wirbeln von Außengewinden werden die Schneiden sehr präzise auf einem Flugkreis angeordnet. Das Werkstück rotiert langsam und gegenläufig zum Werkzeug. Der Linearvorschub in Achsrichtung ist mit der Rotation des Werkstücks gekoppelt und bewegt sich je Werkstückumdrehung um die Gewindesteigung [Torn08]. Gegebenenfalls wird das Werkzeug entsprechend des Flankenwinkels angestellt.

Insgesamt wird vor allem durch die gegenläufige Bewegung von Werkzeug und Werkstück eine sehr gute Oberflächengüte realisiert. Die charakteristischen flächigen Ausprägungen des Gewindefräsens treten in den Gewindeflanken nicht auf. Damit das Gewinde einen guten Rundlauf zur Drehachse erhält, ist ein genauer Rundlauf der

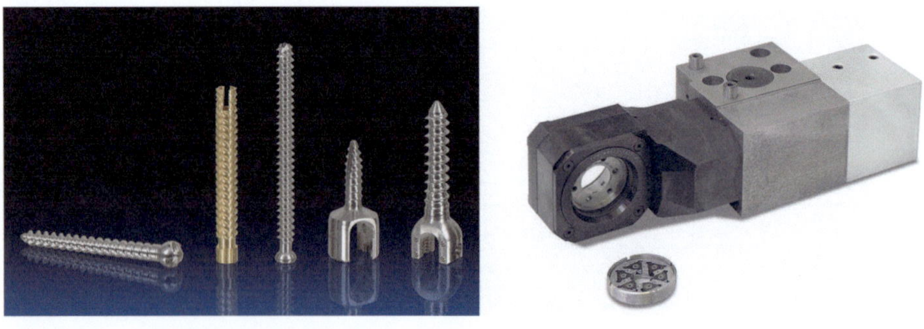

Abb. 7.10 Typische Werkstücke für das Gewindewirbeln (links) und Werkzeugkopf mit bestücktem Schneidring (rechts) [Torn08]

Werkzeugschneiden erforderlich. Beim Einsatz auf einem Mehrspindel-Drehautomaten können Gewindelängen über mehrere Bearbeitungslagen aufgeteilt werden, sodass auch lange Gewinde taktzeitoptimiert herstellbar sind.

Als umformende Fertigungsverfahren kommen Gewindeformprozesse zum Einsatz, die selten für Innengewinde, häufig aber zur Herstellung von Außengewinden eingesetzt werden, Abb. 7.11. Das Gewinde entsteht durch einen Umformprozess, bei dem die Gewindespitzen sich aus dem Material formen, das aus den Gewindetälern verdrängt wird. Die Vorbearbeitungsdurchmesser unterscheiden sich entsprechend von denen der schneidenden Verfahren.

Beim Axialgewinderollen (Abb. 7.11, unten) werden die Rollen stirnseitig auf das Werkstück geführt und achsparallel verfahren. Voraussetzung ist die axiale Zugänglichkeit des Gewindes, das sich meist an einem Ende des Werkstücks befindet. Beim Tangentialgewinderollen (Abb. 7.11, oben) wird ein Gewinderollenpaar umfangsseitig positioniert und in radialer Richtung über das Werkstück verfahren. Die Gewinderollen sind so angeordnet, dass sie tangential am Durchmesser des Werkstücks wirken. Vorteil ist, dass sich die beim Umformprozess radial wirkenden Kräfte auf das Werkstück durch die gegenüberliegenden Rollen zu großen Teilen aufheben.

7.4 Herstellung von Flächen, Mehrkanten und Profilen

Dem allgemeinen Trend der Produktionstechnik folgend, wird auch auf Mehrspindel-Drehautomaten die Komplettbearbeitung komplexer Werkstückgeometrien gefordert. Die CNC-Mehrspindlern erfüllen diese Anforderungen und stellen gegenüber kurvengesteuerten Maschinen ein erweitertes Portfolio an Fertigungsprozessen bereit. Insbesondere kommen zunehmend Fräsoperationen an Stirn- und Umfangsflächen zum Einsatz. Werkzeugantriebe und mehrachsige Werkzeugschlitten gehören zum Standard der Maschinen oder werden als Standardoptionen angeboten. Die Ausrüstungskataloge der Hersteller bieten spezifische Bearbeitungseinrichtungen für den Einsatz von Schaft-, Scheiben-, Gewinde- oder Wälzfräsern an. Viele Fräseinrichtungen ähneln den Bohrspindeln, sind aber zur Aufnahme der Querkräfte mit verstärkten Radiallagerungen ausgestattet.

Viele gefräste Geometrien lassen sich mit zwei Linearachsen und unter Nutzung der C-Achs-Funktion der Werkstückspindel herstellen (siehe Abb. 4.1 und 5.10). Das gilt vor allem für stirn- und umfangsseitige Nuten, deren Breite sich über den Fräserdurchmesser einstellt. Eine dritte Linearachse wird nur dann zwingend benötigt, wenn Flächen am Werkstückumfang hergestellt werden, deren Ausdehnung über oder unter die Drehachse reicht und die nicht durch die Fräsergeometrie abgebildet werden können, Abb. 7.12.

Gängig ist auf CNC-Mehrspindel-Drehautomaten die Fertigung von umfangs- oder stirnseitigen Flächen oder Nuten. Hier kommen meist Schaftfräser zum Einsatz, die stirnseitig achsparallel oder umfangsseitig senkrecht zur Werkstückachse angestellt sind, Abb. 7.13.

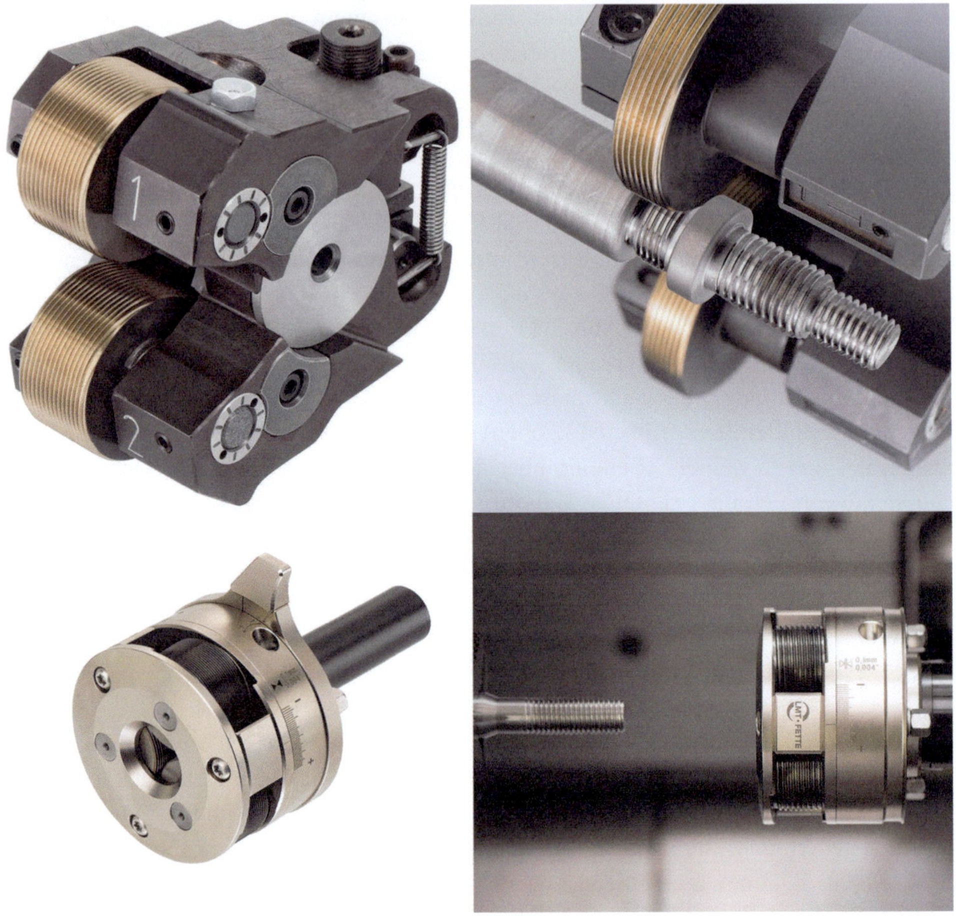

Abb. 7.11 Rollköpfe und Prozessbilder für das tangentiale (oben) und axiale (unten) Gewinderollen [Lmt17]

Alternativ können Flächen oder Schlitze mit Scheibenfräsern hergestellt werden, Abb. 7.14. Die Scheibenfräser werden einzeln oder in Paketen von meist zwei Fräsern auf Fräsdorne aufgezogen. Der Aufbau in Paketen wird eingesetzt, wenn zwei parallele Flächen zu fertigen sind. Das Abstandsmaß zwischen den beiden Flächen wird über Distanzhülsen am Fräsdorn eingestellt. Diese Bearbeitungsvariante wird häufig auch zur Herstellung von Mehrkantflächen genutzt.

Schlüsselflächen und Mehrkante werden auch im Mehrkant-Drehverfahren hergestellt. Dazu verfügt der Ausrüstungsbaukasten der Mehrspindler über Mehrkantdreheinrichtungen, Abb. 7.15. CNC-Mehrspindler bieten den Vorteil, dass die Mehrkantfertigung mit einer Längsdrehoperation kombiniert werden kann. Dabei

Abb. 7.12 Geometrien für 3-achsige Fräseinrichtungen, hergestellt auf CNC-Mehrspindel-Drehautomaten. [Quellen: DMG Mori (links), Index (Mitte) Schütte (rechts)]

werden die Schlagmesser mit voller Zustellungstiefe in einer achsparallelen Bewegung zum Werkstück verfahren.

Beim Längsdrehen eines Mehrkants sind die Spanungsquerschnitte im Vergleich zum Einstechdrehen prinzipiell geringer und über die Vorschubgeschwindigkeit der z-Achse in weiten Bereichen beeinflussbar. Geeignete Prozessparameter begrenzen die Höhe der Bearbeitungskräfte. Bei kurvengesteuerten Automaten, die ausschließlich im Einstechverfahren arbeiten, werden die Kräfte maßgeblich über die Einstechbreite beeinflusst. Diese wird von der Breite der zu fertigenden Flächen bestimmt und ist durch die Werkstückgeometrie festgelegt. Daher ist das Mehrkantdrehen ohne eine Längsdrehoperation nur bei Nichteisenmetallen wie Messing oder Aluminium anwendbar. Mehrkante an Stahlwerkstoffen können nur im Langdrehverfahren und damit ausschließlich auf CNC-gesteuerten Mehrspindel-Drehautomaten hergestellt werden.

Der grundsätzliche Aufbau der Bearbeitungseinrichtung ist sowohl für Werkzeuge zum Mehrkantdrehen (Abb. 7.15, rechts) als auch für vielschneidige Scheibenfräser (Abb. 7.15, links) geeignet. Mit der radialen Anstellung eines Fräsers können umfangsseitig Schlitze in das Werkstück gefräst werden.

Die bisher vorgestellten Fräseinrichtungen sind einseitig gelagert. Je nach verfahrensspezifischer Belastung der Fräswerkzeuge werden auch Einrichtungen mit zusätzlichen Gegenlagern eingesetzt.

Ein Beispiel hierfür sind Fräseinrichtungen zur Herstellung von Verzahnungen im Wälzfräsverfahren, Abb. 7.16. Die Schnittgeschwindigkeit resultiert aus der Drehbewegung des Wälzfräsers. Die Verzahnungstiefe wird vor Beginn des Bearbeitungsprozesses mit der x-Achse zugestellt. Eine lineare Werkzeugbewegung in z-Richtung realisiert die Verzahnungsbreite parallel zur Werkstückachse. Eine dritte, rotatorische Vorschubbewegung wird über die C-Achse der Werkstückspindel ausgeführt und sorgt dafür, dass die Verzahnung über den gesamten Werkstückumfang gefertigt wird.

Das Prozessbild in Abb. 7.16, links zeigt eine Anordnung, bei der die Drehachse des Fräsers senkrecht zur Werkstückachse positioniert ist. Damit lassen sich Gerad-

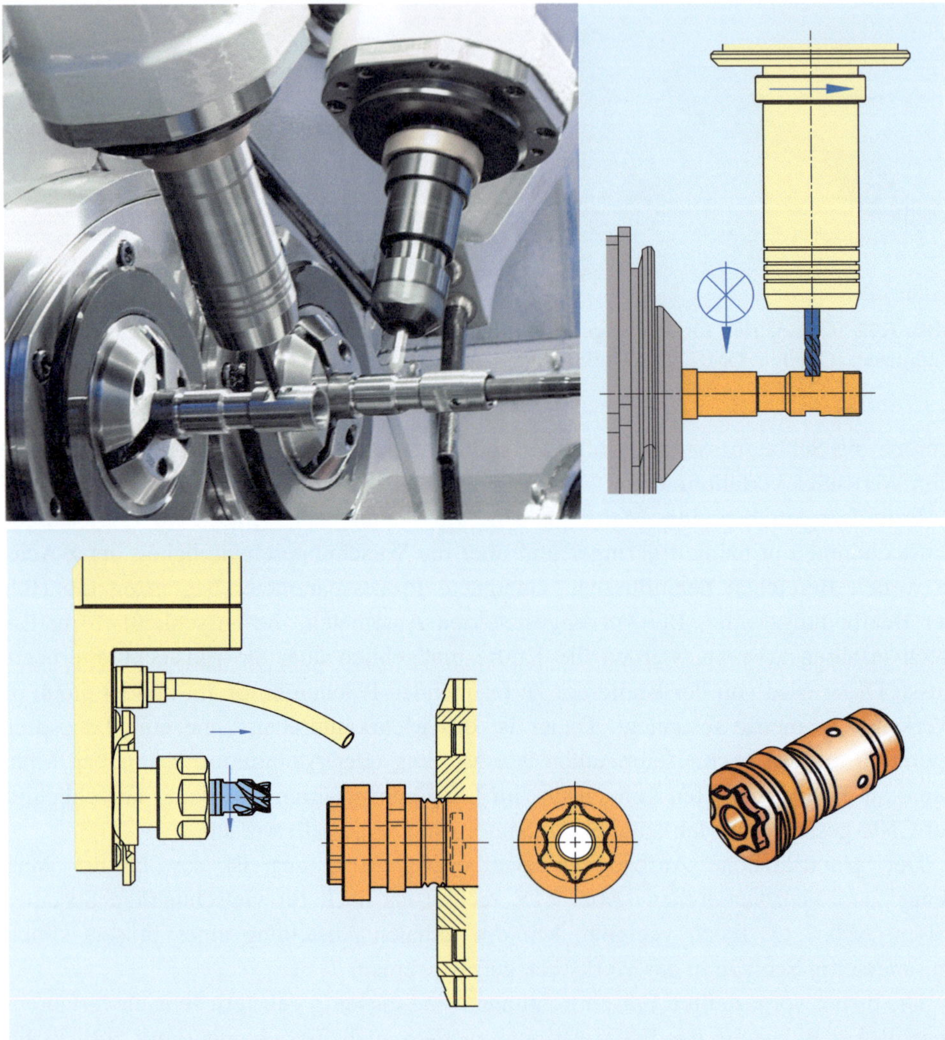

Abb. 7.13 Schaftfräsen am Umfang (oben) und auf der Stirnseite (unten) eines Werkstücks. [Quelle: Schütte]

verzahnungen herstellen. Für das Wälzfräsen eine Schrägverzahnung, wie an den Beispielwerkstücken in Abb. 7.16, rechts erkennbar, muss der Wälzfräser entsprechend des Schrägungswinkels angestellt werden, d. h. der gesamt Fräskopf mit Fräser, Antrieb und den beiden Stützlagern wird um die x-Achse im Schrägungswinkel eingeschwenkt.

Für das oben beschriebene Bewegungsprofil sind zwei lineare Bewegungsachsen erforderlich. In der Regel wird aber eine zusätzliche y-Achse eingesetzt, die das sogenannte Shiften realisiert. Das Shiften wird auch auf Wälzfräsmaschinen eingesetzt

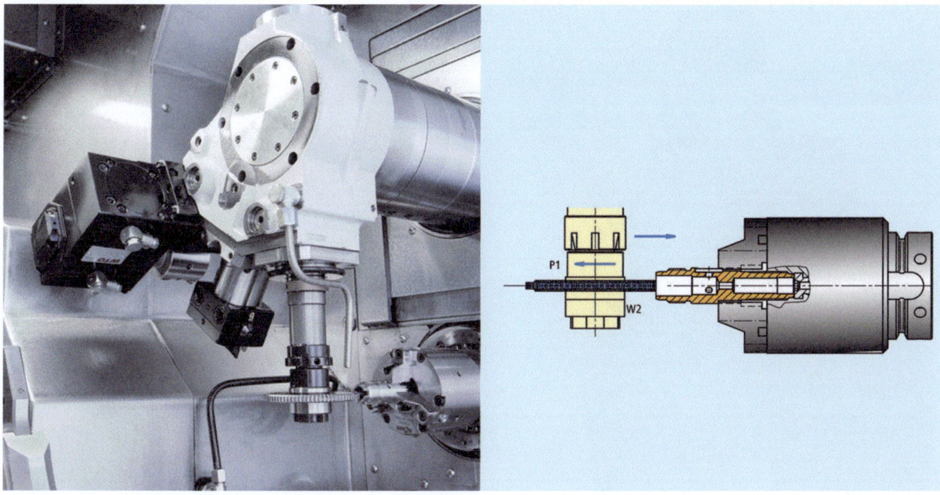

Abb. 7.14 Fertigung eines Schlitzes auf der zweiten Werkstückseite mit einem Scheibenfräser. [Quelle: Schütte]

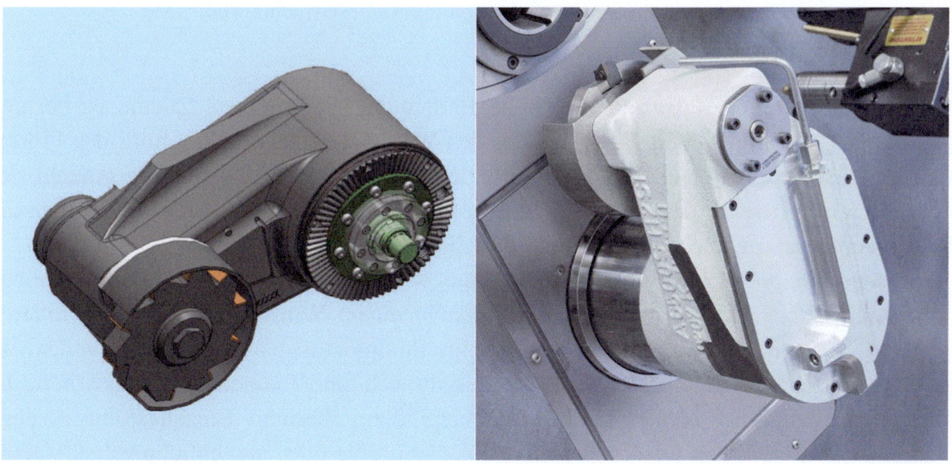

Abb. 7.15 Prinzipaufbau einer Bearbeitungseinrichtung zum Schlitzfräsen am Werkstückumfang (links) sowie Realbild der gleichen Einrichtung in Bestückung mit einem Mehrkantdrehwerkzeug (rechts). [Quelle: Schütte]

und dient dazu, den Arbeitsbereich am Fräser entlang seiner Achse verschieben zu können. Es wird eingesetzt, um den unvermeidlichen Werkzeugverschleiß gleichmäßig auf den gesamten Fräser zu verteilen. Ohne einen Shiftprozess sind immer nur wenige Fräszähne an der Bearbeitung beteiligt und einem entsprechend hohen Verschleiß unterlegen. Auch auf Mehrspindel-Drehautomaten wird der Ausnutzung der Werkzeugstand-

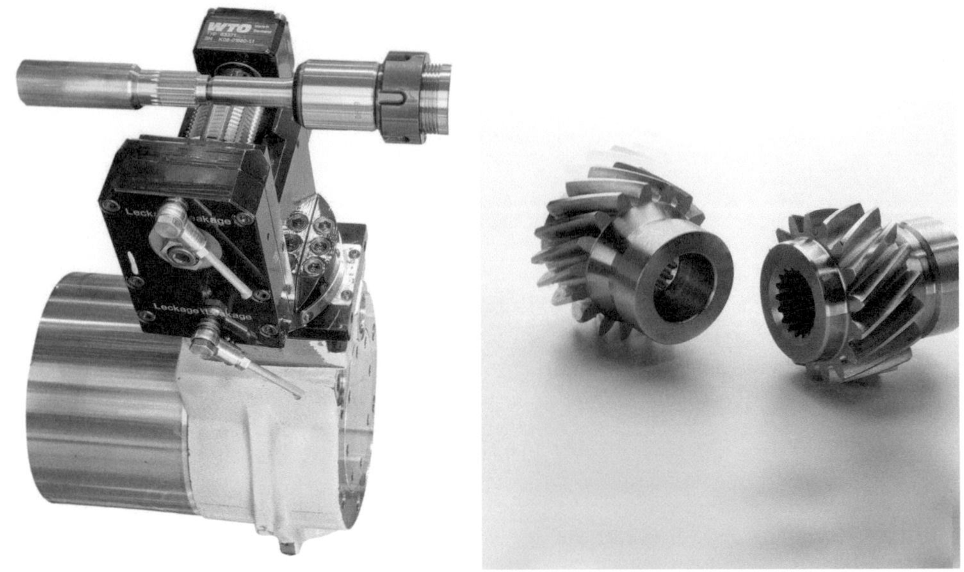

Abb. 7.16 Wälzfräseinrichtung auf einem CNC-Mehrspindel-Drehautomaten (links) [Schu16a] und auf einem CNC-Mehrspindler gefertigte Beispielwerkstücke (rechts) [Inde15b]

zeit bei den teuren Wälzfräsern eine hohe Bedeutung beigemessen. Zudem ist bei den produktivitätsbedingt hohen Einsatzzeiten des Werkzeugs die Verlängerung der Fräserstandzeit auch aus organisatorischen Gründen wünschenswert, damit die Anzahl der manuellen Eingriffe für den Werkzeugwechsel reduziert werden. In der Regel werden die Frätergeometrien in Nachschärfprozessen mehrmals aufbereitet.

Innenprofile, beispielsweise Innensechskante, werden meist mit Profilstoßeinrichtungen hergestellt, Abb. 7.17. Die Werkzeuge werden in einem Winkel angestellt und rotieren während der axialen Vorschubbewegung beim Stoßprozess passiv mit der Werkstückumdrehung. Durch den angestellten Winkel ergibt sich eine Taumelbewegung. Sofern die Taktzeiten es zulassen, können bei CNC-Mehrspindlern alternativ Einzahnstoßwerkzeuge eingesetzt werden. Dabei werden Innen- und Außenprofile oder zugängliche Verzahnungen über mehrere Werkzeughübe gefertigt.

7.5 Weitere Bearbeitungsprozesse

Das Portfolio der auf Mehrspindel-Drehautomaten eingesetzten Fertigungsverfahren umfasst weitere spanende und umformende Technologien. Beispielhaft seien Bearbeitungsprozesse zur Veränderung oder Veredelung gedrehter Oberflächen genannt. Glattwalzprozesse optimieren die Oberflächengüte an ausgewählten Werkstückpartien.

Abb. 7.17 Profilstoßeinrichtung mit Werkzeug (links) und Werkstück mit stirnseitigem Innenprofil (rechts). [Quelle: Schütte]

Ähnlich wie Gewinderollköpfe sind die Walzrollen axial oder radial anstellbar. Glattwalzwerkzeuge mit hydraulisch gelagerten Einzelkugeln können entsprechend zugängliche Werkstückpartien auch im Langdrehverfahren bearbeiten.

Zur Oberflächenstrukturierung wird häufig das Rändeln eingesetzt. Die Werkzeuge, Abb. 7.18, rechts, sind den Drehwerkzeugen ähnlich und lassen sich leicht in die Werkzeugsysteme der Mehrspindler integrieren. Sie arbeiten auf den Mehrspindlern in der Regel umformtechnisch und bilden die Strukturen des Rändelrads auf der Werkstückoberfläche ab. Die Rändelräder werden mit Werkstückkontakt durch die Rotationsbewegung des Werkstücks mitgenommen. Teilebeschriftungen können mit kleinen Fräsern als Gravur hergestellt werden. Voraussetzung ist die Verfügbarkeit von angetriebenen Einrichtungen mit hohen Drehzahlen. Bei kurzen Taktzeiten dauern diese Beschriftungsprozesse oft zu lang. In diesen Fällen kommen Stempeleinrichtungen zum Einsatz, die wie die Rändelräder durch die Werkstückrotation mitgenommen werden.

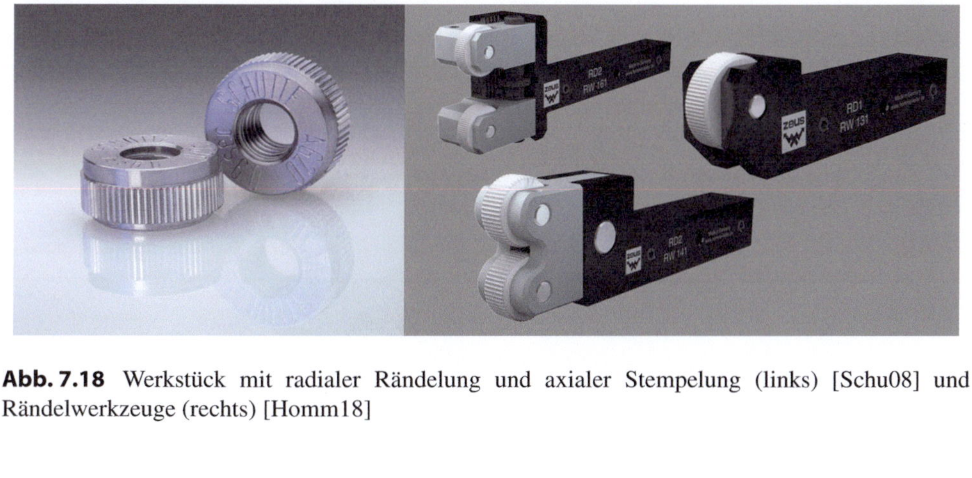

Abb. 7.18 Werkstück mit radialer Rändelung und axialer Stempelung (links) [Schu08] und Rändelwerkzeuge (rechts) [Homm18]

Sie prägen umfangs- oder stirnseitige Stempelungen oder Markierungen auf, Abb. 7.18, links.

Die hier vorgestellten Technologien erheben keinen Anspruch auf Vollständigkeit. Viele Prozesse, die in der industriellen Praxis eingesetzt sind, haben sich aus Applikationen der Anwender entwickelt und werden aus Wettbewerbsgründen nicht veröffentlicht oder zugänglich gemacht.

Trotzdem sollten die dargestellten Technologien einen Überblick über Einsatzpotenziale und Funktionsweise der auf CNC-Mehrspindel-Drehautomaten durchgeführten Prozesse geben und zu eigenen Überlegungen anregen.

8 Werkzeugsysteme, Einrichtungsbaukästen und Rüstkonzepte

Die Mehrspindel-Drehautomaten sind Produktionsmittel für die Volumenzerspanung. Bei Großserien- und Massenfertigung fallen regelmäßig verschleißbedingte Werkzeugwechsel an, bei kleineren Losgrößen sind zusätzlich Umrüstvorgänge einzuplanen. Die Wechsel- und Umrüstvorgänge reduzieren den Nutzungsgrad bei der Produktion und sind daher möglichst zeiteffizient durchzuführen. Daraus resultiert die Anforderung an die Maschinenhersteller, Werkzeugsysteme zu entwickeln, die einen schnellen Werkzeugwechsel und eine effektive Umrüstung gewährleisten.

So haben sich für die Kurvenmaschinen bereits frühzeitig modular aufgebaute Werkzeugsysteme mit standardisierten Schnellwechsel-Schnittstellen entwickelt, die den verschleißbedingten Werkzeugwechsel unterstützen [Frec81, Jaym73, Lede73, Link02b, Zoll82a]. Neue, technologieflexible Maschinenkonzepte, die auf geringere Losgrößen zugeschnitten und für häufiges Umrüsten auf andere Werkstücke konzipiert sind, stellen erweiterte Funktionen bereit. Diese zielen darauf ab, auch den Tausch von Bearbeitungseinrichtungen zu erleichtern, der bei geänderten werkstückspezifischen Bearbeitungsfolgen anfällt. Neben schnellwechselbaren Werkzeugsystemen werden daher modulare und komfortabel wechselbare Ausrüstungskomponenten und Bearbeitungseinrichtungen entwickelt. Die Unterstützung von schnellen und wiederholgenauen Rüstvorgängen erhöht den Nutzungsgrad der Produktionsmittel und macht die Maschinenkonzepte insbesondere für Anwender mit mittleren und kleinen Losgrößen attraktiv und wirtschaftlich [Schu10, Welc07].

8.1 Voreinstellbare Systeme für die klassische Bauart

Die Schlittenaufbauten von Kurvenmaschinen und CNC-Maschinen klassischer Bauart sind weitgehend analog gestaltet und verfügen seit langem über voreinstellbare und schnell wechselbare Werkzeugsysteme. Bedingt durch Unterschiede in den

M. Reuber, *CNC-Mehrspindel-Drehautomaten*,
https://doi.org/10.1007/978-3-658-29338-3_8

Maschinenaufbauten und verschiedene Anbieter am Markt sind unterschiedliche, herstellerspezifische Ausführungsformen entstanden. Der Grundaufbau und die grundlegende Funktionsweise der Systeme sind aber prinzipiell gleich.

Beispielhaft ist in Abb. 8.1 das Schnellwechselsystem SWS400 des Maschinenherstellers Schütte dargestellt. Die Grund- oder Unterlegplatte (Abb. 8.1, 1) bildet die Basis des Systems und wird auf dem Querschlitten montiert. Sie ist universell und wird nach Montage auf dem Querschlitten eingemessen. Idealerweise werden die Grundplatten in allen Bearbeitungslagen so montiert, dass sie in einem gleichen, definierten Abstand zu den Spindeln positioniert sind [Zoll82b]. Das erleichtert den Wechsel von Werkzeugaufbauten zwischen den Lagen.

Bei kleinen Maschinen mit geringen Spitzenhöhen wird teilweise auf die Grundplatte verzichtet und deren Funktionselemente werden in den Querschlitten eingearbeitet [Schu08]. Dazu gehören neben den T-Nuten zur Befestigung der Werkzeughalter (Abb. 8.1, 2) auch die Mess- bzw. Einstelllineale (Abb. 8.1, 3) für die z-Position der Grundhalter (Abb. 8.1, 4). Diese werden in z-Richtung durch Anschlagplatten (Abb. 8.1, 5) referenziert und über Anschlagspindeln (Abb. 8.1, 6) eingestellt. In x-Richtung sind die Grundhalter über eine unten abgeflachte Rundführung (Abb. 8.1, 7) am Grundhalter

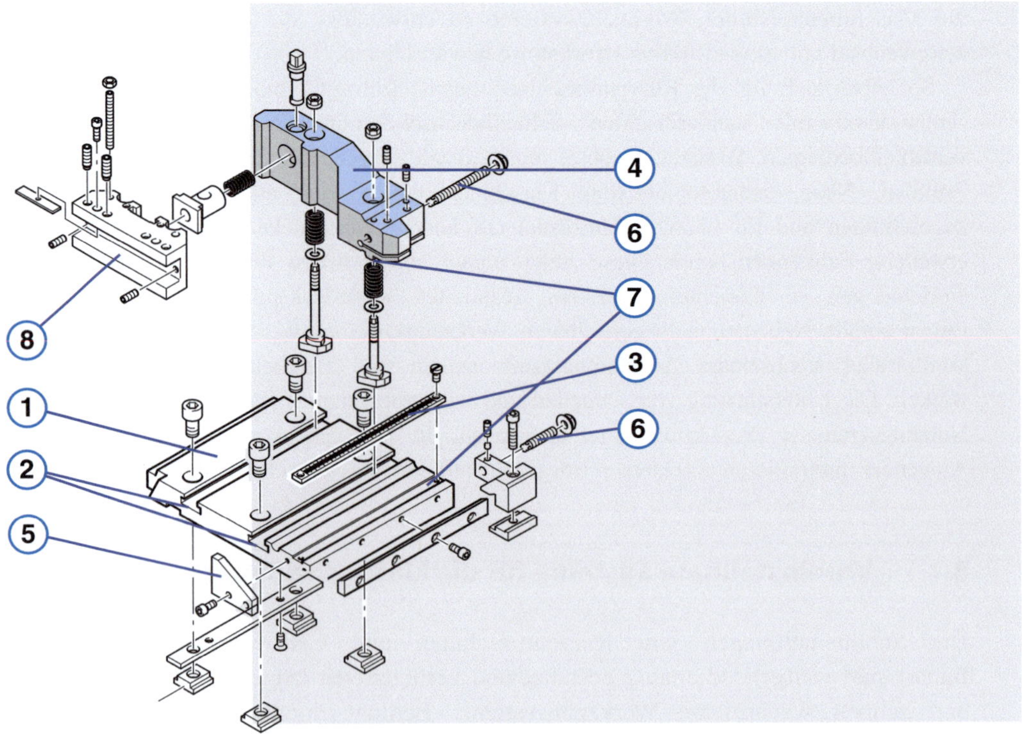

Abb. 8.1 Voreinstellbares Schnellwechselsystem für Werkzeuge vom Querschlitten [Schu04]

und einer entsprechend geformten Nut (Abb. 8.1, 7) in der Grundplatte in definiertem Abstand von der Schlittenvorderkante formschlüssig positioniert.

Die Grundhalter nehmen die Wechselhalter (Abb. 8.1, 8) auf, in denen die Werkzeuge bzw. die Werkzeughalter gespannt werden. In Abb. 8.2 sind verschiedene Kombinationen von Grund- und Wechselhaltern dargestellt. Je nach Relativposition von Werkzeug und Werkstück werden linksschneidende (Abb. 8.2, 1) und rechtsschneidende (Abb. 8.2, 2) Werkzeughalter eingesetzt. Diese unterscheiden sich dadurch, dass der Wechselhalter sich mit Blick auf die Werkzeugschneide auf der linken bzw. rechten Seite des Grundhalters befindet. Der unterschiedliche Aufbau erlaubt die Positionierung der Werkzeugschneide in unterschiedlichen Bereichen entlang der Werkstückachse. Die Grundhalter sind entsprechend spiegelverkehrt aufgebaut. Universell gestaltete Grundhalter ermöglichen die Aufnahme beider Montagerichtungen (Abb. 8.2, 3). Die Vorteile des Grundhalters in universeller Ausführung liegen im höheren Standardisierungsgrad und den geringeren Umrüstaufwänden. Die positionsspezifischen Grundhalter sind besser auf die räumlich begrenzten Einbausituationen eingestellt und können für spezifische Kraftflüsse steifigkeitsoptimiert werden.

Eine weitere Randbedingung ist, dass die Werkzeuge in Abhängigkeit von der Bearbeitungslage in ihrer Anstellrichtung zum Werkstück unterschiedlich angeordnet sind. Abb. 8.2 zeigt Halter in normal- (Abb. 8.2, 4) und überkopfschneidender (Abb. 8.2, 5) Lage. Der Grund dafür ist, dass die Drehrichtung der Spindeln immer gleich ist, dass aber die Schneiden auf unterschiedlichen Seiten der Werkstückachse angeordnet sein können und sich dabei die Wirkrichtung der Schnittgeschwindigkeit umkehrt.

In Abb. 8.2 werden Schaftaufnahmen mit Schneidplatten im Wechselhalter (Abb. 8.2, 6) gespannt. Die Wechselhalter mit den Schaftwerkzeugen werden in den Grundhaltern aufgenommen. Die Schnittstellen zwischen Grund- und Wechselhaltern unterscheiden sich hersteller- und werkzeugbedingt. In dem System aus Abb. 8.2

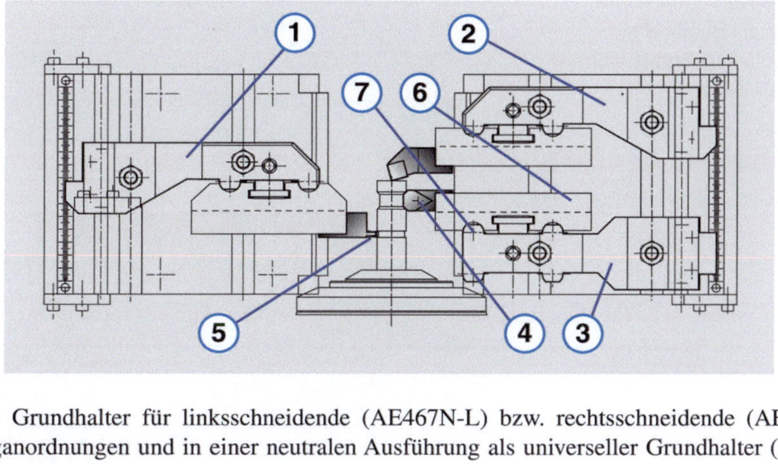

Abb. 8.2 Grundhalter für linksschneidende (AE467N-L) bzw. rechtsschneidende (AE467N-R) Werkzeuganordnungen und in einer neutralen Ausführung als universeller Grundhalter (AE467N-N). [Quelle: Schütte]

kommen Rundführungen (Abb. 8.2, 7) zum Einsatz. Alternativ werden Flachführungen, Verzahnungen sowie Schwalbenschwanzführungen verwendet. Fast alle Schnittstellen ermöglichen eine Einstellung der Höhenposition des Wechselhalters, damit die tatsächliche Schneidenposition an die Spitzenhöhe der Querschlitten angepasst werden kann.

Im Wechselhalter können verschiedene Schaftquerschnitten gespannt werden. Werkzeugschäfte sind mit unterschiedlichen Plattensitzen am Markt verfügbar und bieten eine hohe Flexibilität hinsichtlich der einsetzbaren Wendeschneidplatten.

Andere Wechselhalter, wie beispielsweise sogenannte Flachformmeißelhalter, sind für die Aufnahme von Profilwerkzeugen konzipiert, Abb. 8.3. Auch diese verfügen über eine Höhenverstellung, mit der die Spitzenhöhe der Schneide gezielt einstellbar ist. Bei Profilwerkzeugen sind Kenntnis und Einstellung der Spitzenhöhe von großer Bedeutung. Die hohen Eingriffsbreiten der Profilplatten führen bei Abweichungen der Spitzenhöhe zu erhöhten Bearbeitungskräften, Konturverzerrungen oder Schwingungen. Zudem werden verschlissene Profilwerkzeuge in der Regel nachgeschliffen. Der Nachschliff erfolgt von der Spanflächenseite und erfordert daher eine Korrektur der Schneidenhöhe um die durch den Nachschliff abgesenkte Schneidkante. Um auch bei Planflächenbearbeitungen einen Freiwinkel einzustellen, werden die Halter so ausgeführt, dass sie seitlich um 3–5° eingeschwenkt werden können. Die tangentiale Neigung stellt bei fertigungstechnisch einfach herstellbaren kubischen Plattenformen den Freiwinkel und einen negativen Spanwinkel ein.

Neuere Werkzeugkonzepte für Kurvenmaschinen und CNC-Maschinen klassischer Bauart sind mit innerer Kühlschmiermittelzufuhr ausgestattet, Abb. 8.4. Diese Funktion sorgt gegenüber der klassischen Überflutungskühlung für eine verbesserte, zielgerichtete Kühlschmiermittelversorgung der Zerspanzone. Dies trägt zur Optimierung

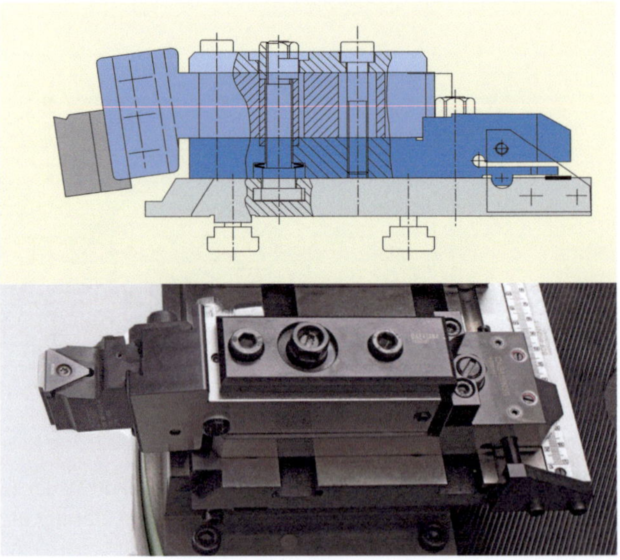

Abb. 8.3 Flachform-Meißelhalter schematisch für Schütte-Kurvenmaschine (oben) und als Realbild auf einem Voreinstellgerät (unten). [Quellen: Schütte]

Abb. 8.4 Werkzeugsystem für Schütte-Kurvenmaschine mit innerer Kühlschmiermittelzufuhr und verschiedenen Werkzeughaltern. [Quelle: Schütte]

des Bearbeitungsprozesses bei und wird vor allem dann eingesetzt, wenn die zugeführte Kühlschmiermittelmenge reduziert werden soll oder wenn bei der Zerspanung Probleme hinsichtlich des Werkzeugverschleißes, der erzeugten Oberflächengüte oder bei Spanbildung und Spanfluss auftreten.

Die grundlegenden Mechanismen der Positionierung (Abb. 8.4, unten links) sind analog dem bereits vorgestellten System SWS400. Auch dieses Werkzeugsystem ist modular aufgebaut, aber hinsichtlich der möglichen Schnittstellen erweitert (Abb. 8.4, unten rechts). Es bietet die Möglichkeit verschiedene Grund- und Wechselhalter aufzubauen und erlaubt den Einsatz von standardisierten Werkzeughaltern ebenso wie die Montage herstellerspezifischer Werkzeugaufnahmen.

8.1.1 Einstellen der Querwerkzeuge

Für das Rüsten werden Grund- und Wechselhalter auf sogenannten Werkzeugvoreinstellgeräten vorbereitet, Abb. 8.5. Das Voreinstellgerät erlaubt ein Einstellen oder Einmessen der Werkzeugpositionen außerhalb der Maschine. Bei den hier beschriebenen Werkzeugsysteme für Kurvenmaschinen werden die Werkzeugpositionen am Voreinstellgerät eingestellt und über entsprechend gestaltete Schnittstellen positionsanalog auf den Werkzeugschlitten der Maschine positioniert. Bei CNC-Maschinen werden die Positionsdaten von eingespannten Werkzeugen vermessen und der Maschinensteuerung mitgeteilt, damit diese die Verfahrbewegungen an die gemessene Werkzeugposition anpassen kann.

Auf dem Montagetisch des Voreinstellgeräts (Abb. 8.5, 1) befinden sich Adapter (Abb. 8.5, 2), mit denen die Werkzeuge (Abb. 8.5, 3) analog zur Einspannsituation in der Maschine aufgenommen werden. Die Einstellung oder Vermessung der Schneidenposition kann wahlweise über ein optisches (Abb. 8.5, 4) oder ein taktiles System (Abb. 8.5, 5) erfolgen. Bei Vermessung mit dem optischen System wird die Schneidengeometrie in Draufsicht (Abb. 8.5, 6) und Vorderansicht visualisiert.

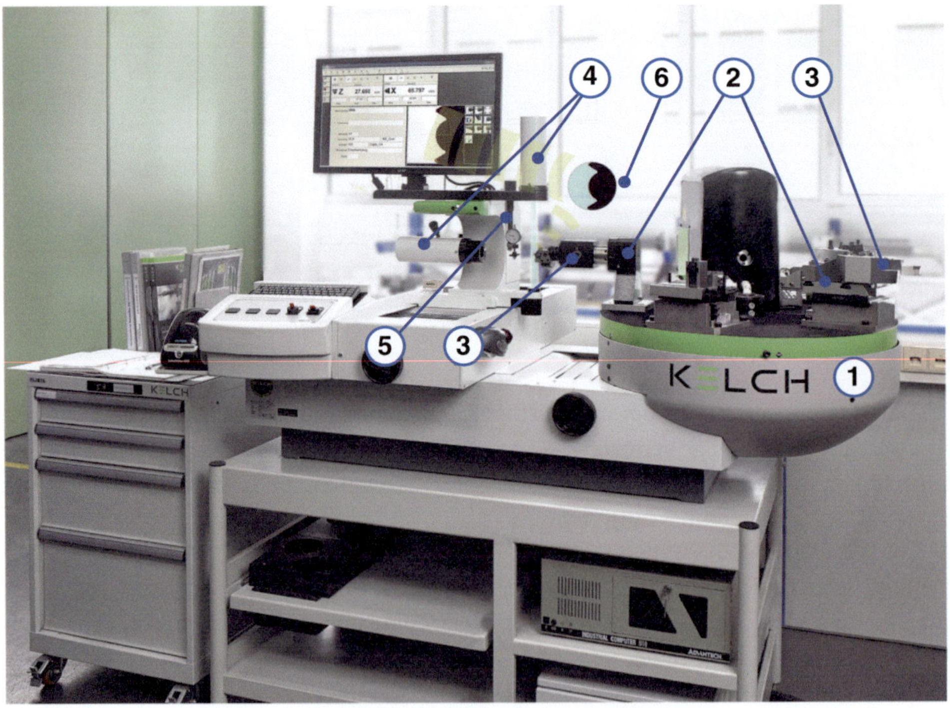

Abb. 8.5 Arbeitsplatz für die Voreinstellung der Werkzeuge. [Bildquelle: Schütte]

Zur Voreinstellung des zuvor beschriebenen Werkzeugsystems werden der Grundhalter (Abb. 8.6, 1) und der Wechselhalter (Abb. 8.6, 2) auf einer Grundplatte (Abb. 8.6, 3) im Einstellgerät positioniert. Diese ist im Voreinstellgerät in der Regel auf einer Adapterplatte (Abb. 8.6, 4) montiert, damit das Gerät für die Einstellung unterschiedlicher Werkzeugsysteme genutzt werden kann. Die Positionseinstellung des Werkzeugsystems wird mit Festanschlägen bzw. einstellbaren Anschlagbrücken analog zur Situation auf der Bearbeitungsmaschine gespeichert und dient als Referenz zur Positionseinstellung beim Aufbau auf der Grundplatte des Querschlittens. Der Abgleich zwischen dem Einstellgerät und den Relativpositionen von Schlitten- und Spindelbezugssystemen im Arbeitsraum der Werkzeugmaschine erfolgt mithilfe einer Einstelllehre (Abb. 8.6, 5 und separates Bild rechts). Die an der Einstelllehre ermittelten Referenzwerte bilden die Basis für die Bezugsmaße der Werkzeuge. In Abb. 8.6 ist die Einstellehre in einem Wechselhalter aufgenommen und auf der Grundplatte des Werkzeugsystems im Einstellgerät aufgebaut (Abb. 8.6 rechts). Die Referenzwerte für die Spitzenhöhe und den vorderen Schneidenpunkt können mit dem optischen System oder einer taktilen Messuhr (Abb. 8.6, 6) erfasst werden.

Auf Basis der gewonnenen Referenzdaten werden Wechselhalter und Werkzeuge eingemessen bzw. positioniert. Die Spitzenhöhe wird über die einstellbare Höhe des Wechselhalters im Grundhalter angepasst. Der vordere Schneidenpunkt kann über die Montageposition des Werkzeugs im Wechselhalter bestimmt und für die Bearbeitung eingestellt werden.

Grund- und Wechselhalter werden dann über die eingestellten Festanschläge in analoger Position auf der Grundplatte im Arbeitsraum aufgebaut. Für die Vorbereitung eines verschleißbedingten Werkzeugwechsels wird ein zweiter Wechselhalter vorbereitet, dessen Schneide identisch zum ersten Wechselhalter positioniert ist.

Wichtige Anforderung ist dabei die Reproduzierbarkeit der Spannposition mit verschiedenen Wechselhaltern, um beim Austausch eines verschlissenen Werkzeugs

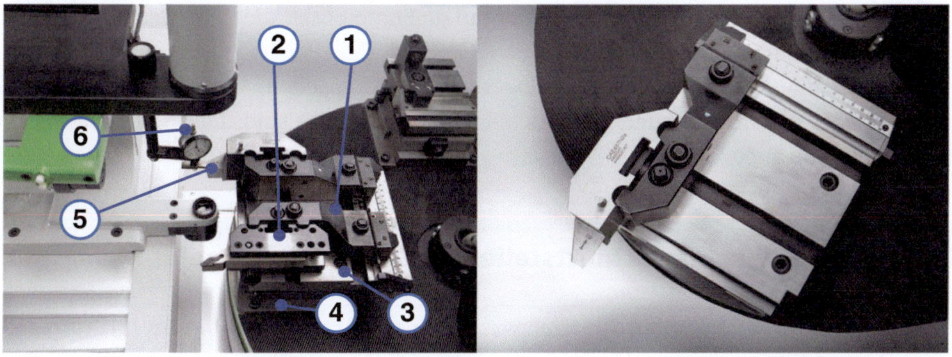

Abb. 8.6 Werkzeugaufbau im Voreinstellgerät (links), Einstelllehre zum Einmessen der Referenzmaße (in Messposition und im separaten Bild rechts). [Bildquelle: Schütte]

die wiederholgenaue Position der Schneide sicherzustellen. Unsicherheiten in der Positionierung resultieren aus der Einstellgenauigkeit auf dem Voreinstellgerät und aus den Positionsstreuungen beim Spannen der Wechselhalter. Die Wechselgenauigkeit der Werkzeugsysteme für Kurvenmaschinen werden mit einer Toleranz von 3 bis 25 μm angegeben [Jaeg67, Lede73, Zoll82b]. Die Toleranzfeldbreite hat sich mit stetigem Fortschritt in der Fertigungsgenauigkeit bei der Herstellung der Werkzeugsysteme verringert. Zu den Blütezeiten der Kurvenmaschinen waren die erreichbaren Einstellgenauigkeiten in Abhängigkeit vom Einstellverfahren in der VDI-Richtlinie 3249 definiert [Spur70].

Trotzdem kommt es mit einem Werkzeugwechsel immer zu einer Maßveränderung am Werkstück. Neben der toleranzbehafteten Wiederholgenauigkeit kann dies durch Fehler in der Geometrie der Werkzeugschneide, durch thermische Einflüsse oder durch fehlerhafte Berücksichtigung einer vorher vorgenommenen Verschleißkompensation verursacht werden. Zur Vermeidung unzulässiger Maßänderungen sind nach einem Werkzeugwechsel daher die ersten gefertigten Werkstücke einer Toleranzkontrolle zu unterziehen, sodass eventuelle Abweichungen durch eine Feineinstellung der Werkzeugposition in der Maschine korrigiert werden können.

8.1.2 Einstellen der Längswerkzeuge

Die bisher beschriebenen Vorgänge beziehen sich auf Schneidwerkzeuge auf dem Querschlitten, bei denen die Grundplatte oder der Grundhalter des Werkzeugsystems als Voreinstelladapter dienen. Rotationssymmetrische Werkzeuge können ebenfalls voreingestellt werden. Die wichtige Einstellgröße ist hier die Ausspannlänge des Bohrers oder Fräsers, Abb. 8.7. Zusätzlich kann je nach Adapter auch der Rundlauf kontrolliert werden. Schnittstellen sind existierende Spannsysteme für rotierende Werkzeuge, die standardisiert sind oder herstellerspezifisch sein können, wie beispielsweise HSK- oder Capto-Aufnahmen. Für diese Schnittstellen sind ebenfalls entsprechende Voreinstelladapter vorzusehen. Die Voreinstellgeräte bieten in der Regel die Möglichkeit über einen Revolvertisch mehrere Adapter aufzunehmen oder diese wiederholgenau einwechseln zu können [Zoll82a].

Einstelladapter sind auch für Drehwerkzeuge vorzusehen, die auf Längsschlitten montiert oder auf Sonder- und Mehrfachhaltern angeordnet sind. Diese werden auf die Einbausituation angepasst.

8.2 Schnellwechselschnittstellen für CNC-Mehrspindler

Im vorherigen Kapitel wurden Werkzeugsysteme und Voreinstellmethoden für Aufbauten vom Querschlitten erläutert. Ein wesentliches Charakteristikum war dabei, dass die z-Position der Schneide auf das Werkstück eingestellt werden muss und ortsfest bleibt.

Abb. 8.7 Voreinstellung eines Bohrers außerhalb der Maschine [Schu10]

Bei CNC-Mehrspindlern mit Kreuzschlitten kann die Schneide mit der z-Achse beliebig positioniert und verfahren werden.

Daher kommt es bei Nutzung eines Einstellgeräts weniger auf die genaue Positionierung der Werkzeugschneide, als auf die Vermessung der Schneidenposition an. Dabei werden die Koordinaten der montierten Werkzeugposition im Voreinstellgerät ermittelt und als sogenannte Werkzeug-Offset-Werte in der Maschinensteuerung hinterlegt. Damit wird der CNC-Maschine der Positionswert der Werkzeugschneiden relativ zum Werkzeugsystem mitgeteilt und bei den Verfahrbewegungen der Achsen entsprechend berücksichtigt.

Die grundlegende Vorgehensweise bei der Vermessung ist der Voreinstellung ähnlich. Anstelle der Positionierung über Anschläge wird das optische System des Voreinstellgeräts genutzt, um die Spitze der Werkzeugschneide in ihrer Position zu vermessen. Dazu sind die Verfahrachsen des Einstellgeräts elektromotorisch angetrieben. Die Achspositionen können über Messsysteme ausgelesen werden. Auch hier werden die Bezugspositionen über Einstelllehren referenziert. In verschiedenen Werkzeugkonzepten kann auf die Vermessung der Grundhalter verzichtet werden, da diese durch formschlüssige Elemente bzw. über Festanschläge auf den Schlitten in definierten Positionen montiert sind. Eine gleiche Positionierung auf Schlittenplatten unterschiedlicher Lagen ist dabei im Falle einer Einrichtungs- oder Grundhalterumrüstung sicherzustellen.

Besonderen Komfort bieten die Maschinen der Baureihe SCX, bei denen die Werkzeugköpfe die Funktion des Grundhalters übernehmen, Abb. 8.8. Sie sind herstellerseitig vermessen und mit den entsprechenden Offset-Werten beschriftet. Bei der Montage eines Werkzeugkopfes werden die spezifischen Offset-Werte abgelesen und in die Steuerung

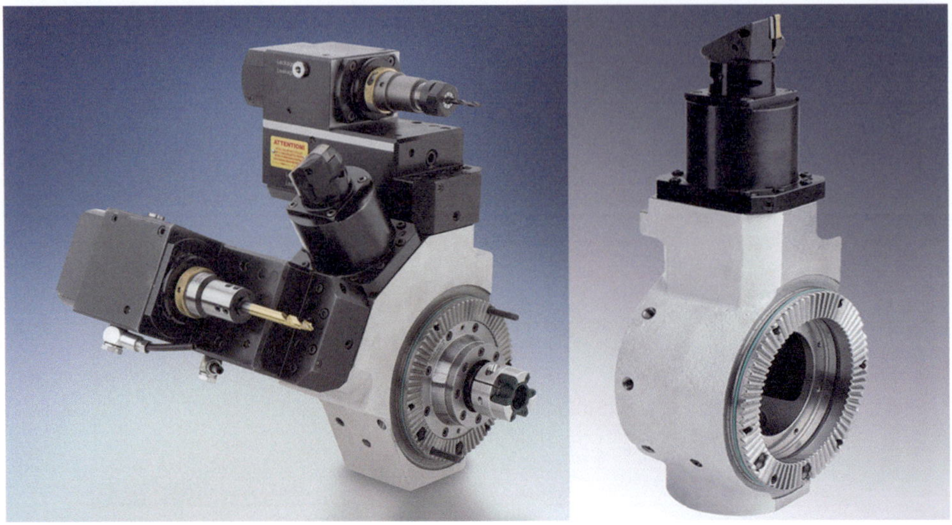

Abb. 8.8 Mehrfach-Werkzeugkopf mit drei Werkzeugplätzen (links) und Einfach-Werkzeugkopf mit einem Werkzeugplatz (rechts), beide mit Verzahnungsschnittstelle zur Montage auf den Bearbeitungsstationen [Schu16a]

übertragen. Damit werden die Abstände zwischen den Bezugspunkten der Maschine und der Wechselhalterschnittstelle übergeben und in den programmierten Verfahrwegen des NC-Programms berücksichtigt. Für die wiederholgenaue und einfache Montage der Werkzeugköpfe und Bearbeitungseinrichtungen ist eine Hirth-verzahnte Schnittstelle vorgesehen, deren Funktions- und Wirkungsweise in Abschn. 8.4 erläutert wird.

Die Werkzeughalter moderner CNC-Drehautomaten werden insbesondere bei rotierenden Werkzeugen mit Schnittstellen ausgerüstet, die auch auf einspindligen Dreh- und Dreh-Fräs-Maschinen zum Einsatz kommen. Einen hohen Verbreitungsgrad haben HSK- und Capto-Schnittstellen, mit denen sowohl rotierende als auch Drehwerkzeuge gespannt werden können, Abb. 8.9.

Beide Schnittstellen verfügen über eine sehr hohe Wechselgenauigkeit, d. h. die Wechselhalter können in einem engen Toleranzfenster wiederholgenau gespannt werden. Die Wechselgenauigkeit in der axialen Zentrierung der Schnittstelle wird mit 1 µm angegeben [WeBr05]. Im tatsächlichen Wechsel kommen weitere Toleranzen aus den Wechselhaltern hinzu, sodass von einer Positionierung in radialer und axialer Richtung mit einer Unsicherheit von kleiner 4 µm ausgegangen werden kann [Conr15].

Die Capto-Schnittstelle des Werkzeugherstellers Sandvik-Coromant ist seit 2008 in der ISO 26623 [Iso08] standardisiert. Die HSK-Schnittstelle ist herstellerunabhängig und wurde schwerpunktmäßig für rotierende Werkzeuge entwickelt. Sie ist bereits seit dem Jahr 1996 in der DIN 69893 [Din11] für Kegel-Hohlschäfte mit Plananlage spezifiziert und hat durch die frühzeitige Standardisierung einen hohen Verbreitungsgrad.

Abb. 8.9 Wechselhalter mit verschiedenen Standardschnittstellen: HSK-Schnittstelle (links) und Capto-Schnittstelle (rechts). [Quelle: Schütte]

Beide Schnittstellen zentrieren sich über einen Axialkegel und gewinnen durch die Plananlage des Axialflansches eine hohe Momentensteifigkeit gegen Radiallasten. Die Biege- und Torsionssteifigkeiten der Werkzeugschnittstellen wurden in Forschungsprojekten untersucht und vergleichend bewertet [BrMW15, BrMW16].

Die Capto-Schnittstelle, Abb. 8.9 rechts, verfügt über eine konische polygone Kontur, die in tangentiale Richtung einen Formschluss schafft, der neben einer hohen Drehmomentensteifigkeit zusätzlich die Wiederholbarkeit in der Winkelpositionierung der Wechselhalter sicherstellt. Diese ist bei der HSK-Schnittstelle, Abb. 8.9 links, nur eingeschränkt gegeben, da die Positionierung in Rotationsrichtung um die Werkzeugachse durch ein Nut-Feder-System realisiert und somit spielbehaftet ist. Diese Einschränkung ist bei rotierenden Werkzeugen unbedeutend, hat aber beim Spannen von Drehwerkzeugen erhöhte Toleranzen in der Spitzenhöhe der Schneide zur Folge. Diese Abweichungen steigen mit Erhöhung der F-Maße, d. h. mit größerem Abstand der Schneidenpositionen von der Mittelachse der Werkzeugaufnahme. Ein Beispiel hierfür ist in Abb. 8.10, links mit einem weit auskragenden Innenausdrehmeißel gegeben. Gerade bei Anwendungen mit ausgeprägten F-Maßen der Werkzeuge und einem empfindlichen Prozess, der aufgrund des geometrischen Aufbaus schwingungsanfällig ist, wirken sich Spitzenhöhenabweichungen negativ auf die Zerspanungsbedingungen aus. Aus diesem Grunde wurde der HSK-Standard für stehende Werkzeuge auf Drehmaschinen erweitert und hat in der ISO-Norm HSK-T 12164-3 das Spiel des

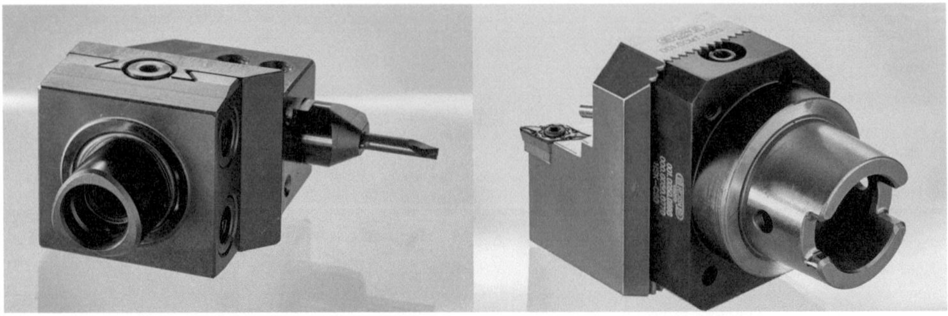

Abb. 8.10 Werkzeughalter mit Schnellwechselschnittstellen für Drehanwendungen auf CNC-Mehrspindel-Drehautomaten; Höhenverstellung über Schwalbenschwanz (links) bzw. über eine Verzahnung (rechts). [Quelle: Schütte]

Nut-Feder-Systems für Drehwerkzeuge deutlich eingeschränkt [Cera10, Iso14, Nn12a, Scho09]. Trotzdem bleibt der Zielkonflikt von Montierbarkeit und Positioniergenauigkeit, der bei der Capto-Schnittstelle prinzipbedingt nicht vorhanden ist.

Neben Steifigkeit und Wechselgenauigkeit ist bei Mehrspindel-Drehautomaten aufgrund des kompakten Bauraums die Baulänge der Werkzeugspannsysteme ein wichtiges Kriterium. Die Baulänge schränkt die nutzbaren Verfahrwege der Schlitten sowie die kollisionsfreien Bauräume ein. Es ist daher zu beachten, dass die Schnellwechselschnittstellen und die Spannsysteme in den Grundhaltern je nach Ausführungsform unterschiedliche Baulängen und -räume einnehmen.

Ein großer Vorteil beim Einsatz standardisierter Schnittstellen ist die große Breite an verfügbaren Werkzeughaltern am Markt. Die Werkzeughersteller und weitere Zulieferfirmen der Spann- und Werkzeugtechnik bieten eine Fülle an Katalogwaren, die leicht und vor allem schnell verfügbar sind. Diese Angebotsbreite ermöglicht es den Endanwendern, auf unterschiedliche Anforderungen aus ihren Bearbeitungsprozessen flexibel reagieren können. Trotzdem sind diese, für eine Vielzahl unterschiedlicher Maschinentypen und Einsatzsituationen produzierten Werkzeuge und Werkzeughalter, für spezifische Einsatzsituationen auf dem Mehrspindler oft nur bedingt geeignet. Eine starke Restriktion ist der Bauraum, der durch die Bearbeitung auf mehreren, in enger Nachbarschaft befindlichen Bearbeitungsstationen beachtet werden muss.

Aus diesem Grund haben die Hersteller von Mehrspindel-Drehautomaten Standardprogramme an Werkzeughaltern entwickelt, die auf die spezifischen Randbedingungen der mehrspindligen Fertigung abgestimmt sind. So werden beispielsweise die bereits diskutierten Unterschiede von rechts- und linksschneidenden sowie normal- und überkopfschneidenden Werkzeugen berücksichtigt.

Die Programme sind selbst entwickelt oder in Kooperation mit Herstellern von Werkzeugen oder Werkzeugsystemen aufgelegt und bieten abgestimmte Kataloge für die Werkzeugausrüstung [Dmgm17, Grun15, Horn16, Isca07, Mück11, Nn08]. Für die Baureihe SCX sind beispielsweise eigene Baureihen an Werkzeughaltern entstanden, mit denen die Maschinen sich wahlweise mit Capto- oder HSK-Schnittstellen ausrüsten lassen, Abb. 8.10. Maschinen und Werkzeughalter mit HSK-Schnittstelle sind im Drehbereich mit den eingeschränkten Toleranzen der T-Norm [Iso14] gefertigt, damit eine wiederholgenaue und hinreichend präzise Spitzenhöhe sichergestellt werden kann.

Zusätzlich ist die Höhenverstellung der Werkzeugschneiden, die auch für CNC-gesteuerte Mehrspindler eine hohe Bedeutung hat, im Programm berücksichtigt [Horn07, Isca07]. Die Werkzeughalter bestehen aus einem Grund- und Wechselteil, Abb. 8.10. Die beiden Komponenten sind zueinander über eine Schwalbenschwanzführung [Isca07] bzw. über eine Verzahnung [Horn07] in axialer und radialer Richtungen ortsfest positioniert und erlauben tangential zum Werkstück eine Feineinstellung der Spitzenhöhe. Zum Einsatz kommt die Höhenverstellung, wenn Profilplatten eingesetzt und spanflächenseitig nachgeschliffen werden. Auch beim Einsatz von sehr kleinen oder am Innendurchmesser arbeitenden Werkzeugen für eine schwingungsarme Zerspanung und zur Einstellung technologisch angemessener Schnittbedingungen ist eine genaue Spitzenhöhe erforderlich.

Ein weiterer Vorteil der geteilten Halter ist die höhere Flexibilität. Die kostenintensiven Grundhalter mit den Schnellwechselschnittstellen können für unterschiedliche Vorsatzelemente verwendet werden. Die deutlich günstiger herzustellenden Wechselteile werden mit unterschiedlichen Plattensitzen und Befestigungen ausgeführt und können eine breite Vielfalt an einsetzbaren Schneidplatten spannen, Abb. 8.10. Bei den Drehwerkzeugen lassen sich vom Schaft- bis zum Kompakthalter unterschiedliche Werkzeugträger in verschiedenen Anstellpositionen aufnehmen. Für sehr kleine Werkzeuge werden Sonderlösungen angeboten, ggf. mit Feineinstellung [Horn07].

Bei rotationssymmetrischen Werkzeugen mit Zylinderschaft sind alle bekannten Spannprinzipien von der Weldon-Aufnahme über die Spannzange bis zum Hydrodehn- oder Schrumpffutter einsetzbar.

Die effiziente Werkzeugkühlung und -schmierung gewinnt in der modernen Zerspanung immer mehr an Bedeutung. Daher bieten die Werkzeugsysteme integrierte Kühlschmiermittelkanäle an, mit denen das Kühlschmiermittel unmittelbar an die Werkzeugschneide geführt wird. Ein wichtiger Vorteil ist, dass die Kühlschmiermittelzufuhr im jeweiligen Wechselhalter auf Geometrie und Position der Schneide angepasst ist und bei einem Werkzeugwechsel keine Einstell- und Justierarbeiten für den Kühlschmiermittelstrahl erforderlich werden. Damit einher geht ein erhöhter Rüstkomfort und eine verbesserte Prozesssicherheit durch reproduzierbare Zerspanungsbedingungen nach dem Werkzeugwechsel.

Zusammenfassend bleibt festzuhalten, dass sich bei modernen CNC-Mehrspindel-Drehautomaten der Einsatz von standardisierten Schnellwechselschnittstellen durchgesetzt hat. Die Vorteile liegen in der guten Verfügbarkeit von Werkzeugen und Werkzeughaltern am Markt und in schnellen und wiederholgenauen Wechselvorgängen. Damit sind Umrüstvorgänge und verschleißbedingte Werkzeugwechsel für den Anwender einfach, schnell und komfortabel. Zur angemessenen Berücksichtigung der spezifischen Besonderheiten im Bauraum eines mehrspindligen Drehautomaten bieten verschiedene Werkzeughersteller eigene Werkzeugkataloge für unterschiedliche Bauformen und Ausrüstungskomponenten der CNC-Mehrspindel-Drehautomaten an. Damit kann der Anwender auf ein anforderungsgerechtes und breites Werkzeugangebot mit unterschiedlichsten Spannprinzipien zurückgreifen.

8.3 Konfiguration aus dem modularen Einrichtungsbaukasten

Moderne Maschinenkonzepte sind oft modular gestaltet. Die grundlegenden Maschinenplattformen und werden durch Baukästen an ebenfalls weitgehend standardisierten Ausrüstungskomponenten ergänzt, mit denen sich die Maschinen für die Anforderungen unterschiedliche Anwendungen und Bearbeitungen konfigurieren lassen.

Die Standardisierung von Maschinengrundbauformen und Ausrüstungskomponenten reduziert aufwendige Sonderkonstruktionen, die in der Vergangenheit häufig zur Umsetzung spezifischer Kundenanforderungen erstellt wurden. Modulare Werkzeugmaschinen werden in Deutschland seit den 1990er Jahren entwickelt und angeboten. Sie sind eine Folge der großen Krise des deutschen Werkzeugmaschinenbaus ab dem Jahre 1992, die eine Neuordnung des Marktes an Maschinenherstellern und ein Umdenken in den Maschinenkonzepten zur Folge hatte [KiRo17].

Bei den Mehrspindel-Drehautomaten existieren Systembaukästen bereits für die Kurvenmaschinen. Im klassischen Maschinenaufbau sind aber die Möglichkeiten identischer Module begrenzt, beispielsweise aufgrund der lagenspezifisch unterschiedlichen Neigungswinkel auf den Querschlittenkonsolen. Trotzdem wurden bereits damals Bearbeitungseinrichtungen und Werkzeugsysteme mit einem hohen Maß an Flexibilität bezüglich eines lagenübergreifenden Einsatzes konstruiert.

Mit den CNC-Mehrspindel-Drehautomaten neuerer Bauart sind Maschinenkonzepte entstanden, die bereits im grundlegenden Maschinenaufbau die Voraussetzungen für Modularität schaffen.

Dies wird im Folgenden am Beispiel der Baureihe SCX des Herstellers Schütte veranschaulicht. Bereits der Aufbau des Spindelkastens mit symmetrisch und in gleichen Winkeln angeordneten Querschlitteneinheiten (siehe auch Abb. 4.22) ermöglicht einen hohen Standardisierungsgrad von Bearbeitungseinrichtungen und Werkzeugen. Die identisch zum Spindelkasten aufgebauten Kreuzschlitteneinheiten für die Rückseitenbearbeitung und die analogen Pinolen der z-Führungen für die Längsantriebe schaffen weitere Voraussetzungen für den Aufbau baugleicher Einrichtungen [Krom06, Schu07, Schu10].

Die Bearbeitungsmodule für Querbearbeitungen der Baureihe SCX sind in Abb. 8.11 dargestellt. Der modulare Aufbau wird im Gesamtkonzept deutlich. Zur Orientierung ist links (Abb. 8.11, 1) die Abdeckplatte der x-z-Kreuzschlitteneinheit am Spindelkasten dargestellt. Die z-Führung der Kreuzschlitteneinheit ist eine Pinole (Abb. 8.11, 2), an deren arbeitsraumzugewandten Ende sich die Montageschnittstelle (Abb. 8.11, 3) für Werkzeugköpfe und Bearbeitungseinrichtungen befindet. In der Pinole kann ein Antriebsmotor (Abb. 8.11, 4) verbaut sein, der für den Einsatz von angetriebenen Werkzeugen und Einrichtungen benötigt wird.

Die Anbindung der angetriebenen Einrichtungen an den Motor erfolgt über Kupplungen und Getrieberäder (Abb. 8.11, 5), die für unterschiedliche Übersetzungsverhältnisse ausgelegt werden können. Je nach Bearbeitungseinrichtung werden Winkel- oder Zahnriemengetriebe eingesetzt, um das Drehmoment auf die Antriebswelle des Werkzeugs zu übertragen. Weiterhin sind in Abb. 8.11 Bearbeitungsköpfe mit einem (Abb. 8.11, 6) oder mehreren (Abb. 8.11, 7) Montageplätzen für Werkzeugaufnahmen oder -spindeln sowie eine Mehrkant-Dreheinrichtung (Abb. 8.11, 8) dargestellt.

Die Bearbeitungsköpfe verfügen über Montageschnittstellen für Werkzeughalter zur Aufnahme von stehenden und angetriebenen Werkzeugen. Die Werkzeughalter für Drehwerkzeuge (Abb. 8.11, 9) können wahlweise mit den Schnellwechsel-Schnittstellen HSK oder Capto ausgestattet werden. Wie bereits im vorangegangenen Kapitel beschrieben, ermöglicht dies den Einsatz eines umfangreichen Portfolios an marktüblichen Werkzeughaltern. Angetriebene Werkzeuge für Bohr- und Fräsoperationen werden in Werkzeugspindeln (Abb. 8.11, 10) gespannt, die ebenfalls in den Bearbeitungsköpfen verbaut sind. So können umfangsseitig Fräsungen und Querbohrungen unter 90° zur Werkstückachse oder, mit winkeleinstellbaren Werkzeugköpfen, mit davon abweichenden Winkeln

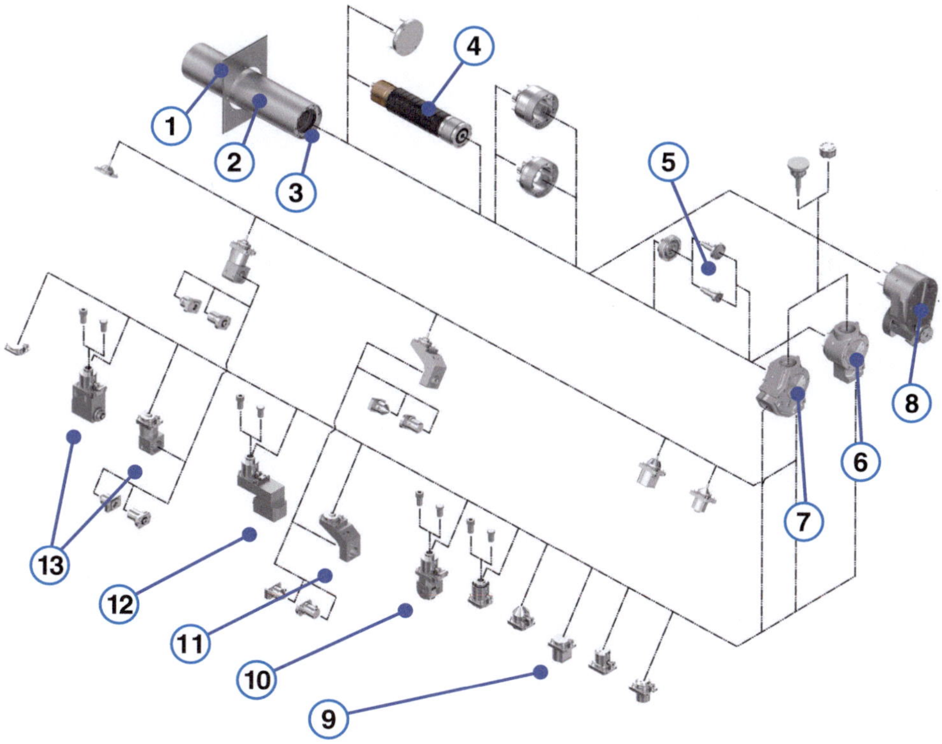

Abb. 8.11 Ausgewählte Werkzeugköpfe und Bearbeitungseinrichtungen der Baureihe SCX für Querbearbeitungsstationen. [Bildquelle: Schütte]

hergestellt werden. Stehende und angetriebene Werkzeuge für Stirnseitenbearbeitungen werden in gekröpften Werkzeugaufnahmen (Abb. 8.11, 11) und umgelenkten Einrichtungen (Abb. 8.11, 12) aufgenommen. Diese können auf die Hauptspindeln oder die Gegenspindel (Abb. 8.11, 13) orientiert sein. Bei zentrischen Bohrungen größerer Durchmesser wird die Schnittgeschwindigkeit durch die Rotation des Werkstücks erzeugt, bei exzentrischen Bohrungen, kleinen Bohrungsdurchmessern und Fräsoperationen kommen angetriebene Einrichtungen zum Einsatz.

Mit diesem überschaubaren Ausrüstungsbaukasten lassen sich bereits die meisten und am häufigsten angewendeten Zerspantechnologien auf dem Mehrspindel-Drehautomaten umsetzen. Varianten sind erforderlich, um einen breiten Bereich an Drehzahl-/Drehmomentkombinationen abzubilden, Doppel- oder Mehrfachwerkzeuge einzusetzen oder komplexere Prozesse wie das Wälzfräsen zu ermöglichen. Insgesamt ist aber mit einem überschaubaren Umfang an Bearbeitungseinrichtungen das breite Portfolio an Zerspanprozessen für den Mehrspindel-Drehautomaten zu bedienen.

Ein analoges Konzept ist für die Längsbearbeitungen entwickelt, Abb. 8.12. Auch hier kann der Antriebsmotor (Abb. 8.12, 1) in die z-Pinole versenkt werden. Die Werkzeugköpfe können im einfachsten Fall stehende Bohrer (Abb. 8.12, 2) für zentrische Bohrungen aufnehmen. Alternativ sind angetriebene Bohr- und Fräsköpfe (Abb. 8.12, 3) einsetzbar, die mit dem optionalen y-Schwenkantrieb jeden Punkt auf der Stirnseite des Werkstücks erreichen und exzentrische Bohrungen ausführen oder stirnseitig

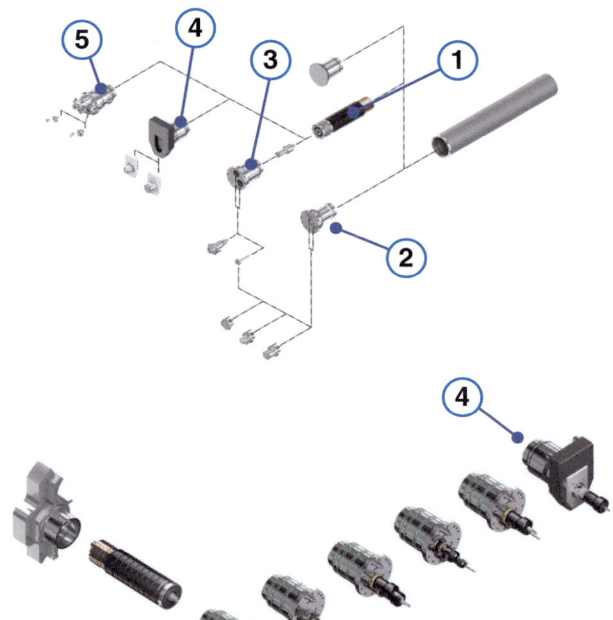

Abb. 8.12 Ausgewählte Werkzeugköpfe und Bearbeitungseinrichtungen der Baureihe SCX für Längsbearbeitungsstationen. [Bildquelle: Schütte]

Fräskonturen abfahren. Ein Kreuzschlitten (Abb. 8.12, 4) mit linearer x-Achse ermöglicht die NC-gesteuerte Konturbearbeitung mit einem Drehwerkzeug, die von der Längsseite in der Regel für Innenbearbeitungen eingesetzt wird.

Weitere Bearbeitungseinrichtungen werden zum axialen Stoßen von Profilen (Abb. 8.12, 5), zum Feinverstellen von Bohrköpfen oder mit vorgesetztem Getriebe für besonders hohe Drehzahlen bis 28.000 1/min angeboten. Im unteren Bildteil von Abb. 8.12 sind die Bearbeitungseinrichtungen im montierten Zustand dargestellt. Die Bearbeitungsköpfe für stehende Bohrwerkzeuge und rotierende Bohr- und Fräswerkzeuge lassen sich wahlweise mit einem oder zwei Werkzeugplätzen ausstatten.

Die konsequente modulare und baugleiche Konfiguration der Bearbeitungseinheiten gibt dem Anwender eine hohe Flexibilität hinsichtlich der einsetzbaren Technologien und reduziert die Lagerhaltung unterschiedlicher Ausrüstungskomponenten. Ein Vorteil der SCX ist, dass der Antriebsmotor nicht mit den Einrichtungen aufgebaut werden muss. Damit sind die Einrichtungen leichter und erheblich einfacher zu montieren.

Ein weiteres Merkmal mit hohem Anwendernutzen ist die innere Kühlschmiermittelzufuhr, die standardmäßig in jeder Bearbeitungslage und für jeden Werkzeugkopf verfügbar ist. Das Kühlschmiermittel wird an der arbeitsraumabgewandten Rückseite der Pinole eingekoppelt und über eine achsparallele Tiefloch-Durchgangsbohrung in der Wand der Hohlpinole zur Arbeitsraumseite geführt. Über die Anbauschnittstelle wird es dem Bearbeitungskopf zugeführt und über innere Kühlkanäle an das Werkzeug weitergeleitet. Damit entfallen Kühlschmiermittelschläuche im Arbeitsraum, die vor dem Hintergrund des anfallenden hohen Spanvolumens auf Mehrspindlern besonders nachteilig sind. Die Zuleitungen zu den Antriebsmotoren sind ebenfalls außerhalb des Arbeitsraums angeordnet, sodass der Zerspanbereich frei von störenden Rohren und Kabeln bleibt. Diese Aspekte erhöhen den Nutzungsgrad und wirken sich sehr positiv auf die Umrüstbarkeit der Maschinen aus, der sich Abschn. 8.4 widmet.

8.4 Konzepte für schnelles und komfortables Rüsten

Die produktionstechnischen Trends zu steigenden Variantenvielfalt und sinkenden Losgrößen haben bei dem ehemals für die Massenverarbeitung entwickelten mehrspindligen Maschinenkonzept die Flexibilität und Umrüstfreundlichkeit verstärkt in den Fokus gerückt.

Die voreinstellbaren Werkzeugsysteme und die Wechselschnittstellen für die Werkzeughalter und -schneiden sind für schnelle Wechsel der verschleißbedingt auszutauschenden Werkzeuge entwickelt worden. Werden aber im Produktionsprogramm verstärkt die produzierten Werkstücke gewechselt, sind damit häufig veränderte Prozesse und Prozessfolgen verbunden. Damit einher gehen Änderungen im Werkzeug- und Einrichtungsaufbau, die zusätzliche Rüstaufwände erfordern. Mit kleiner werdenden Losgrößen steigt die Anzahl dieser Rüstvorgänge und die Umrüstzeit gewinnt aus Produktivitätssicht erheblich an Bedeutung.

Der Aufwand des Rüstens hängt von verschiedenen Faktoren ab. Ein wichtiges Merkmal ist der Ähnlichkeitsgrad der Werkstücke, die auf einer Maschine gefertigt werden. Bei der Produktion von Teilefamilien bleibt die grundlegende Prozessabfolge zumeist gleich. Geringe Veränderungen in der Kontur der Werkstücke können oft mit gleichen Werkzeugen über veränderte Konturzüge abgebildet werden. Das ist bei CNC-Maschinen mit Änderungen im NC-Programm einfach und schnell realisiert. Beim Einsatz von Profilwerkzeugen, wie sie auf Kurvenmaschinen fast ausschließlich zum Einsatz kommen, müssen werkstückangepasste Werkzeugschneiden eingesetzt und eingerichtet werden. Auch diese Änderungen sind in der Umrüstung überschaubar, sofern sie auf Werkzeugwechsel beschränkt bleiben.

Deutlich höhere Rüstaufwände kommen dann zum Tragen, wenn sich die grundlegende Bearbeitungsfolge ändert und Werkzeugsysteme oder Ausrüstungskomponenten in der Maschine auf andere Bearbeitungsstationen umgebaut werden müssen. In diesen Fällen sind bei Kurvenmaschinen und CNC-Maschinen klassischer Bauart Umrüstvorgänge von mehreren Stunden und teilweise mehreren Schichten keine Seltenheit.

Für eine Losgrößenflexibilität bei Werkstücken mit geringer geometrischer Ähnlichkeit sind komfortable und effiziente Rüstkonzepte erforderlich. Die nachfolgenden Ausführungen konzentrieren sich auf Maßnahmen zur Erfüllung dieser Anforderungen bei CNC-Maschinen neuer Bauart.

Folgende Aspekte sind in Rüstkonzepten zu berücksichtigen:

- Gewicht und Größe der Ausrüstungskomponenten,
- Positionierung und Positionsgenauigkeit beim Wechsel von Bearbeitungseinrichtungen und Werkzeugträgern,
- Werte für Einrichtungs- und Werkzeug-Offsets in der Maschinensteuerung,
- Schnellwechselsysteme für die Werkzeughalter,
- Voreinstellbarkeit der Werkzeuge außerhalb der Maschine,
- Reduzierung verschleißbedingter Werkzeugwechsel,
- Einrichtung und Optimierung der Kühlschmiermittelzufuhr im Zerspanprozess.

Im Folgenden werden beispielhaft die Maßnahmen zur Unterstützung des Umrüstens in der Baureihe SCX des Herstellers Schütte vorgestellt, da das Rüstkonzept dieser Maschine sehr umfänglich und ganzheitlich durchdacht ist.

Gewicht und Größe der Bearbeitungseinrichtungen sind bei dieser Baureihe dadurch erheblich reduziert, dass der Antriebsmotor nicht mit den angetriebenen Einrichtungen verbunden ist. In anderen Maschinenkonzepten sind Einrichtungen und Motoren eine Baugruppe und wiegen oft 15 kg und mehr. Dann sind prinzipiell mindestens zwei Personen und ein Kran für den Rüstvorgang erforderlich.

Die Einrichtungen und Werkzeugköpfe der SCX sind ohne Antriebsmotor deutlich leichter. Viele Ausrüstungskomponenten können von einer Person unter gleichzeitiger Nutzung eines Hebezeugs gewechselt werden. Dabei wird der Einrichtungswechsel durch die Hirth-verzahnte Schnittstelle zwischen z-Pinole und Ausrüstungskomponente

Abb. 8.13 Schnittstelle zwischen der z-Pinole der Kreuzschlitten und den Werkzeugköpfen bzw. Bearbeitungseinrichtungen bei der Baureihe SCX (links), Montage eines Werkzeugkopfs (rechts) [Schu10]

erheblich erleichtert. Der Aufnahmesitz der Pinole, Abb. 8.13 sowie die Stirnseite der Ausrüstungskomponenten sind mit einer Hirth-Verzahnung versehen.

Der Vorteil der Hirth-Verzahnung liegt in der einfachen und genauen Positionierung von Bearbeitungseinrichtungen und Werkzeugköpfen. Durch die formschlüssige Verzahnung lassen sich die Köpfe radial, axial und in der Winkelorientierung wiederhol- und positionsgenau montieren. Alternative formschlüssige Elemente wie beispielsweise ein Zentriersitz zur radial-axial Fixierung und ein Passstift oder ein Nut-Feder-System für die Winkellage, benötigen für die geforderte Wechselgenauigkeit eng tolerierte Passsitze mit geringem Spiel und sind in Kombination statisch überbestimmt. Die Hirth-Verzahnung kann durch die Vielzahl an Formschlusselementen leicht gelöst und montiert werden und erfüllt trotzdem die hohen Genauigkeitsanforderungen.

Das Montageprinzip ist auf den Quer- und Längslagen identisch und erleichtert die Einrichtungsmontage wesentlich. Die Bearbeitungseinrichtungen und Werkzeugköpfe werden werksseitig vermessen und sind mit den entsprechenden Werten beschriftet, die als Offset-Werte in der Maschinensteuerung hinterlegt werden. Damit ist die Maßkette vom Maschinennullpunkt bis zur Schnittstelle für die Werkzeughalter in der Maschinensteuerung bekannt.

Die voreinstellbaren Werkzeughalter werden über die in Abschn. 8.2 beschriebenen Schnellwechselschnittstellen gespannt, wobei die Voreinstellwerte ebenfalls in der Maschinensteuerung hinterlegt werden. Die Spannsysteme sind so konstruiert, dass die Wechselhalter im Regelfall mit einer halben Werkzeugumdrehung spannbar sind.

Bei den Mehrspindel-Drehautomaten werden die Prozessparameter in der Regel so gewählt, dass möglichst mehrere Werkzeuge gleichzeitig verschlissen sind und gewechselt werden müssen. Damit wird die Anzahl an Prozessunterbrechungen klein gehalten, oft auch dann, wenn dies die Ausnutzung der Werkzeugstandzeit verringert. Besonders verschleißintensive Werkzeuge, die nicht im vorgesehenen Wechselturnus liegen, können durch gleichartige Schwesterwerkzeuge ergänzt werden, die auf Mehrfachwerkzeughaltern im Arbeitsraum verfügbar sind. Voraussetzung ist, dass genügend Werkzeugplätze kollisionsfrei zur Verfügung stehen.

Die Anzahl der Werkzeugplätze hängt vom Maschinenaufbau und den Ausrüstungskomponenten ab. Um dem Anwender bei der Komplettbearbeitung komplexer Werkstückgeometrien ein möglichst hohes Maß an Flexibilität zu bieten, ist sie prinzipiell so hoch wie möglich zu wählen. Grenzen liegen in der Komplexität der Prozessführung und in der Beherrschung von Verschleißfortschritt und Werkzeugwechsel.

Die Maschinen der Baureihe MS-C des Herstellers Index ordnen daher jeder Spindel zwei Schlitten zu, die meist als Kreuzschlitten ausgeführt sind. Die Baureihe SCX bietet pro Spindel je einen Schlitten von quer und längs, die parallel arbeiten. In beiden Maschinekonzepten lassen sich die einzelnen Lagen mit Bearbeitungseinheiten ausstatten, die über mehrere Werkzeugplätze verfügen. Diese werden durch Schwenk- oder Verfahrbewegungen nacheinander in die Zerspanungsposition gebracht. Bei der SCX sind beispielsweise drei Werkzeugplätze in den Querbearbeitungsstationen und zwei Werkzeugplätze in den Längslagen möglich, Abb. 8.11 bzw. Abb. 8.12.

Im Vergleich zu ein- oder doppelspindligen Dreh-Fräszentren unterscheiden sich die Tätigkeiten zur Umrüstung von modernen CNC-Mehrspindel-Drehautomaten nur wenig. Beide Maschinengattungen sind darauf ausgelegt, die Werkstücke weitgehend komplett zu bearbeiten. Die geometrischen Elemente müssen unabhängig vom Maschinenkonzept vollständig gefertigt und die entsprechenden Werkzeuge in vergleichbarer Zahl eingerichtet werden. Ein Vorteil des Einspindlers liegt darin, dass beim Einsatz von Werkzeugrevolvern die Reihenfolge der Bearbeitung variiert werden kann, ohne Einrichtungen umzubauen. Voraussetzung ist, dass die Anzahl der Revolverplätze ausreicht, um Werkzeuge und Bearbeitungseinrichtungen für alle Werkstückvarianten aufnehmen zu können. Abgesehen davon müssen alle Bearbeitungsoperationen eingerichtet und eingemessen werden. Bei den mehrspindligen Maschinen ist diese Einrichtetätigkeit auf mehrere Bearbeitungsstationen verteilt, aber im Grunde analog. Ein im Vergleich zum Einspindler erhöhter Aufwand ist beim Rüsten der Spannmittel für Halbzeuge oder Rohlinge gegeben. Beim Mehrspindel-Drehautomaten müssen die Spannmittel mit geänderten Stangendurchmessern oder Rohteilgeometrien in allen Spindeln ausgetauscht werden.

9 Handhabungskonzepte für Roh- und Fertigteile

Automatisiert arbeitende Fertigungssysteme sind mit integrierten oder peripheren Einrichtungen für das Zu- und Abführen von Ausgangsmaterial und gefertigten Werkstücken ausgestattet. Wesentliche Kenngröße ist dabei die Autonomie, d. h. der Zeitraum, in dem ohne Bedienereingriff produziert werden kann.

Die Zuführung von Roh- oder Halbfertigmaterialien und die Abführung der erzeugten Werkstücke müssen dazu mit entsprechenden Speichern versehen sein. Bei den oft kurzen Taktzeiten der Mehrspindel-Drehautomaten bedeutet dies entsprechend große Speicher oder eine verkürzte Autonomie.

Je nach Ausprägung der zugeführten Ausgangsmaterialien werden die Mehrspindel-Drehautomaten in Stangenmaschinen und Futter- oder Magazinmaschinen unterteilt.

9.1 Zuführkonzepte bei der Stangenbearbeitung

In den meisten Anwendungen werden Mehrspindler als Stangenautomaten betrieben [Nn01a]. Der zu verarbeitende Werkstoff wird als Halbzeug zugeführt, in der Regel in Form eines kalt gewalzten oder gezogenen Stabstahls. Dieser kann als Rohr, Rund- oder Profilstange ausgeführt sein. In der Praxis werden überwiegend Rundmaterialien eingesetzt. Werkstücke mit Schlüsselflächen werden bei einigen Anwendungen als Mehrkantstangen zugeführt, um die Schlüsselflächenbearbeitung einzusparen. Davon abweichende Profilformen werden nur selten eingesetzt und insbesondere dann vermieden, wenn sie nicht rotationssymmetrisch sind und bei Bearbeitungsdrehzahl durch Unwucht zu dynamischen Anregungen führen.

Die Materialstangen werden in der Regel durch Spannzangen an der arbeitsraumzugewandten Seite der Spindel fixiert. Spannzangen nach DIN 6341, 6343 und 6344 sind geschlitzte Buchsen, die beim Mehrspindel-Drehautomaten in Spannposition durch

M. Reuber, *CNC-Mehrspindel-Drehautomaten*,
https://doi.org/10.1007/978-3-658-29338-3_9

axialen Einzug in einen Spindelkonus zusammengedrückt werden. Die Materialstangen werden über den umfangsseitigen Kraftschluss in der Spannzange gehalten und gegen die angreifenden Kräfte und Momente aus dem Zerspanprozess gestützt. Die Spannzange spannt die Stange sehr positionsgenau und hat im kleinen Durchmesserbereich einen Rundlauffehler kleiner 0,02 mm [HKUS14]. Ein besonderer Vorteil beim Einsatz von Spannzangen auf Mehrspindel-Drehautomaten liegt in deren kompakter Bauform. Die Spannzange ist in der Spindel versenkt und baut nicht, wie beispielsweise Spannfutter, in den Arbeitsraum hinein. Daraus resultieren eine kurze Ausspannlänge des Werkstücks und ein großes Bearbeitungsfeld, das bis unmittelbar an die Spindelnase reicht. Der Verfahrweg der Achsen im begrenzten Arbeitsraum des Mehrspindlers wird bestmöglich ausgenutzt. Die Axialbewegung der Spannzange wird über Spannrohre und Spannschieber initiiert. Die Spannung wird in der Regel über Federpakete aufgebracht und aufrechterhalten. Das Lösen der Spannung erfolgt mittels mechanisch, elektromotorisch oder hydraulisch betriebenen Betätigungseinrichtungen [Nn12b].

Alle in den Spindeln gespannten Materialstangen rotieren mit der jeweiligen Arbeitsdrehzahl der aktuellen Spindellage. Bei CNC-Maschinen mit Einzelspindelantrieben wird die Drehzahl in jeder Lage individuell gewählt, bei Zentralantrieben ist sie prinzipbedingt bei allen Spindeln gleich.

Das Beherrschen dynamischer Anregungen und der damit erzeugten Schwingungen in der Maschine ist bei Mehrspindel-Drehautomaten von besonderer Bedeutung, da jede der zeitgleich arbeitenden Spindeln eine eigene Anregungsquelle darstellt. Die eingesetzten Materialstangen haben in der Regel eine Ausgangslänge von 3,3–4,5 m und sind wegen der toleranzbehafteten Form von Rundheit und Geradheit nie unwuchtfrei. Zudem variieren die dynamischen Anregungen mit Drehzahl und Stangenlänge. Breite Drehzahlfelder, unterschiedliche Stangendurchmesser und -längen sowie materialbedingte Gewichtsunterschiede machen die Vorhersage von Anregungsamplituden und -frequenzen unmöglich. Zur Minimierung dynamischer Effekte sind daher geringe Geradheitsabweichungen und eine gute Führung der Stangen in den Zuführeinrichtungen notwendig. Die Anforderung der Hersteller von Stangenführungssystemen und Lademagazinen an die Geradheit der Stangen liegt zwischen 0,5 und 1 mm pro Meter Stangenlänge. Diese Geradheitsanforderungen werden von den Herstellungsprozessen der Stangen erfüllt, müssen aber bis zur Bearbeitung in der Maschine erhalten bleiben. Gerade bei kleinen Durchmessern und Werkstoffen mit geringer Biegesteifigkeit muss entsprechende Sorgfalt in Handhabung und Transport der Materialstangen gelegt werden.

Die Autonomie bei der Materialzuführung wird durch Stangenlademagazine sichergestellt, die eine größere Anzahl an Materialstangen bevorraten und automatisch in die Spindeln einführen, sobald eine Materialstange abgearbeitet ist. Stangenlademagazine werden häufig nicht von den Maschinenherstellern selbst konstruiert und gebaut, sondern durch Zulieferfirmen hergestellt, die auf die Zuführkomponenten spezialisiert sind [Cucc16, Iemc17a, Iemc17b]. Abweichend davon werden seit jüngerer Zeit von einigen Herstellern wieder eigenentwickelte Laderkonzepte angeboten [Dmgm17, Inde16, Nn17].

Ein wesentliches Unterscheidungsmerkmal in den Ausführungsformen von Lademagazinen liegt in der Realisierung des Stangenvorschubs im Produktionsbetrieb. Der Vorschub der Materialstange in jedem Bearbeitungszyklus wird entweder durch die Maschine oder das Lademagazin vorgenommen.

Die Abfolge zur Bereitstellung eines neuen Stangenabschnitts für die Bearbeitung ist im Folgenden beschrieben. In der letzten Bearbeitungsstation auf der Spindelkastenseite wird das frontseitig fertig bearbeitete Werkstück von der Materialstange abgestochen und an die Rückseitenspindel übergeben. Bereits während der darauf folgenden Trommelschaltung wird die Spannung der Materialstange in der Spindel geöffnet und eine axiale Vorschubbewegung der Stange initiiert. Dies erfolgt mithilfe einer Vorschubzange, die in der Regel die Vorschubkraft kraftschlüssig auf die umfangsseitig umschlossene Stange weiterleitet. Die Stange wird dabei gegen einen Festanschlag geschoben, dessen Axialposition entsprechend der Werkstücklänge einstellbar ist. Der Vorschubweg wird geringfügig länger gewählt, als es zum Erreichen der Anschlagposition erforderlich ist, damit die Stange den Anschlag sicher erreicht. Beim Anschlagen rutscht die kraftschlüssig mit der Stange verbundene Vorschubzange um diesen Überhub durch. Nach Erreichen der Anschlagposition wird die Spannzange geschlossen und die Bearbeitung gestartet. In der Regel wird der Anschlag in die Anschlagposition gefahren oder geschwenkt, und nach dem Anschlagen entfernt, um das Werkstück in der verbleibenden Zykluszeit stirnseitig für die Bearbeitung freizugeben, Abb. 9.1.

Diese Abfolge läuft in der Regel mit sehr hoher Reproduzierbarkeit ab. Voraussetzungen sind die präzise Einstellung und zeitliche Steuerung der sich teilweise überlagernden Abfolge von Trommelschaltung, Anschlagpositionierung, Vorschub- und Spannzangenbetätigung. Für einen fehlerfreien Stangenvorschub ist sicherzustellen, dass die Stange den Stangenanschlag trifft und zu jedem Zeitpunkt eine kraftschlüssige Fixierung behält. Es bleibt allerdings eine Restunsicherheit, die vereinzelt zu Abweichungen in der Teilelänge führen kann. Eine mögliche Fehlerquelle liegt in Störungen bei der Positionierung des Stangenanschlags, die dazu führen, dass die Stange

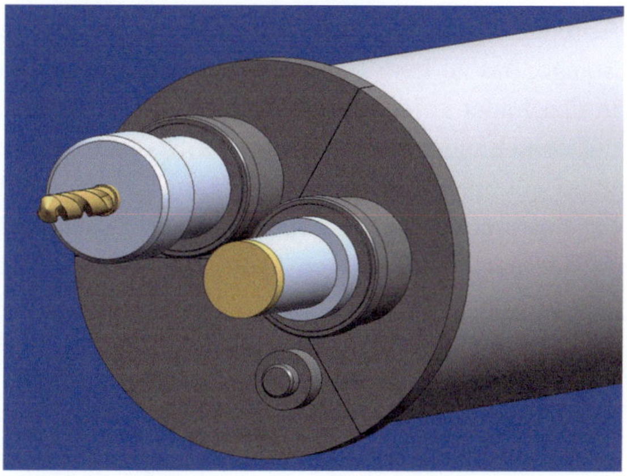

Abb. 9.1 Anschlag und Bohrer auf dem Werkzeugkopf einer schwenkbaren Längslage der SCX. [Quelle: Schütte]

den Anschlag beim Vorschieben nicht trifft. Ein weiterer kritischer Punkt ist ein möglicher Rückpralleffekt beim Auftreffen der Materialstange auf den Stangenanschlag. Die hohe Geschwindigkeit und das Stangengewicht bewirken einen Impuls, der sich mit dem Gewicht der Reststange verändert und in seltenen Fällen zu schlupfbedingten Verlagerungen der Stangenposition führen kann. Eine fehlerhafte Vorschublänge ist für den Anwender besonders kritisch, da eine zu kurze Ausspannung des Stangenabschnitts eine verkürzte Teilelänge zur Folge hat und somit unmittelbar auf ein Qualitätsmerkmal des hergestellten Drehteils wirkt. Da die Anwender ihre Produktionsprozesse in der Regel mit statistischer Prozesskontrolle überwachen und nicht jedes Werkstück kontrollieren, ist die Gefahr eines unentdeckt fehlerhaften Werkstücks hoch. Als Gegenmaßnahmen für sporadisch auftretende zu kurze Teilelängen dienen Längenabfragen im Arbeitsraum zur in-prozess-Messung oder Kontrolle der Werkstücklänge sowie nachgelagerte Messschritte zur 100 %-Kontrolle wichtiger Werkstückmaße. Ersteres hat den Nachteil, dass eine taktile Sensorik im Bereich des Spänefalls fehleranfällig ist, letzteres bedeutet einen erheblichen Zusatzaufwand.

Wird das Vorschieben der Materialstange von der Maschine ausgeführt, muss die Maschine über eine Materialvorschubeinheit verfügen, mit der die Vorschubzange in der Maschinenspindel axial bewegt wird. Die Vorschubzange schließt in der Regel nicht aktiv, sondern verfügt – ähnlich wie Spannzangen – über federnde Segmente. Der darüber hergestellte Kraftschluss reicht aus, um die Vorschubkraft auf die Materialstange zu übertragen. In der Endlage vor dem Anschlag wird die Materialstange in der Spannzange der Spindel gespannt und die Vorschubzange wird zurückgezogen. Die in dem Kraftschluss entstehenden Rückzugskräfte werden von der Zangenspannung aufgefangen.

Alternativ kann die Vorschubeinheit im Lademagazin enthalten sein. In diesen Fällen muss die Vorschubzange vom Lademagazin durch die Spindel bis nah an die Spannzange geführt werden. Diese Anordnung stellt erhöhte Anforderungen an die Zentrierung und Ausrichtung der Führungs- und Vorschubelemente auf die Rotationsachse der Spindel. Dies wird durch entsprechende Zentriereinheiten und gegebenenfalls durch die Verkürzung des Abstands zwischen Lademagazin und Spindeln realisiert, Abb. 9.2 [Cucc16]. Vorteil eines Vorschubs im Lademagazin ist, dass das Reststück der Stange, das zu kurz für Spannung und Bearbeitung ist, von den Vorschubzangen wieder in den Lader zurückgezogen und in einen Auffangbehälter abgeworfen wird. Bei einem maschinenintegrierten Vorschub wird das Reststück in den Arbeitsraum ausgestoßen und muss mit einer Entnahmevorrichtung aufgefangen und zwischengespeichert werden. Für die Entsorgung über den Späneförderer ist das Reststück in vielen Fällen zu groß.

Bei maschinenseitigem Vorschub ist die Vorschubeinheit in der Regel mit einer Stangenführung gekoppelt, die integraler Bestandteil der Werkzeugmaschine ist und die Führung der Materialstange übernimmt. Alternativ dazu wird die Führung der Stangen durch einen peripheren Hinterlader übernommen. Dieser übernimmt neben der Führung der Stange auch die Bevorratung und das Nachladen weiterer Materialstangen. Auch bei maschinenintegrierten Stangenführungen werden zusätzliche Hinterlader eingesetzt, die

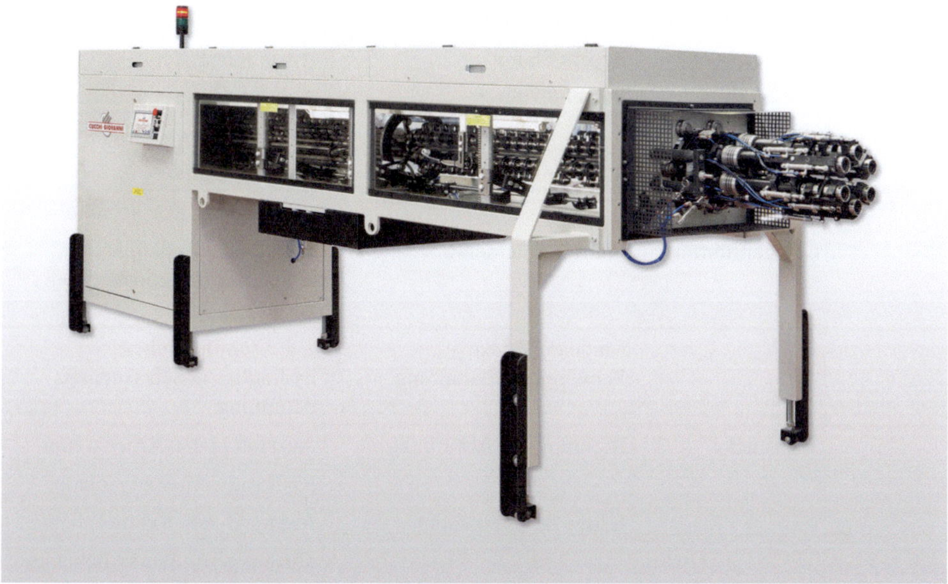

Abb. 9.2 Seitenlader mit Stangenvorschub [Cucc16]

in Verlängerung der Stangenführung angeordnet sind und der Speicherung und Bereitstellung zusätzlicher Materialstangen dienen.

Bezüglich der Bevorratungsform werden grundsätzlich Bündel- und Flächenlader unterschieden. Das Befüllen beider Varianten erfolgt üblicherweise in Stangenbündeln, da das Material meist in dieser Form aus der Halbzeugherstellung angeliefert wird. Die Stangenbündel sind mit umschließenden Stahlbändern fixiert. Sie werden als Gebinde mit Hebezeugen in einem Kran oder mittels Stapler zur Maschine transportiert. Bei Bündelladern wird das Gebinde in Schlaufen gelegt, die seitlich an der Maschine angeordnet sind und die Stangen mit einer Hubbewegung in eine Vereinzelungsebene führen. Dort werden die Stangen für das Nachladen separiert. Bei Flächenladern werden die Stangen auf eine geneigte Fläche aufgelegt und aktiv oder schwerkraftbedingt in die Nachladeposition geführt. Auch hier wird die nachzuladende Stange vereinzelt.

Die zur Auswahl von Lademagazinen relevanten Merkmale und Parameter sowie beispielhafte Kennwerte sind in Tab. 9.1 aufgeführt.

Das wichtigste Kriterium der Zuführsysteme ist die Führungsgüte der Stangen. Dazu gibt es eine Reihe unterschiedlicher technischer Ausführungsformen, die sich ohne praktische Erfahrung für den Anwender nur schwer vergleichen lassen. Die technischen Lösungsprinzipien sind meist herstellerspezifisch und teilweise patentiert. Zum Einsatz kommen Nylonauflagen, Führungsbuchsen und Wellfedern [Cucc16], einstellbare Zackenrollen [Iemc17b], lineare Gleitführungsschienen mit Kugelumlaufführung [Dmgm17] oder hydrodynamische Führungen der Stangen mit dem Vorteil der Schwingungsdämpfung [Inde16, Nn17].

Tab. 9.1 Merkmale und Auswahlkriterien von Lademagazinen

Kategorie	Merkmal	Beschreibung	Ausprägung
Funktion	Stangenvorschub	Vorschub durch	die Maschine (Hinterlader)
			das Lademagazin (Seitenlader)
		Stangenpositionierung	gegen Anschlag
			auf Position über Vorschubachse
	Stangenführung	Führungselemente	z. B. Zackenrollen, Nylonelemente, Führungsbuchsen, Federn
		Maßnahmen zur Schwingungsdämpfung	z. B. Zentriereinheit, hydraulische Schwingungsdämpfung
	Reststück	Richtung der Abführung	Ausstoß in den Arbeitsraum
			Rückzug zum Stangenlader
		Länge des Reststücks	fest (z. B. 80–200 mm)
			abhängig von Werkstücklänge (z. B. 1,5 * Länge Werkstück)
Dimension	Stangenform	Querschnitt	Rund
			Sechskant
			Vierkant
			Profil
	Abmessungen	Durchmesser oder Eckenmaß	z. B. 4–52 mm
		Länge	z. B. 1500 mm, 3300 mm, 4500 mm
	Gewicht	zul. Gewichte einer Einzelstange	z. B. maximal 78 kg
	Anzahl	identisch mit Anzahl Spindeln	z.B. 6 oder 8
Speicher	Ausführung	Flächenlader	eine Fläche, oben
			eine Fläche, unten
			mehrere Flächen
		Bündellader	
	Kapazität	Flächengröße/Anzahl Stangen	z. B. 450 mm oder 40 bei D = 10
		Gewicht Stangen	z. B. 1200 kg
Produktivität	Nachladen Stange	Zeit	z. B. 30 s bei 3300 mm
	Umrüstung Stangendurchmesser	Zeit	z. B. 1,5 h

(Fortsetzung)

Tab. 9.1 (Fortsetzung)

Kategorie	Merkmal	Beschreibung	Ausprägung
		zu wechselnde Bauteile	Durchmesserflexibilität von Führungselementen
	Stangenvorschub	Geschwindigkeit Magazinvorschub	z. b. 1,2 m/s
Verbrauch	Elektrisch	Anschlussleistung	z. B. 5,7 kW
	Pneumatisch	Druckluft	6–8 bar
Sonstiges			Zentriereinheit zur Vibrationsdämpfung
			verkürzter Abstand zur Spindel

In jüngerer Zeit sind verschiedene Lösungen auf den Markt gekommen, bei denen die Funktionen Stangenführung und Materialvorschub getrennt werden. Es soll der Nachteil umgangen werden, dass der Durchmesser des Führungskanals in Lader und Spindel normalerweise um die Wandstärke der Vorschubzange vergrößert werden muss und sich dadurch die Führungsgüte der Stange verschlechtert.

In den alternativen Lösungen wird die Stange mit einer NC-gesteuerten Achse auf eine programmierbare Axialposition transportiert. Auf die schlupfbehaftete Vorschubzange wird dabei ebenso verzichtet, wie auf den Festanschlag im Arbeitsraum. Zusätzlicher Vorteil ist, dass die Gefahr sporadisch auftretender Abweichungen in der Vorschublänge prinzipbedingt minimiert wird.

Der Hersteller Schütte bietet für seine SCX-Baureihe das Vorziehen der Stangen von Längs- und Querlagen an, Abb. 9.3, links. Der jeweilige Bearbeitungskopf wird mit

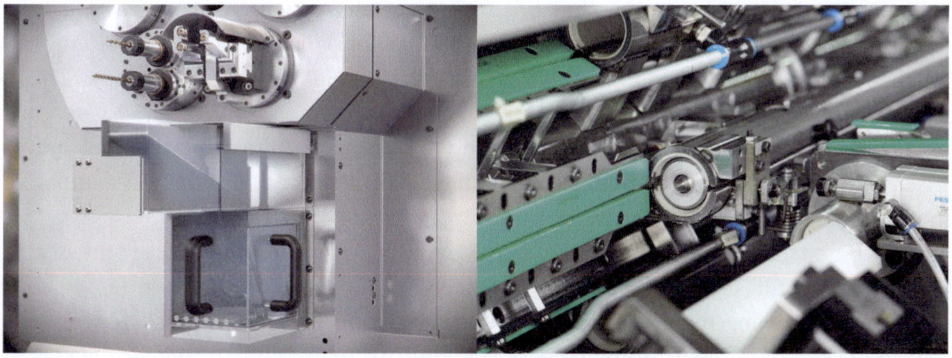

Abb. 9.3 Greiferzange für das Stangenvorziehen auf der Längslage I der SCX mit Reststückabwurf [Schu16a] (links) und Stangenrückseite mit Plandrehung und Bohrung für das zentrierte Vorschieben der Materialstange beim Lader MBL40-6 [Inde16] (rechts)

einem Greifer versehen, der den Stangenabschnitt am freien Ende umfangsseitig fasst und über die z-Achse der Bearbeitungseinheit vorzieht. Die betreffende Bearbeitungslage verliert einen Werkzeugplatz und der Vorschub kann erst nach der Trommelschaltung eingeleitet werden. Die geringen Taktzeitverluste werden von Anwendern dieser Lösung für die erhöhte Präzision und Prozesssicherheit toleriert.

Index und Iemca bieten Lademagazine an, bei denen die Stange auf der Stangenrückseite beaufschlagt und mit einer Innenspannzange bzw. einer Greifereinheit definiert vorgeschoben wird [Iemc17b, Inde16]. Dabei wird das Stangenende angedreht oder angebohrt, damit das Vorschubelement kleiner bleibt als der Stangendurchmesser [Schm15]. Prinzipbedingt ist eine mechanische Bearbeitung des Stangenendes erforderlich, Abb. 9.3 (rechts). Die notwendige Zerspanung findet am Ende des Lademagazins in einem eigenen Zerspanungsraum mit einer Plandreh- und Zentriereinheit statt [Iemc17b, Inde16, Nn17].

Der Aufwand zur durchmesserabhängigen Umrüstung der Lademagazine ist ein weiteres Kriterium, das bei häufigen Wechseln der Stangendurchmesser verstärkt Beachtung finden sollte. Im Vergleich zu einer einspindligen Drehmaschine multipliziert sich die Zeit zur Anpassung oder den Austausch der Führungskomponenten im Lademagazin mit der Anzahl der Spindeln. Der Aufwand variiert je nach Konzept von Stangenführung und Materialvorschub, ist aber in allen Fällen beim Umrüstvorgang nicht zu vernachlässigen.

9.2 Rohteilzuführung an Futter- und Magazinmaschinen

Alternativ zur Stangenbearbeitung lassen sich Mehrspindel-Drehautomaten als Futter- oder Magazinmaschinen betreiben. Dabei werden der Maschine Rohteile oder teilfertige Werkstücke zugeführt, die in der Regel urform-, umform- oder zerspantechnisch vorbearbeitet sind. Die Maschinen sind prinzipiell analog zu den Stangenmaschinen aufgebaut, unterscheiden sich aber in Spann- und Zuführkonzept. Teilespeicherung und Teilehandhabung sind auf die Geometrie der spezifischen Werkstücke anzupassen und entsprechend schwierig zu standardisieren.

Die Handhabungsschritte zur Bereitstellung der Rohteile für den Bearbeitungsprozess lassen sich in die Funktionen Speichern, Vereinzeln, Orientieren, Zuführen, Positionieren und Spannen unterteilen.

Das Bereitstellen der Rohteile erfolgt in Materialspeichern. Diese müssen so dimensioniert sein, dass sie über eine angemessene Autonomie, d. h. eine hinreichende Produktionszeit ohne manuellen Eingriff in die Rohmaterialzuführung verfügen. Alternativ können Maschinen miteinander verkettet werden, sodass die nachgelagerte Maschine mit den Halbfertigteilen der vorgelagerten Maschine versorgt wird [Mich76, Stae75]. Die Zuführstrecke fungiert als Materialpuffer, trotzdem sind die Maschinen sinnvollerweise mit gleichen oder ähnlichen Taktzeiten zu betreiben.

Die Rohteile bestimmen durch ihre Geometrie und Empfindlichkeit die Zuführbedingungen. Beschädigungsempfindliche und geometrisch komplexe Rohteile oder teilbearbeitete Werkstücke werden häufig aus Materialspeichern zugeführt, in denen sie bereits orientiert und vereinzelt bereitgestellt sind. Zum Einsatz kommen beispielsweise Paletten, die in der Vorbearbeitung bestückt worden sind.

Alternativ werden die Rohteile über Zuführbänder an die Maschine transportiert. Sie können vereinzelt in Segmentbändern oder gerichtet und orientiert in Produktnestern zugeführt werden. Die Rohteile werden manuell oder automatisch aufgelegt. Die mögliche Beladung aus einem Schüttgutbehälter erfolgt meist händisch oder mit Hilfe von zwischengeschalteten Vereinzelungseinrichtungen. Für das Einlegen der Teile in die Spindel werden meistens Handhabungsachsen mit Werkstückgreifern verwendet. Diese entnehmen die Rohteile aus der Zuführung und bringen sie in definierter Lage in den Arbeitsraum. Zum Einsatz kommen Lademanipulatoren mit Linear- und Schwenkachsen, Roboter, Maschinenachsen mit Greifern oder Kombinationen aus diesen Funktionseinheiten [Meie07, Nn02, Nn10, Nn12c, Nn17].

Der Einsatz eines Roboters im Arbeitsraum eines Mehrspindlers wurde erstmalig 2002 für die MS52 vorgestellt. Der spritzwassergeschützte Roboter ist in der frontoffenen Variante der Baureihe an der Decke des Arbeitsraums platziert (Abb. 9.4).

Abb. 9.4 Roboter mit Doppelgreifer im Arbeitsraum einer MS 32-6 [Inde15b]

Er kann mit einem Doppelgreifer zunächst das Fertigteil entnehmen, bevor er der Spindel einen neuen Rohling zuführt [Nn02].

Bei der ebenfalls frontoffenen Bauweise der Baureihe Multisprint können wahlweise ein oder zwei Roboter in den Arbeitsraum integriert werden, Abb. 9.5 [Dmgm17]. Ein Roboter wird bei Stangenzuführung für die Entnahme beschädigungsfrei abzuführender Werkstücke aus der Gegenspindel eingesetzt. Bei einer Futterbearbeitung muss er Be- und Entladung der Werkstücke übernehmen. Abb. 9.5 zeigt verschiedene Bearbeitungsvarianten, in denen bei der Futterbearbeitung Roboter eingesetzt werden. Abb. 9.5 (unten, links) zeigt eine Bearbeitung über 2×3 Spindeln mit Doppelgegenspindeln, und Doppelschaltschritt. Es werden zwei Werkstücke pro Zyklus gefertigt.

Eine weitere interessante Variante zeigt Abb. 9.5 (unten, rechts) mit einem Einsatz von zwei Robotern in einer Futterbearbeitung. Ein Roboter nimmt die Be- und Entladung der Werkstücke in der Bearbeitungslage 4 vor, der zweite wendet das Werkstück nach der Erstseitenbearbeitung über drei Spindeln und ermöglicht so eine Bearbeitung im gleichen Umfang auf der zweiten Werkstückseite. Die Roboter sind nah an ihren Lade- oder Wendelagen positioniert, d. h. der Laderoboter ist im Arbeitsraum unten platziert, der Wenderoboter ist an der Decke des Arbeitsraums positioniert.

Alternativ bieten Hersteller Lademanipulatoren an, die mehr oder weniger stark maschinenintegriert sind. Tornos bietet eine werksseitige Vorbereitung für Zuführ- und Beladeeinrichtungen [Meie07], wahlweise für Roboter oder Lademanipulatoren. Für die Futter- und Magazinmaschinen der Baureihe SCX bietet Schütte eine Greifeinrichtung an, die in der Zuführlage auf einem der Werkzeugplätze eines Mehrfach-Bearbeitungskopfes aufgebaut wird, Abb. 9.6. Die Werkstücke werden in einer vorgeschalteten Teilebereitstellung vereinzelt und in einem Produktnest (Abb. 9.6, 1) zur Beladung bereitgestellt. Auf zwei Werkzeugplätzen des Mehrfachkopfs (Abb. 9.6, 2) sind Handhabungsgreifer für die Zuführung von Rohteilen (Abb. 9.6, 3) bzw. die Abführung von Fertigteilen (Abb. 9.6, 4) montiert. Der Bearbeitungskopf schwenkt von der Bereitstellungsposition des Produktnestes zur der Hauptspindel in Beladposition und legt die Rohteile in das Spannmittel der Hauptspindel (Abb. 9.6, 5) ein [Ciup09, Meie07, Schu16a]. Sollen die Fertigteile auf dem gleichen Weg abtransportiert werden, steht der Fertigteilgreifer (Abb. 9.6, 4) zur vorherigen Entladung der Hauptspindel bereit.

Im Vergleich zu Futtermaschinen, verarbeiten Magazinmaschinen meist kleinere Teiledurchmesser. Die Rohteile sind oft weniger beschädigungsempfindlich und werden aus Schüttgutbehältern zugeführt. Die Rohlinge müssen zur Spindel gefördert, vereinzelt, lagegerecht ausgerichtet und in das Spannmittel eingebracht werden. Die hierzu zur Verfügung stehenden Lösungsprinzipien sind breit gefächert. Für Vereinzelung und Transport werden beispielsweise Vibrationsförderer eingesetzt. Orientierung und Zuführung erfolgen häufig schwerkraftbasiert unter Nutzung der Schwerpunktlage der Rohlinge. Einen sehr fundierten Überblick über Zuführeinrichtungen und Handhabungssysteme an Produktionsmaschinen gibt Hesse [Hess13]. Zahlreiche Beispiele für Magazine und Zuführsystemen in kurvengesteuerten Mehrspindel-Drehautomaten finden sich bei Spur [Spur70].

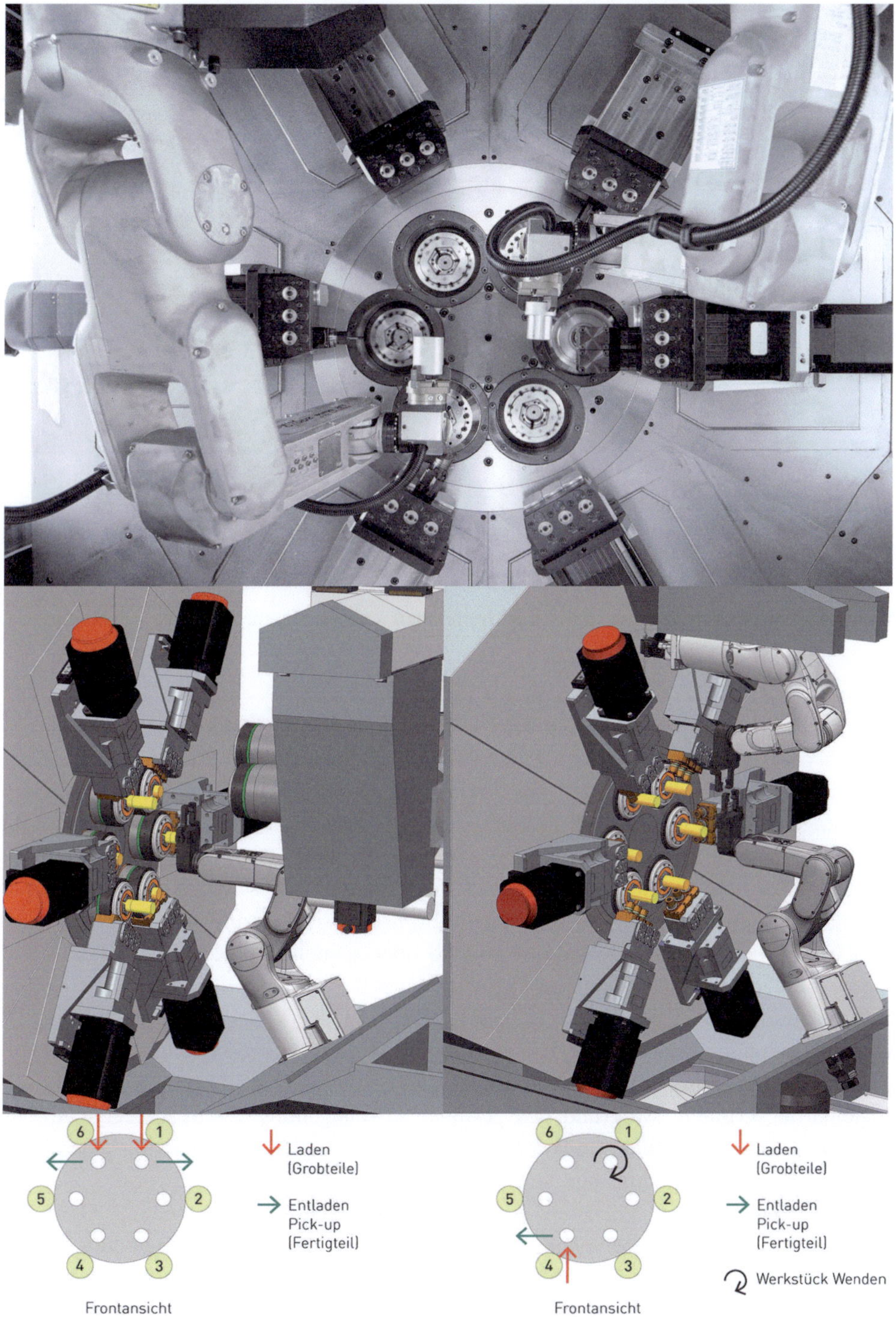

Abb. 9.5 Be- und Entladung mit Robotern (oben); Ablauf bei einer Doppelfertigung (unten, links) und mit Wenden der Werkstücke zur Zwei-Seiten-Bearbeitung (unten, rechts) [Dmgm17]

Abb. 9.6 Beladeeinrichtung der SCX mit Greifeinheit auf dem Bearbeitungskopf [Schu16a]

9.3 Werkstückspannung an Futter- und Magazinmaschinen

Die Spannung der Rohteile stellt bei Futter- und Magazinmaschinen eine im Vergleich zur Stangenbearbeitung deutlich größere Herausforderung dar. In Abhängigkeit von den Vorbearbeitungsverfahren der Rohlinge variieren die Toleranzen der Spannpartien. Bei gusstechnisch hergestellten Rohlingen ist mit größeren Maßschwankungen und rauen Oberflächen zu rechnen, die für Materialzuführung, -positionierung und -spannung nachteilig sind. Spannpartien, die kaltumformend oder spanend hergestellt wurden, weisen engere Toleranzen und bessere Oberflächengüten auf.

Magazinmaschinen setzen zur Bauteilspannung in der Regel Spannzangen ein. Die Materialspannung weist daher viele Analogien zu Stangenbearbeitungen auf. Voraussetzung für die Spannzangenspannung ist, dass die Rohlinge über eine zylindrische Spannpartie verfügen. Aufgrund des geringen Öffnungshubs der Spannzange im Vergleich zum Dreibackenfutter, müssen die Durchmesser der Spannpartien für eine sichere Einführung in die Spannzange entsprechend enge Toleranzen aufweisen. Geeignet sind Rohlinge aus der Präzisions-Kaltumformung oder der Zerspanung. Durch die gleichmäßige Verteilung der Spannkraft können mit den Spannzangen auch dünnwandige Rohlinge gespannt werden [HKUS14].

Futtermaschinen sind meist mit Kraftspannfuttern ausgestattet. Die Spannkräfte sind gemäß der erwarteten Belastung aus dem Bearbeitungsprozess zu wählen, können aber vor allem bei dünnwandigen und unsymmetrischen Rohteilen durch eine Verformung der Werkstücke begrenzt sein. Die Spannsituation ist sorgfältig zu analysieren. Besondere Aufmerksamkeit ist erforderlich, wenn Lagetoleranzen zwischen der Spannpartie und einem auf der Maschine gefertigten Geometrieelement angegeben sind. In diesen Fällen geht die Reproduzierbarkeit und Genauigkeit der Spannung unmittelbar in die Toleranzausschöpfung ein.

Die Spannprinzipien der Futter und die Spannkräfte sind individuell und entsprechend der Anforderungen der Bearbeitungsaufgabe auszuwählen und auszulegen. Für eine erste Orientierung zu Spannprinzipien von Kraftspannfuttern können die Ausführungen von Heisel et al. herangezogen werden [HKUS14, S. 183 ff].

Ein wesentlicher Nachteil der Bearbeitung von Futterteilen auf mehrspindligen Maschinen liegt darin, dass für jede Bearbeitungsspindel ein werkstückangepasstes Spannmittel benötigt wird. Die Verwendung von Spezialspannmitteln oder aufwendig herzustellenden Spannbacken ist daher nur bei entsprechend großen Serien wirtschaftlich [Nn01].

9.4 Futter- und Magazinanwendungen auf Mehrspindlern

Die Handhabungsproblematik war in der Vergangenheit ein hohes Hemmnis in der Verbreitung mehrspindliger Futtermaschinen horizontaler Bauart. Größere Rohlinge für Futterbearbeitungen werden häufig auf Förderbändern zugeführt und sind in der Regel senkrecht zu ihrer Rotationsachse aufgelegt. Daher müssen sie bei der Zuführung in die horizontale Spindellage gedreht werden. Die Handhabungssysteme müssen über translatorische und rotatorische Bewegungsachsen verfügen und sind entsprechend komplex.

Andere Maschinenkonzepte, wie beispielsweise einspindlige Senkrechtdrehmaschinen, haben die systemimmanenten Nachteile der horizontalen Spindelanordnung nicht. Die sogenannten Pick-up-Drehmaschinen nutzen die Maschinenachsen der meist beweglichen Spindel zum Be- und Entladen der Werkstücke von Transportbändern [HKUS14, S. 254 ff]. Diese Maschinenkonzepte dominieren den Markt der Futterbearbeitungen und sind bei mehrstufigen Bearbeitungen oft in verketteten Maschinensystemen zu finden. Konzepte senkrechter Mehrspindler haben sich am Markt nicht durchsetzen können [Klün02, Nn99].

Wegen des kompakten, funktionsbeladenen Arbeitsraums der Mehrspindler und der bauteilspezifischen Ausprägung der Zuführungen, hat es lange an Lösungen gefehlt, die modular, standardisiert und hinreichend anwenderfreundlich in die Maschinen integriert sind. Die in Abschn. 9.2 beschriebenen modularen und maschinenintegrierten Handhabungskonzepte der modernen CNC-Mehrspindel-Drehautomaten haben allerdings in jüngerer Zeit zu einer Renaissance der Futterbearbeitung auf Mehrspindel-Drehautomaten geführt. Bei einer Volumenproduktion mit entsprechend großen Stückzahlen bieten die Hersteller der Mehrspindler den Anwendern mittlerweile wieder gute und produktive Alternativen zur Bearbeitung auf Einspindlern.

9.5 Abführen der Fertigteile

Das Abführen der hergestellten Fertigteile ist eine Funktion, die sowohl bei Stangenbearbeitungen als auch bei Futter- und Magazinmaschinen benötigt wird. Die Anforderungen an die Handhabung der gefertigten Teile sind unterschiedlich.

Einfache und beschädigungstolerante Werkstücke sind Schüttgutteile, die schwerkraftunterstützt über eine Rutsche in einen Schüttgutbehälter gleiten können, Abb. 9.7. Aus der geöffneten Werkstückspannung (Abb. 9.7, 1) der Abgreifspindel (Abb. 9.7, 2) werden sie mit mechanisch, pneumatisch oder hydraulisch betätigten Ausstoßern auf die Rutsche (Abb. 9.7, 3) befördert.

Einfache Lösungen sind nicht nur aus Kostengründen sinnvoll, sondern vor allem dann wichtig, wenn bei kurzen Taktzeiten eine schnelle Teilabführung gewährleistet werden muss.

Diese Abführung ist bei kurvengesteuerten Maschinen die Regel, wird aber bei CNC-gesteuerten Mehrspindel-Drehautomaten immer seltener eingesetzt. Der Grund ist, dass der Anteil an einfachen, nicht beschädigungsempfindlichen Teilen rückläufig ist. Vor allem bei komplexeren Werkstückgeometrien, wie sie überwiegend auf CNC-Maschinen gefertigt werden, besteht in der Regel die Anforderung nach einer beschädigungsfreien und gegebenenfalls gerichteten Teileabführung.

In diesen Fällen werden meist Handhabungseinrichtungen eingesetzt, die die Werkstücke mit Werkstückgreifern fassen, bevor die Werkstückspindel ihre Spannung öffnet. Im einfachsten Fall legen die Handhabungseinrichtungen die Werkstücke dann auf gummierten Transportbändern ab, die sie aus dem Arbeitsraum der Maschine heraus

Abb. 9.7 Abstichlage eines kurvengesteuerten Mehrspindlers klassischer Bauart mit Abgreifspindel und Teileabführung über die Rutsche aus Riffelblech [Schu08]

transportieren. Gegebenenfalls werden segmentierte Transportbänder einsetzt, um die Vereinzelung der gefertigten Werkstücke sicherzustellen. In diesen Fällen ist allerdings eine Kopplung des Bandvorschubs an die Taktzeit erforderlich, damit von jedem Segment nur ein Werkstück aufgenommen wird. Nachgelagert, d. h. außerhalb der Maschine, werden die Werkstücke vom Transportband entnommen und auf Lagerungs- bzw. Speicherelemente umgeladen. Dies kann durch Werker oder mit automatisierten Handhabungseinrichtungen erfolgen.

Idealerweise werden die Werkstücke unmittelbar von der ursprünglichen Entnahmeeinrichtung in einem Werkstückspeicher abgelegt. Ein Nachteil bei der Palettierung oder Speicherung im Arbeitsraum der Maschine liegt in der Belastung durch Späne und Kühlschmiermittel. Weiterhin ist im und nahe bei dem Arbeitsraum der Maschine meist kein Platz für eine Palettier- oder Speichereinrichtung.

Daher werden Schleusenfunktionen eingesetzt, die den Ablagebereich der Werkstücke von Kontaminationen durch die Zerspanung so weit wie möglich abschotten und den Späneaustrag minimieren. Die Teileabführung erfolgt in der Regel über mindestens eine Weitergabe in ein zweites Greifersystem, sodass die erforderliche Werkstückbewegung und -orientierung über die Kombination aus verschiedenen linearen und schwenkenden Handhabungsachsen umgesetzt wird. Die eigentliche Handhabungszelle zur Palettierung und ggf. zur Umsetzung von Messfunktionen für die Qualitätssicherung befindet sich dann außerhalb der Maschine [Conr15, Damm11, Schu15].

Zum Einsatz kommen auch arbeitsraumintegrierte Roboter, die eine hohe Handhabungsflexibilität haben und bereits bei den Ausführungen zur Futtermaschine vorgestellt wurden, Abb. 9.4 und Abb. 9.5. Auch hier werden Schleusenfunktionen genutzt, mit denen die Werkstücke aus dem Arbeitsraum transportiert und nachgelagert mit einem weiteren Handhabungssystem palettiert werden.

Ein gelungenes Beispiel für eine modulare, maschinenintegrierte und weitgehend standardisierte Teileabführung hat Schütte in seiner Baureihe SCX umgesetzt, Abb. 9.8. Für die Kundenanforderung nach beschädigungsfreier und gerichteter Teileabfuhr ist auf der Maschinenrückseite der SCX eine Palettiereinrichtung vorgesehen. Die Maschinerückseite ist der Rohteilzuführung und der Gegenspindel abgewandt. Das Werkstück wird mit einem vor der Gegenspindel positionierbaren Schwenkarm (Abb. 9.8, 1) entnommen (Abb. 9.8, links).

Eine überlagerte Linear- und Schwenkbewegungen transportiert das Werkstück auf die andere Maschinenseite (Abb. 9.8, rechts). Der Entnahmegreifer mit Werkstück wird unter den Längsbearbeitungseinheiten durchgeführt und orientiert das Werkstück über eine 90°-Drehung in senkrechte Lage für die Palettierung (Abb. 9.8, 2). Vorteil der Anordnung ist, dass sich das Handhabungssystem innerhalb des Arbeitsraums auf der Antriebskastenseite befindet und somit dem unmittelbaren Spänefall entgeht.

Der Schwenkarm übergibt das senkrecht gestellte Werkstück an einen Übernahmegreifer, der durch eine Blechumhausung (Abb. 9.8, 3) geschützt ist und aus dem Antriebskasten herausfährt.

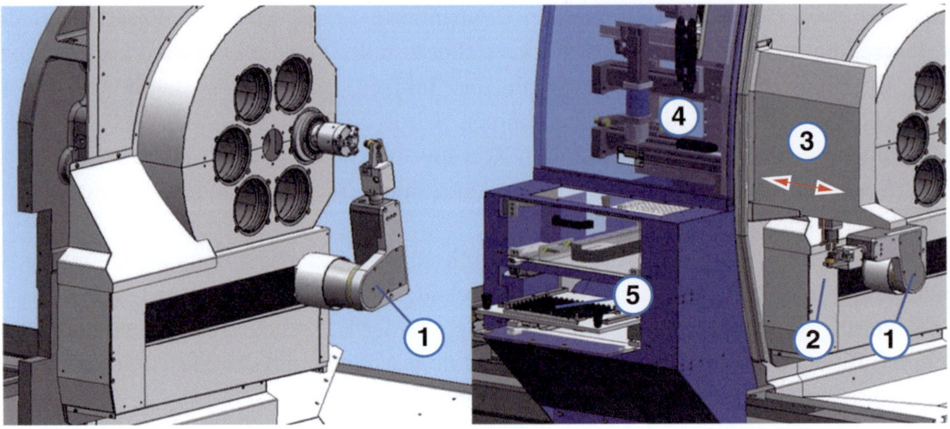

Abb. 9.8 Schematische Darstellung der Entladeeinrichtung (links) und der Palettiereinrichtung (rechts) der Baureihe SCX. [Quelle: Schütte]

Das Werkstück wird mit einem dreiachsigen Linearsystem (Abb. 9.8, 4) in den Antriebskastenbereich transportiert und dort in einer Palette (Abb. 9.8, 5) abgelegt. Das mit den Werkstücken eingetragene Kühlschmiermittel tropft in den Paletten ab, wird aufgefangen und auf kurzem Weg in den Arbeitsraum zurückgeführt. Durch die permanente Fixierung des Werkstücks in einem Greifer ist eine gerichtete Ablage sichergestellt. Die mehrlagigen Paletten lassen sich auf der Maschinenrückseite entnehmen, ohne den Produktionsbetrieb unterbrechen zu müssen, Abb. 9.9. Die Autonomie variiert mit

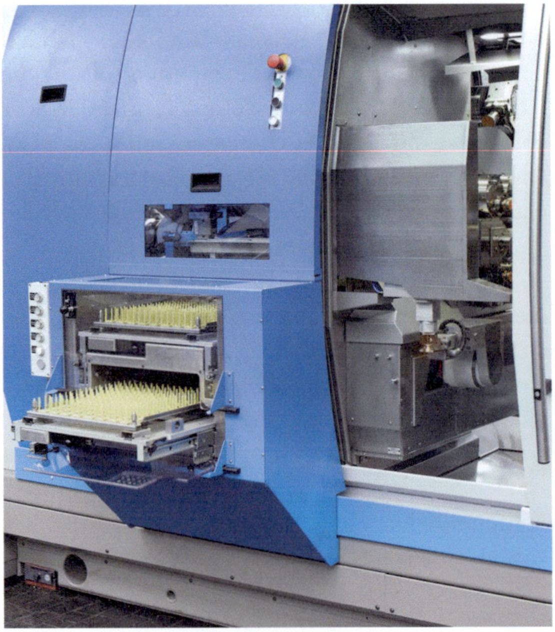

Abb. 9.9 Palettiereinrichtung mit zwei Ebenen auf der Maschinenrückseite der Baureihe SCX [Schu16a]

der Taktzeit und dem Werkstückdurchmesser, durch den die Anzahl der Speicherplätze bestimmt wird.

Das System sieht weiterhin das Ausschleusen von Werkstücken für die Qualitätskontrolle vor. Auf Anforderung des Bedieners fahren die Handhabungsachsen der Palettierung eine Messschleuse an, aus der sowohl beim Einrichten als auch für die statistische Prozesskontrolle ein oder mehrere Werkstücke entnommen werden können.

Werden prozessbegleitende Überwachungssysteme oder in-prozess Messeinrichtungen für Werkstücklängen oder ausgewählte Durchmesser eingesetzt, ist darauf zu achten, dass eine separate Ausschleusung der fehlerhaft identifizierten Teile vorgesehen ist. Die Handhabungssysteme müssen dementsprechend unterschiedliche Positionen anfahren können. Beim Einsatz pneumatisch gesteuerter Achsen ist dies nicht ohne Weiteres umsetzbar. Palettiereinrichtungen verfügen aber in der Regel über CNC-gesteuerte Achsen, die flexibel programmierbar sind und unterschiedliche Positionen im Ablagebereich anfahren können.

10 Peripherie und Funktionen für die Serienfertigung

In den vorangegangenen Kapiteln sind die Kernfunktionen von Mehrspindel-Drehautomaten in der Handhabung und Fertigung von Werkstücken ausführlich behandelt. Das aktuelle Kapitel widmet sich weiteren Funktionen und Einrichtungen, die für eine automatisierte und prozesssichere Serienfertigung benötigt werden. Dazu gehören der Abtransport der Späne und die Versorgung der vielen Bearbeitungsstationen des Mehrspindlers mit Kühlschmiermittel. Zur Einhaltung enger Toleranzen sind Maßnahmen erforderlich, die Maßveränderungen durch thermisch bedingte Verlagerungen und den unvermeidbaren Werkzeugverschleiß reduzieren. Für automatisierte Serienprozesse der spanenden Fertigung sind darüber hinaus Strategien zur Beherrschung der Spanbildung und zur Identifizierung von Prozessstörungen erforderlich.

10.1 Späneförderer

Unverzichtbar für spanende Fertigungsmaschinen sind Einrichtungen zum Abtransport der anfallenden Späne. Mehrspindel-Drehautomaten sind durch hohe Zeitspanungsvolumina und somit einem großen anfallenden Spanvolumen gekennzeichnet. Der Austrag der Späne erfolgt über einen Späneförderer, der unterhalb des Arbeitsraums platziert ist. Die Späne fallen meist in einen trichterförmigen Späneschacht oder werden mit dem Kühlschmiermittel auf gleichem Wege ausgespült. Das Transportband des Späneförderers transportiert die Späne aus dem Arbeitsraumbereich in einen Spänebehälter, der sich an einem Ende der Maschine befindet. Von hier aus werden sie dem weiteren Recyclingprozess zuführt.

In Abhängigkeit der Spanbildungstendenz des bearbeiteten Materials werden Späneförderer für lang- und kurzspanende Werkstoffe angeboten. Für langspanende Werkstoffe werden Scharnierbandförderer eingesetzt, bei denen die Späne auf dem Obertrum

M. Reuber, *CNC-Mehrspindel-Drehautomaten*,
https://doi.org/10.1007/978-3-658-29338-3_10

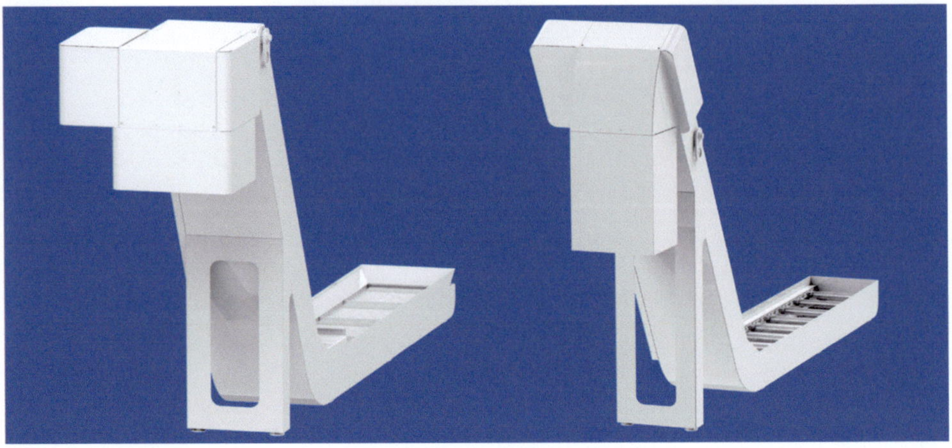

Abb. 10.1 Späneförderer ausgeführt als Scharnierband (links) und Kratzband (rechts). [Quelle: Knoll]

eines umlaufenden Plattenbandes transportiert werden. Die Platten sind mit Scharnieren verbunden und somit umlenkfähig, Abb. 10.1, links. Sie werden an beiden Seiten mit Rollen- oder Kettenbändern geführt und sind elektromotorisch angetrieben. Zur Unterstützung des Transports sind sie mit senkrecht zur Förderrichtung stehenden Mitnehmern versehen [Kabe17, Knol16].

Bei kurzspanenden Werkstoffen werden Kratzbandförderer eingesetzt. Hier werden die Späne durch senkrecht zur Förderrichtung eingesetzte Mitnehmer über den Gehäuseboden des Späneförderers aus der Maschine geführt. Die kratzend arbeitenden, umlaufenden Mitnehmer werden auf beiden Seiten von Endloskettenbändern geführt, Abb. 10.1, rechts und über einen Elektromotor angetrieben [Kabe17, Knol13a].

Zum Austragen der Späne werden die Bänder der Späneförderer in eine Steigung geführt. Damit werden die höher liegenden Ränder der Spänebehälter erreicht, in die die Späne abfallen. Im Anstieg des Späneförderers findet eine erste Separierung von Spänen und Kühlschmiermittel statt. Der flüssige Kühlschmierstoff bleibt auf dem Boden des Späneförderers, während die Späne durch die Mitnehmer aufwärts transportiert werden. Der Späneförderer verfügt über einen Auffangbehälter für eine begrenzte Menge an Kühlschmierstoff, aus dem das Kühlschmiermittel für weitere Aufbereitungsschritte abgepumpt wird.

10.2 Kühlschmiermittelversorgung

Grundsätzlich haben die Kühlschmierstoffe drei Aufgaben. Sie kühlen die Prozesse, Werkzeuge und umgebenden Maschinenkomponenten, reduzieren die Reibung zwischen Werkzeug und Werkstück und unterstützen den Abtransport der Späne aus Zerspanstelle und Arbeitsraum.

In der industriellen Praxis werden Mehrspindel-Drehautomaten fast ausschließlich mit Kühlschmiermittel betrieben. Vereinzelte Anwendungen der Trockenbearbeitung sind in der Regel auf Nichteisenmetalle beschränkt. Sie bedürfen flankierender Maßnahmen, mit denen Teilfunktionen der Kühlschmierstoffe übernommen werden. Maschinenseitig ist beispielsweise der Arbeitsraum kanten- und nischenarm zu gestalten, um Spänenester zu vermeiden. Pneumatische Düsen können genutzt werden, um den Spänefall zu unterstützten. Kritische Führungen und Lagerungen werden vor eindringenden Spänen mit einem Luftdruckpolster, der sogenannten Sperrluft, geschützt.

Für die Prozess- und Werkzeugkühlung wird auf Mehrspindel-Drehautomaten überwiegend Öl eingesetzt. Die Kühlschmiermittelversorgung erfolgt auf den CNC-Mehrspindel-Drehautomaten über eigene, offene Kühlschmiermittelkreisläufe. Die Kühlkreisläufe werden idealerweise im Investitionsfall vor dem Hintergrund des erwarteten Einsatzbereichs und den daraus resultierenden Anforderungen aus den Bearbeitungsprozessen konfiguriert. Die Ausrüstung der CNC-Mehrspindel-Drehautomaten erlaubt optional verschiedene Druckkreise und unterschiedliche Fördermengen [Dmgm14, Torn13b, Torn14].

Ein Niederdruckkreis dient der Überflutungskühlung von Prozess und Werkzeug sowie zum Wegspülen der Späne. Er hat normalerweise einen Förderdruck von ca. 3–4 bar und einem Volumenstrom von bis zu 300 l/min. Durch eine entsprechende Ausrichtung der Überflutungsdüsen wird die Erwärmung der Maschinenstruktur reduziert und das Entstehen von Spänenestern vermieden.

Pumpen mit höherer Druckerzeugung werden insbesondere eingesetzt, um Werkzeuge mit innerer Kühlschmiermittelzufuhr zu versorgen. Hierbei wird das Kühlschmiermittel von der Druckerzeugungsstation in Rohren oder Bohrungen durch die Maschinenstruktur geführt, bis es Werkzeughalter und Werkzeug erreicht. Aus technologischer Sicht ergeben sich aus der Kühlschmiermittelzufuhr durch das Werkzeug wesentliche Vorteile. Der Kühlschmierstoff erreicht die Wirkstelle der Zerspanung deutlich besser, als das bei der Überflutungskühlung der Fall ist, mit der häufig nur die Spanoberseite gekühlt wird. Die Reibung zwischen Werkzeug und Werkstück wird reduziert, entstehende Prozesswärme wird effektiver abführt und die Spanabfuhr ist verbessert. Die innere Kühlschmiermittelzufuhr wird insbesondere bei Bohr- und Fräswerkzeugen eingesetzt. Moderne Maschinenkonzepte bieten für alle Bearbeitungseinheiten eine Kühlschmiermittelversorgung durch die Maschinenkomponenten. Damit werden störende Kühlleitungen im Arbeitsraum vermieden und es lassen sich werkzeugangepasste Kühldüsen einsetzen, die mit den Wechselhaltern getauscht und nicht nach jedem Wechselvorgang neu justiert werden müssen.

Mittlere Druckstufen für die innere Kühlschmiermittelzuführung liegen zwischen 20 und 40 bar und haben ein Fördervolumen von 35–50 l/min. Sonderanwendungen, wie das Tieflochbohren oder problembehaftete Bearbeitungsprozesse bei schwer zerspanbaren Materialien, lassen sich mit Hochdruckkreisen bis 100 bar bei Kühlschmiermittelmengen von 18–25 l/min versorgen. Dabei ist zu beachten, dass sich die Angaben zu Druck- und Volumenstrom auf die Pumpenleistungen beziehen. Diese werden durch Strömungsverluste auf dem Weg bis zur Zerspanstelle deutlich reduziert. Die für den Prozess tatsächlich zur Verfügung stehenden Druck- und Volumenstromwerte sind daher deutlich niedriger als die Nominalwerte und in der Praxis häufig nicht bekannt. Messungen an Mehrspindel-Drehautomaten haben gezeigt, dass die Druckverluste von der Pumpe zu einem Einzelverbraucher größer als 70 % sein können. Mit den Druckverlusten geht bei konstanter Pumpenleistung eine deutliche Verringerung des Volumenstroms einher. Hinzu kommt, dass die Kühlschmiermittelkreisläufe häufig mehrere Verbraucher versorgen.

Durch die hohe Anzahl an Verbrauchern und bei Nutzung mehrerer Versorgungskreise kann die Kühlschmiermittelmenge bei Mehrspindel-Drehautomaten bis zu 3500 l betragen. Das Kühlschmiermittel nimmt durch die aufgenommene Prozesswärme und die Verlustwärme bei der Druckerhöhung an Temperatur zu. Um eine gleichmäßige Temperierung der Maschine zu gewährleisten und eine Kühlung des Bearbeitungsprozesses aufrecht zu erhalten, muss diese zugeführte Wärme dem Kühlschmiermittel wieder entzogen werden. Weiterhin ist das Kühlschmiermittel von den im Zerspanprozess aufgenommenen Verunreinigungen zu reinigen. Dabei handelt es sich im Wesentlichen um Feinspananteile, die durch den Späneförderer nicht vom Kühlschmierstoff separiert werden.

10.3 Kühlschmiermittelaufbereitung

Die Kühlschmiermittelaufbereitung beinhaltet die Filterung und Kühlung des Kühlschmiermittels, bevor es dem Bearbeitungsprozess erneut zugeführt wird.

Die Filterung erfolgt in der Regel unmittelbar an der Maschine. Die Kühlschmiermittelversorgung und -aufbereitung ist bei unterschiedlichen Maschinentypen mehr oder weniger stark in die Maschine integriert. Aufgrund der großen Kühlschmiermittelmengen werden diese Funktionen in vielen Fällen auf periphere Aggregate ausgelagert, die neben der Maschine platziert sind und mit einer Verrohrung angebunden werden.

Das von den Grobspänen separierte Kühlschmiermittel wird mit einer Pumpe aus dem Späneförderer in das Aggregat zur Kühlschmierstoffaufbereitung gepumpt. Ein Kantenspaltsieb im Kühlschmiermittelstrom kann den Reinigungsprozess bereits durch eine Vorfilterung unterstützen.

Im Aggregat werden dann kleinere Feinspananteile und Schwebestoffe vom Kühlschmiermittel getrennt. Dabei kommen verschiedene Filtertechniken zum Einsatz, je nach Anforderung auch in Kombination. Der Grund dafür ist, dass nicht für alle Druckkreise zwingend eine gleiche Filterfeinheit erforderlich ist. In den Niederdruckkreisen wird das Kühlschmiermittel durch Rohre und Schläuche mit größeren Querschnitten geführt. Hier sind prinzipiell Filterfeinheiten von 100-300 μm tolerierbar. Bei den Kühlschmiermittelkreisen höherer Drücke, bei denen die Fluide durch Maschinenkomponenten und Werkzeuge geführt werden, ist eine Filterfeinheit von 50 μm oder kleiner zu empfehlen. Wird keine ausreichende Flüssigkeitsreinigung vorgenommen, besteht die Gefahr, dass die fluidführenden Bereiche einem verstärkten Abrasivverschleiß ausgesetzt sind und sich Bohrungen mittelfristig zusetzen. Damit wird die Kühlschmiermittelzufuhr in Druck und Volumenstrom reduziert und kann im fortgeschrittenen Stadium sogar ganz verschlossen werden.

Aufgrund der großen Fördervolumina bei Mehrspindel-Drehautomaten werden wartungsfreie Filtersysteme bevorzugt, bei denen keine Filterelemente gewechselt oder

Filterverbrauchsstoffe ausgetragen werden. Hier handelt es sich um Systeme, in denen die herausgefilterten Feinpartikel vom Filtergewebe abgekratzt oder aus Filterelementen herausgespült und automatisch einem Feinspanabwurf zugeführt werden.

Die einfachste Filtertechnik ist die Sedimentierung der Feinpartikel in einer beruhigten Kühlschmiermittelmenge. Dazu wird ein entsprechend großer Überschuss an Kühlschmiermittel benötigt, der vor der Wiederverwendung des Kühlschmiermittels hinreichend Zeit für den schwerkraftbedingten Sedimentationsprozess lässt. Ein Kratzband im Filtertank trägt den sedimentierten Festkörperschlamm aus. Bei Nutzung dieses Kühlschmiermittels im Prozess kann durch variierende Bedingungen, bspw. unterschiedliche Feinspananteile und Kühlschmiermittelmengen, nicht von einem definierten Reinheitsgrad ausgegangen werden.

Daher wird die Sedimentierung häufig in Kombination mit einer Vollstromfilterung eingesetzt. Dabei wird das Kühlschmiermittel aus dem Sedimenttank in einen Reintank gepumpt und im Vollstrom mit einer entsprechend gewählten Filterfeinheit in einen definierten Reinheitszustand gebracht. Die Entnahme von Kühlschmiermittel für den Bearbeitungsprozess erfolgt ausschließlich aus dem Reintank. Vorteil der Kombination ist, dass ein Teil der Partikel bereits über die Sedimentierung ausgetragen wurde und die Feinfilterung weniger schmutzbelastet ist.

In einer Vollstromfilterung werden beispielsweise Turbofilter eingesetzt, die Filterfeinheiten zwischen 35 und 50 µm erreichen, Abb. 10.2 [Knol13b]. Das verschmutzte Kühlschmiermittel strömt über einen Zulauf (Abb. 10.2, 1) tangential in ein zweigeteiltes

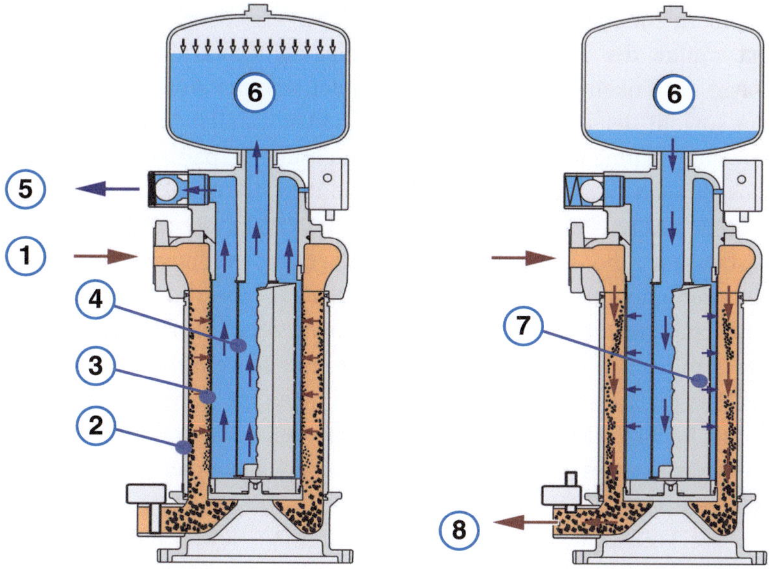

Abb. 10.2 Turbofilter in Filterstellung (links) und beim Regenerationsbetrieb (rechts). [Bildquelle: Knol13b]

Filterelement und scheidet durch die Zentrifugalkraft bereits erste Filterpartikel an der Gehäusewand ab (Abb. 10.2, 2).

Die Filterung von kleineren Schmutzpartikeln erfolgt über ein Filtergewebe (Abb. 10.2, 3), durch das die Schmutzflüssigkeit in den Innenbereich des Turbofilters (Abb. 10.2, 4) strömt. Von hier aus gelangt das gereinigte Kühlschmiermittel über den Ablauf (Abb. 10.2, 5) in den Reintank, der als Bevorratungsspeicher für die Versorgung der Kühlkreisläufe dient. Parallel dazu wird ein Rückspülpuffer (Abb. 10.2, 6) mit gereinigtem Kühlschmiermittel befüllt. Dieses wird im Regenerationszyklus verwendet (Abb. 10.2, rechts), bei dem das Filterflies bei entsprechender Beladung mit Schmutzpartikeln einer automatischen Reinigung unterzogen wird.

Auf dem Filtergewebe bildet sich ein Filterkuchen, der mit zunehmender Stärke einen Widerstand aufbaut, durch den sich der Volumenstrom des Kühlschmiermittels über das Filtergewebe reduziert. Der damit korrespondierende Differenzdruck zwischen innerem und äußerem Filterelement ist ein Indikator für den Verschmutzungsgrad und initiiert bei entsprechender Schmutzfüllung einen Regenerationszyklus. Die im Rückspülpuffer (Abb. 10.2, 6) gesammelte Reinflüssigkeit wird über Rückspüldüsen (Abb. 10.2, 7) in den Schmutzbereich zurück gespült und löst mit einer Reinigungsspülung den Filterkuchen vom Filtergewebe ab. Der entstehende Schlamm wird über eine separate Auslaufleitung (Abb. 10.2, 8) in den Sedimenttank abgeleitet und dort ausgekratzt. Das Reinigungsprinzip ist anwenderfreundlich, da es keinen Benutzereingriff zum Austausch von beladenen Filterelementen benötigt. In Abhängigkeit vom benötigten Fördervolumen und ggf. unterschiedlicher Filterfeinheiten können mehrere Turbofilter parallelgeschaltet werden.

Die Kombination von Sedimenttank und Turbofilter, inklusiv des anfallenden Raumbedarfs bei einem Tankinhalt von 3500 l, ist in Abb. 10.3 dargestellt. Einen Großteil der KSS-Anlage nimmt der Tank (Abb. 10.3, 1) ein, der das Kühlschmiermittel-Volumen aufnimmt. Auf der linken Seite des Tanks befindet sich der Auswurfschacht (Abb. 10.3, 2), aus dem sowohl der in den Regenerationszyklen anfallende Schlamm als auch die im Schmutztank sedimentierten Feinspäne und Schmutzpartikel mit einem Kratzerförderer ausgetragen werden. Die drei Turbofilter (Abb. 10.3, 3) sowie der Eintauchrückkühler (Abb. 10.3, 4) sind oberhalb des Tanks angeordnet. Die Verrohrung zwischen Maschine und Kühlschmiermittelanlage ist nur angedeutet (Abb. 10.3, 5). Sie wird kundenindividuell konstruiert, da die Relativpositionen von Maschine und Aggregat in Abhängigkeit der Platzverhältnisse beim Anwender variieren können. In der KSS-Anlage werden nur die Span- und Schmutzanteile verarbeitet, die mit dem Kühlschmierstoff aus der Maschine zur Aufbereitung gepumpt werden. Der Hauptspananteil wird über den Späneförder ausgetragen, der unterhalb des Arbeitraums angeordnet ist und je nach verarbeitetem Werkstoff als Kratzer- oder Scharnierbandförderer ausgeführt ist (siehe Abschn. 10.1).

Ebenfalls im Vollstrom, aber ohne Sedimentierung, arbeiten Vakuumrotationsfilter, bei denen der Durchfluss des Fluids durch das Filtergewebe über ein Vakuum auf der Saugseite unterstützt wird. Auch hier sind Schmutz- und Reintank getrennt. Der am

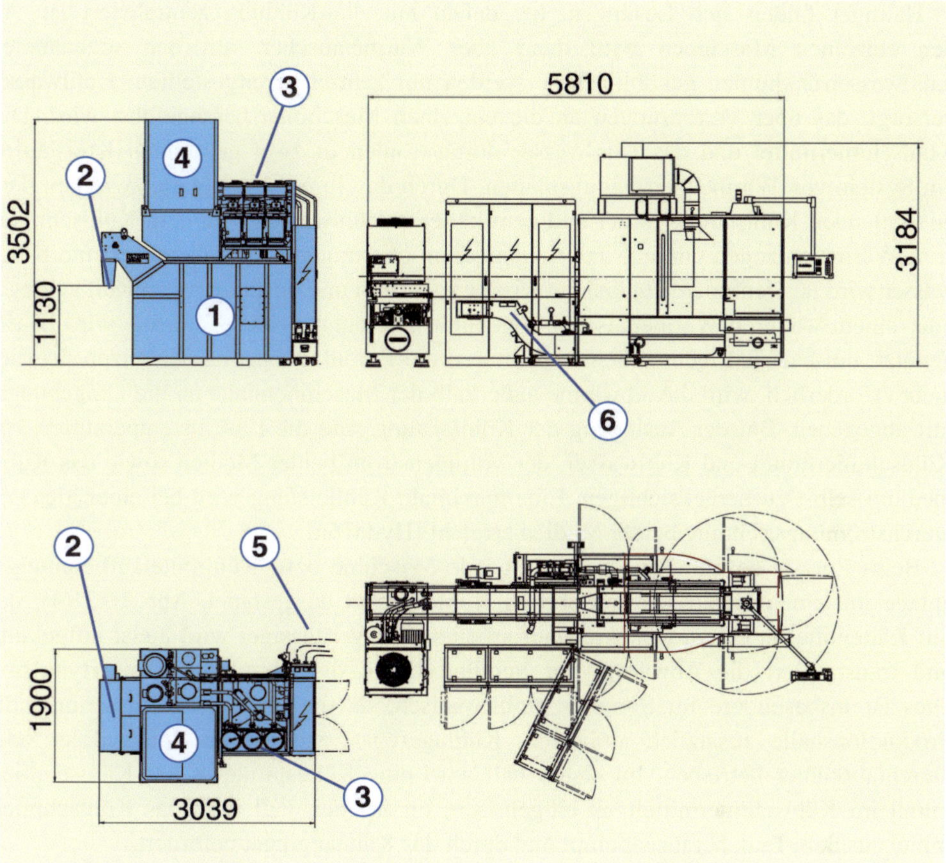

Abb. 10.3 Sedimenttank mit drei Turbofiltern zur Vollstromfilterung (blau) in einem Maschinenaufstellplan. [Bildquelle: Schütte]

Filter aufgebaute Filterkuchen wird in einer Regenerationsphase abgekratzt und über einen Kratzband ausgetragen [Knol18].

Zusätzlich zur Filterung ist eine Kühlung des Kühlschmiermittels erforderlich. Auch für die Kühlschmiermittelkühlung gibt es verschiedene Realisierungs- und Auslegungsvarianten, die in der Regel abhängig von der beim Anwender vorhandenen Infrastruktur sind. In der Praxis werden hauptsächlich zwei Ansätze verfolgt.

Zentrale KSS-Anlagen versorgen mehrere Maschinen oder einen Produktionsbereich und trennen die Kühlschmiermittelaufbereitung oder -kühlung von den Maschinen. Selten werden in der mehrspindligen Produktion Anlagen eingesetzt, bei denen die komplette Kühlschmiermittelaufbereitung zentral vorgenommen wird. In diesen Fällen wird das Kühlschmiermittel aller Maschinen in eine Zentralanlage gefördert und dort gefiltert und gekühlt.

Häufiger finden sich Lösungen, bei denen nur die Kühlung zentralisiert ist. An den einzelnen Maschinen wird dann über Wärmetauscher, mit den sogenannten Kühlwasserrückkühlen gekühlt. Diese werden mit zentral bereitgestelltem Kühlwasser versorgt, das über Verrohrungen an die einzelnen Maschinen herangeführt wird. Das Kühlschmiermittel und das Kühlwasser durchströmen in zwei getrennten Kreisläufen ein System von Wärmeübertragungsplatten. Durch das Temperaturgefälle zwischen dem zu kühlenden Kühlschmiermittel und dem kälteren Kühlwasser wird dem Kühlschmierstoff Wärme entzogen und auf das Kältemedium übertragen. Das dabei erwärmte Kühlwasser wird der zentralen Kühlanlage wieder zugeführt und dort mit einem Kühlaggregat oder einem weiteren Wärmetauscher abgekühlt. Die entstehende Abwärme wird häufig genutzt, um bei niedrigen Außentemperaturen die Produktionshallen zu heizen. Ist dies nicht erforderlich, wird die Abwärme außerhalb der Maschinenhalle an die Umgebungsluft abgegeben. Bei der Auslegung der Kühlleistung sind die Eintrittstemperaturen von Kühlschmiermittel und Kühlwasser, der Volumenstrom beider Medien sowie das Kühlmedium selbst zu berücksichtigen. Eine maximale Kühlleistung wird bei einer gleichen Durchströmungsrichtung beider Medien erreicht [Hyda16a].

Beim Einsatz dezentraler Systeme ist jede Maschine bzw. Kühlmittelaufbereitungsanlage mit einem elektrisch betriebenen Kühlaggregat ausgestattet, Abb. 10.3 (4), das mit Kältemittel in einem Kältekreislauf arbeitet. Der Verflüssiger wird meist luftgekühlt und transportiert die Abwärme mit Ventilatoren in die Maschinenhalle [Hyda16b]. Dies ist insbesondere im Sommer problematisch, da die Kühler der Maschinen die Produktionshalle zusätzlich aufheizen. Kühlaggregate werden als Tauchkühler oder Durchlaufkühler betrieben. Im ersten Fall wird eine Kältespirale in das Kühlschmiermittel im Kühlschmiermitteltank eingelassen, im zweiten Fall wird das Kühlschmiermittel aus dem Tank herausgepumpt und durch das Kälteaggregat befördert.

10.4 Maschinenkühlung

Eine wesentliche Voraussetzung für das Drehen von engen Durchmessertoleranzen ist die Vermeidung von Temperaturschwankungen in Maschine und Bearbeitungsprozess. Temperaturveränderungen führen zu Dehnungen und Verlagerungen in Maschinenstruktur, Werkstück und Werkzeug. Das hat Auswirkungen auf die Relativposition der am Zerspanprozess beteiligten Komponenten und verändert die Durchdringung von Werkstück und materialabtragendem Werkzeug. Bei spanenden Prozessen führt das zu thermisch bedingten Maßschwankungen, die ein Toleranzband von 10 µm leicht überschreiten können [Torn06].

Wärmequellen bei der Zerspanung sind neben dem Bearbeitungsprozess selbst vor allem die Antriebe. Beim Materialabtrag entsteht Wärme durch die geleistete Umform- und Trennarbeit sowie die auftretende Reibung zwischen Werkzeug und Werkstück. Die elektrischen Antriebe erzeugen Wärme bei der Umwandlung von elektrischer in mechanische Energie. Viele Komponenten des Antriebsstrangs, wie Wandler, Lager und Führungen, sind reibungsbehaftet und erzeugen Verlustwärme.

Alle Hersteller von CNC-Mehrspindel-Drehautomaten ergreifen Maßnahmen zur Maschinenkühlung. Der Temperaturstabilität eines Mehrspindlers ist aufgrund der hohen Funktionsdichte besondere Beachtung zu schenken. Auf kleinem Bauraum befinden sich zahlreiche Antriebe, die häufig in die Gestellkomponenten integriert und nah an der Zerspanstelle montiert sind.

Die genauigkeitsbestimmende Spindeltrommel trägt beispielsweise sechs oder acht Arbeitsspindeln, die bei den CNC-Maschinen moderner Bauart jeweils mit einem eigenen Motor angetrieben werden. Je nach Konzept werden die Spindelmotoren selbst (Abb. 10.4) [Dmgm14, Krom06, Schu16a, Torn13, Torn14] oder die Spindeltrommel [Damm11, Damm13] flüssigkeitsgekühlt. Ein positiver Zusatzeffekt der Spindelkühlung liegt darin, dass die Erwärmung der Spindellager ebenfalls begrenzt wird und sich deren Lebensdauer verlängert.

Anspruchsvoll ist die Versorgung der Spindelmotoren (Abb. 10.4, 1) mit Kühlmedium, sofern das Maschinenkonzept eine umlaufend schaltende Spindeltrommel einsetzt. Bei den in Abb. 10.4 dargestellten servomotorischen Antrieben entsteht die Verlustwärme fast ausschließlich im Primärteil, d. h. in den Motorwicklungen, die im Trommelkörper angeordnet sind. Die dort entstehende Wärme wird durch ein flüssiges Kühlmedium abgeführt, das Kühlkanäle (Abb. 10.4, 2) durchströmt, die in unmittelbarer Nähe zu den Motorwicklungen im Trommelgehäuse angeordnet sind. Die rotierenden und in der Trommel gelagerten Spindeln (Abb. 10.4, 3) sind mit Permanentmagneten bestückt und bilden den Sekundärteil des Synchronmotors. Da die Spindeltrommel wegen der Schaltbewegungen umlaufend rotiert, muss das Kühlmedium über Schleifringe auf das rotierende System übertragen werden (siehe auch Abb. 5.6).

Vorschub- und Werkzeugantriebe werden entweder hinreichend weit von der Zerspanstelle weg positioniert, sodass eine Konvektions- oder Luftkühlung ausreichend ist, um

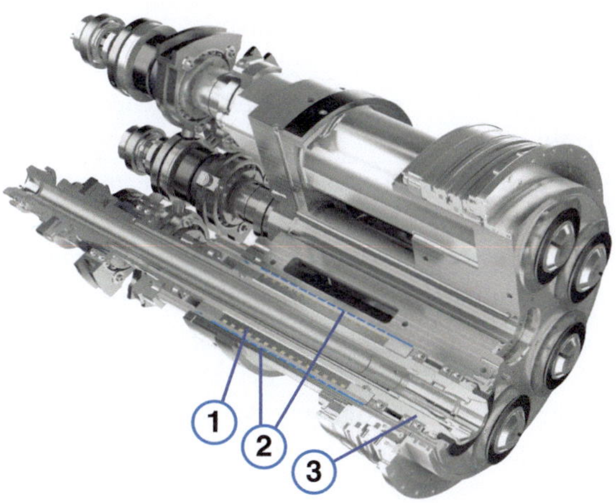

Abb. 10.4 Spindeltrommel mit Kühlelementen am Spindelmotor. [Bildquelle: Schu16a]

einen unzulässigen Wärmeeinfluss auf den Bearbeitungsprozess zu vermeiden, oder sie werden ebenfalls mit Kühlkreisläufen versorgt.

Die Maschinen- und Antriebskühlungen werden zumeist in einem eigenen, geschlossenen Kühlkreislauf geführt. Das verwendete Kühlmedium ist in der Regel Öl, das zwar im Vergleich zum Kühlwasser Nachteile im Bezug auf die Effektivität der Wärmeabführung hat, aber wartungsarm und langlebig ist.

Ebenso wie dem Kühlschmiermittel, muss auch dem Kühlmedium für die Maschinenkühlung die abgeführte Wärme entzogen werden. Führt der Anwender ein Kaltmedium über ein Zentralsystem an die Maschine, wird auch dieser Kreislauf mit einem Wärmetauscher betrieben. Alternativ ist der Anschluss an eine Aktivkühlung erforderlich. Weitere Kühlbedarfe, wie beispielsweise die Schaltschrankkühlung, werden entsprechend der Infrastruktur auf gleiche Weise bedient.

Die Kühltemperaturen von Maschinen- und Kühlschmiermittelkühlung sollten aufeinander abgestimmt sein. Sie sollten nicht zu weit von der Temperatur in der Produktionshalle abweichen, können aber vor dem Hintergrund der Energiekosten durchaus wenige Grad Celsius oberhalb der Umgebungstemperatur liegen.

Neben der aktiven Kühlung der Maschine, ist im konstruktiven Maschinenaufbau auf eine möglichst thermosymmetrische Gestaltung und falls möglich eine Auslagerung der Wärmequellen zu achten. Ein thermosymmetrischer Maschinenaufbau liegt dann vor, wenn temperaturbedingte Ausdehnungen von Maschinenkomponenten und -bauteilen gleichmäßig verlaufen oder sich besser noch gegenseitig aufheben, damit Verlagerungen und Verspannungen möglichst klein bleiben.

10.5 Maßnahmen zur prozesssicheren Serienfertigung

CNC-Maschinen haben durch die geregelten Vorschubachsen gegenüber der Kurventechnik eine grundsätzlich erhöhte Positionier- und Bewegungsgenauigkeit. Damit werden prinzipiell höhere Fertigungsgenauigkeiten erzielt. Der Unterschied in der Arbeitsgenauigkeit von CNC-Mehrspindel-Drehautomaten und ein- oder doppelspindligen Maschinenkonzepten ist heute gering [Nn00a, Nn10]. Damit sind die Voraussetzungen zur mehrspindligen, prozesssicheren Serienproduktion in engen Toleranzgrenzen prinzipiell erfüllt.

Um über einen längeren Zeitraum und in der Serienfertigung enge Toleranzfenster einzuhalten und störungsarme, automatisierte Bearbeitungsprozesse zu gewährleisten, sind allerdings weitere flankierende Maßnahmen erforderlich.

Wesentliche Voraussetzung für die prozesssichere Serienfertigung sind stabile oder beherrschte Prozesse, d. h. Prozesse die sich in ihren Eigenschaften über einen zeitlichen Verlauf nicht ändern bzw. nur in einem fest definierten Rahmen streuen [ScPf10]. Die Prozessstreuungen müssen sich zufallsverteilt innerhalb festgelegter Grenzen bewegen. Die zulässige Höhe der Streuung orientiert sich an den geforderten Fertigungstoleranzen. Bekannte systematische Einflussgrößen auf das Prozessergebnis können in vielen Fällen durch entsprechende Gegenmaßnahmen minimiert werden, von denen in der Folge einige dargestellt sind.

10.5.1 Temperaturstabile Prozessführung

Für geschätzte 75 % der Maßabweichungen an gefertigten Werkstücken sind thermisch bedingte Verlagerungen verantwortlich [BDWS16]. Ursächlich ist eine Veränderung der erwarteten Relativposition zwischen Werkzeug und Werkstück aufgrund von thermisch bedingten Dehnungen in den Maschinenkomponenten. Maßnahmen zur Maschinen- und Kühlschmiermittelkühlung, wie sie in den vorangegangenen Abschnitten beschrieben sind, tragen zu einer gleichmäßigen Temperierung von Prozess und Maschine bei und reduzieren die temperaturbedingten Maßveränderungen am Werkstück. Trotzdem lassen sich thermisch bedingte Verlagerung nicht vollständig vermeiden.

Thermische Dehnungen treten mit Temperaturveränderungen auf und kommen zum Stillstand, wenn sich Maschine und Prozess in einem thermostabilen Zustand befinden, d. h. wenn der Wärmehaushalt ausgeglichen ist. Wenn dieser Zustand erreicht ist, wird die erzeugte Prozess- und Antriebswärme kontinuierlich und vollständig durch Konvektion und Kühlung abgeführt. Die Temperaturen der beteiligten Komponenten bleiben konstant und das Wärmewachstum ist abgeschlossen. Erst bei weiteren wesentlichen Änderungen in zu- und abgeführten Wärmeströmen kann es erneut zu Verlagerungen kommen.

Zu Beginn der Produktion oder nach längerem Stillstand des Produktionsmittels haben Maschine und Antriebe die Umgebungstemperatur der Produktionshalle angenommen. Mit dem Produktionsstart entstehen signifikante Energieumsätze, die Wärmequellen erzeugen, deren Temperaturgefälle zu umgebenden mechanischen Maschinenkomponenten hoch ist. Entsprechend groß sind der Wärmeeintrag in die Maschinenstruktur und die damit verbundenen thermischen Dehnungen. Dieser Vorgang wird als Wärmegang der Maschine bezeichnet. Er führt zu degressiv ansteigenden Verlagerungen, bis ein quasistationärer Zustand erreicht ist. Während dieser Zeit sind die Maße der gefertigten Werkstücke in engen Zeitfenstern zu überprüfen und durch Korrekturen der programmierten Sollpositionen zu kompensieren.

Im Idealfall wird der Wärmegang der Maschine möglichst schnell durchlaufen. Damit bleibt der Zeitraum kurz, in dem kontinuierliche Maßänderungen auftreten und durch zeit- und kostenintensive Prüfzyklen begleitet werden müssen. Aus diesem Grund werden Maschinen häufig schon vor Produktionsbeginn und ohne Bearbeitungsprozess in einem Warmlaufzyklus betrieben, in dem Antriebe, Medien, Spindeln und Achsen an das Temperaturniveau unter Produktionsbedingungen herangeführt werden.

Systematische Prozessbeeinflussungen sind auch bei kurzzeitigen Maschinenstillständen zu erwarten, die beispielsweise in Pausenzeiten, bei Werkzeugwechseln oder im Fall von Prozessstörungen auftreten. Auch hier ist das Wiederanfahren des automatischen Produktionsprozesses mit zusätzlichen Qualitätskontrollen zu flankieren.

10.5.2 Kompensation von Werkzeugverschleiß

Der im Zerspanprozess unvermeidbar auftretende Werkzeugverschleiß ist eine weitere zentrale Einflussgröße auf die Maßhaltigkeit der gefertigten Werkstücke. Die mit dem Verschleiß verbundene geometrische Veränderung der Schneidengeometrie führt ebenfalls zu einer Verlagerung des Kontaktpunktes von Werkzeug und Werkstück.

Eine wichtige Voraussetzung für die prozesssichere Serienproduktion ist ein reproduzierbarer Produktionsprozess, zu dem auch ein vorhersehbarer Verschleißfortschritt am Werkzeug gehört. Gewünscht ist ein Verlauf, bei dem der Verschleiß über eine hinreichend lange Einsatzzeit einer Schneide konstant ansteigt. Bei Mehrspindel-Drehautomaten ist zu beachten, dass die Werkzeuge im Vergleich zu einspindligen Maschinen deutlich stärker beansprucht werden. Die Taktzeiten liegen um den Faktor 5–6 unterhalb von denen der Einspindler und die Bearbeitung erfolgt parallel an allen Spindeln. Daher sind die Erholungszeiten der Werkzeuge bis zur nächsten Bearbeitung deutlich geringer. Dementsprechend kühlen die Werkzeuge zwischen den Einsätzen im Prozess weniger stark ab und erreichen ein insgesamt höheres Temperaturniveau. Um die Belastung der Werkzeugschneiden zu reduzieren, werden Prozessparameter, vor allem die temperaturbeeinflussende Schnittgeschwindigkeit, auf Mehrspindlern häufig konservativ gewählt.

Der Werkzeugverschleiß kann auch durch maschinenseitige Maßnahmen verringert und in seiner Reproduzierbarkeit verbessert werden. Eine geeignete Auswahl und Auslegung von Konstruktionselementen trägt zur statischen und dynamischen Stabilität der Maschine bei. Eine hohe Steifigkeit und Dämpfung der im Kraftfluss liegenden Maschinenelemente reduziert vor allem die dynamische Belastung der Werkzeuge und beugt der Ermüdung der Werkzeugwerkstoffe vor. Die Dämpfung der Vorschubachsen wird beispielsweise durch den Einsatz von hydrostatischen Führungs- und Spannelementen erhöht [Inde15a, Krom06, Link02b, Schu10].

Einen gleichmäßigen Verschleiß vorausgesetzt, können Standzeitzähler genutzt werden, um die Werkzeugwechselpunkte zu bestimmen. In der Serienfertigung wird für jedes Werkzeug eine prognostizierte Stückzahl von Werkstücken in der CNC-Steuerung hinterlegt, die bis zu seinem Standzeitende produziert werden können. Die Festlegung der Werte erfolgt auf Basis der Erfahrungen von Vorserien oder aus der Anlaufphase der Serienproduktion. Nach Ablauf der angegebenen Produktionsmenge hält die Maschine an und zeigt dem Bediener, dass ein Werkzeugwechsel erforderlich ist. Um die Anzahl an Prozessunterbrechungen zu reduzieren, wird versucht, die Standzeiten der Werkzeuge gleich zu halten, in ganzzahlige Vielfache aufzuteilen oder in Gruppen zusammenzufassen. Damit können mehrere Werkzeuge in einem Wechselvorgang ausgetauscht werden.

Unabhängig von der Meldung des Standzeitendes, erfordert auch der kontinuierlich fortschreitende Werkzeugverschleiß Handlungsstrategien. Bei Drehprozessen hat der Freiflächenverschleiß unmittelbaren Einfluss auf die erzeugten Durchmessermaße. Er verändert die geometrische Lage der Schneidkante, führt zum Schneidkantenversatz und vergrößert bei Außendrehprozessen die erzeugten Durchmesser [KlK08]. Diese systematischen Maßabweichungen an den gefertigten Werkstücken werden durch eine Verschleißkompensation korrigiert. Auf Basis von regelmäßigen Maßprüfungen im Rahmen einer statistischen Prozesskontrolle, werden die veränderten Schneidenpositionen durch Korrekturen in den Verfahrwegen der Achsen ausgeglichen. Die Maschinensteuerungen bieten dazu Bedienmenüs, in denen die entsprechenden Werkzeuge angewählt und mit Korrekturwerten beaufschlagt werden.

10.5.3 Werkzeug- und Prozessüberwachung

Ergänzend dazu werden auf den Mehrspindel-Drehautomaten auch Systeme zur Werkzeug- und Prozessüberwachung eingesetzt. Eine Überwachung des Werkzeugverschleißes nutzt den Umstand, dass mit zunehmender Verschleißmarkenbreite Schnitt- und Vorschubkräfte bei der Bearbeitung ansteigen. Die Kraftanstiege werden sensorisch oder über den Anstieg der Antriebsleistung erfasst und mit dem Verschleißfortschritt korreliert. Bei kurvengesteuerten Maschinen sind häufig Sensoren im Einsatz, die im Antriebsstrang montiert werden und belastungsbedingte Veränderungen der elastischen Dehnung, beispielsweise im Kulissenhebel, erfassen [Bran11, Nn11a, Nord03]. Bei CNC-gesteuerten Mehrspindel-Drehautomaten werden häufig steuerungsinterne Antriebsdaten genutzt, um Belastungsveränderungen zu detektieren [Nord16].

So wird beispielsweise die Auslastung der Antriebsachsen aus den Regelkreisen der Haupt- und Vorschubantriebe aufgenommen und auf der Steuerungsoberfläche visualisiert, Abb. 10.5. So kann die prozentuale Auslastung (Abb. 10.5, 1) einer Antriebsachse bezogen auf deren Nennleistung für die ausgewählten Bearbeitungslagen (Abb. 10.5, 2) angezeigt werden. Neben der aktuellen Auslastung (Abb. 10.5, 3) ist die maximal aufgetretene Auslastung (Abb. 10.5, 4) im Zyklus ablesbar. Die Auslastungswerte bei störungsfreiem Prozessverlauf können herangezogen werden, um Warngrenzen für Prozessstörungen festzulegen.

Plötzlich und unerwartet auftretende Prozessstörungen, wie beispielsweise Werkzeugbrüche, lassen sich von Prozessüberwachungssystemen detektieren. Neben den kraft- und strombasierten Messungen werden hier auch Körperschallsensoren eingesetzt, mit denen die Schallemission des Zerspanprozesses gemessen wird und deren Signale bei einem Werkzeugbruch signifikante Amplitudenspitzen aufweisen [Nn01b, Nord06].

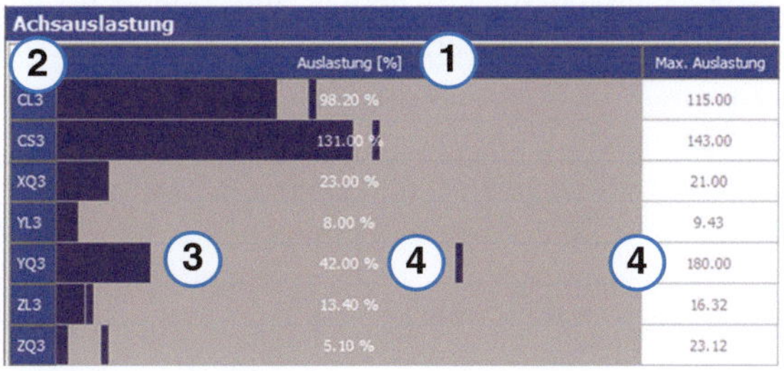

Abb. 10.5 Auslastung von Antriebsmotoren als Basisdaten für die Prozessüberwachung. [Bildquelle: Schu16b]

Ziel ist es, das gebrochene Werkzeug unmittelbar auszutauschen und weitere Schäden durch den Bruch von Folgewerkzeugen zu vermeiden. Unerkannte Werkzeugbrüche führen zudem dazu, dass Werkstücke nicht mit vollständiger Geometrie hergestellt werden und unnötiger Ausschuss produziert wird. Gerade bei hochautomatisierten Maschinensystemen, die in der Regel in Mehrmaschinenbedienung betrieben werden und daher häufig ohne unmittelbare Beaufsichtigung durch einen Maschinenbediener arbeiten, ist der Einsatz von Überwachungssystemen zur Sicherstellung eines störungsfreien Prozessverlaufs eine sinnvolle und letztlich notwendige Maßnahme.

10.5.4 Bearbeitung langspanender Werkstoffe

Wesentliche Quelle für Prozessstörungen und häufige Ursache für Werkzeugbrüche sind Späne, die sich durch mangelhaften Spanbruch um Werkzeuge wickeln oder als Wirrspäne in der Nähe der Werkzeuge sammeln. Grundsätzlich ist die Beherrschung von Spanbruch und Spanablauf unabdingbare Voraussetzung für einen störungsfreien, automatisiert ablaufenden, spanenden Fertigungsprozess.

Die Gefahr einer Langspanbildung ist insbesondere bei duktilen Werkstoffen gegeben und tritt vor allem in Bearbeitungsprozessen auf, in denen der Span kontinuierlich, d. h. ohne Schnittunterbrechung abgenommen wird.

Auf kurvengesteuerten Maschinen werden fast ausschließlich Werkstoffe zerspant, die hinsichtlich des Spanbruchs beherrscht sind. Dazu wurden in der Vergangenheit Automatenwerkstoffe mit spanbruchunterstützenden Legierungselementen entwickelt. In der modernen Fertigung und auf CNC-Maschinen kommen allerdings vermehrt Werkstoffe zum Einsatz, die diese Legierungselemente nicht mehr enthalten. Der zunehmende Einsatz hochfester und schwer zerspanbarer Werkstoffe auf Mehrspindel-Drehautomaten stellt die Zerspanungsanwender vor große Herausforderungen.

Den langspanenden Werkstoffen muss technologisch mit geeigneten Prozessparametern und insbesondere mit angepassten Werkzeuggeometrien begegnet werden. Die CNC-Maschinen geben dem Anwender durch die Einzelspindelantriebe die notwendige Flexibilität in der Wahl der Prozessparameter. Auch die Bereitstellung unterschiedlicher Druckkreise und die innere Kühlschmiermittelzufuhr erweitern die Möglichkeiten zur gezielten Verbesserung des Spanbruchs. Arbeitsraumkonzepte, in denen Antriebselemente, Kabel und Kühlschmiermittelschläuche verstärkt aus dem unmittelbaren Arbeitsbereich verschwunden sind, erlauben einen freien, schwerkraftbedingten Spänefall und tragen zur Vermeidung von Spänenestern bei.

Einrichten, Bedienen und Programmieren von CNC-Mehrspindlern

11

In diesem Kapitel stehen die operativen Tätigkeiten zum Einrichten, Bedienen und Programmieren eines CNC-Mehrspindel-Drehautomaten im Mittelpunkt. Dabei bestehen sehr viele Analogien zu einspindligen Dreh-Fräszentren, die in ähnlichen produktionstechnischen Anwendungsfeldern zum Einsatz kommen. Für die spezifischen Randbedingungen der mehrspindligen Fertigung sind einige grundsätzliche Regeln in Prozessauslegung und -führung zu beachten. Daher wird die Vorgehensweise zur Einrichtung einer automatisierten Serienproduktion auf dem Mehrspindler dargestellt. Beginnend mit der Analyse der Bearbeitungsaufgabe werden die erforderlichen Planungsschritte und Tätigkeiten bis zur Produktionsfreigabe beschrieben. Dabei werden Unterschiede und Gemeinsamkeiten zur einspindligen Fertigung herausgearbeitet.

11.1 Auswahl, Auslegung und Optimierung der Bearbeitungsfolge

Ähnlich wie bei der Prozessauslegung auf einspindligen CNC-Maschinen ist das Werkstück zunächst anhand der Fertigungszeichnung zu analysieren. Hauptkriterien sind der Werkstoff, die geometrische Gestalt, die Abmessungen sowie geforderte Toleranzen in Maß, Form, Lage und Oberfläche. Weiterhin müssen Rohteil- oder Halbzeuggeometrie bekannt sein. Die ersten Schritte in der Arbeitsplanung sind in Abb. 11.1 dargestellt.

11.1.1 Technologien und Fertigungsfolgen

Bei der Analyse der Werkstückanforderungen wird möglicherweise festgestellt, dass verschiedene Geometrieelemente oder Toleranzen nicht mit Prozessen der definierten Zerspanung bzw. nicht mit dem vorgesehenen Maschinenkonzept herstellbar sind. In diesem

M. Reuber, *CNC-Mehrspindel-Drehautomaten*,
https://doi.org/10.1007/978-3-658-29338-3_11

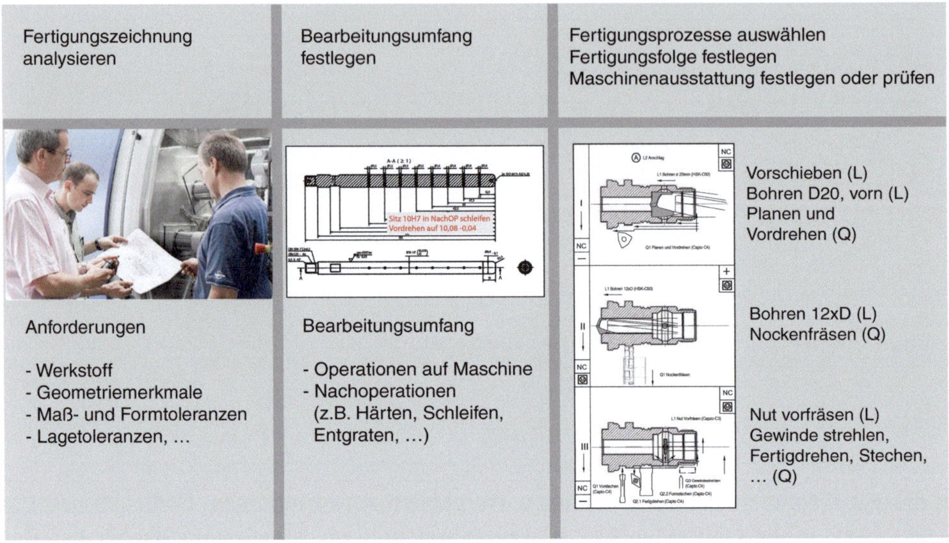

Abb. 11.1 Erste Planungsschritte zur Prozessauslegung auf einem Mehrspindel-Drehautomaten. [Bildquellen: iWFT, Schütte]

Fall ist ein Bearbeitungsumfang zu definieren, der auf der ausgewählten Bearbeitungsmaschine umsetzbar ist. Vor- und nachgelagerte Prozessschritte sind vor dem Hintergrund einer wirtschaftlichen Fertigung bereits in der Grobplanung einzubeziehen.

Nach Festlegung der auf der Maschine durchführbaren Bearbeitung, sind im zweiten Schritt Fertigungstechnologien auszuwählen und eine Prozessfolge festzulegen. Bei zweiseitiger Bearbeitung ist zunächst eine geeignete Orientierung des Werkstücks zu wählen. Wichtigstes Kriterium ist dabei eine stabile Spannung des Werkstücks in allen Phasen der Zerspanung. Die Spann- und Bearbeitungssituation ist werkstückspezifisch und muss bei der Planung der Bearbeitungsfolge angemessen berücksichtigt werden. Besondere Beachtung gilt ungünstigen Auskragsituationen, belastungsintensiven Schruppprozessen und genauigkeitsbestimmenden Endbearbeitungsoperationen.

Beim Einsatz von Werkstoffstangen ist bei der Erstseitenbearbeitung eine Spannpartie auf dem Stangendurchmesser vorbestimmt. Die Werkstoffspannung setzt auf der Materialstange außerhalb des Werkstücks an und stellt dementsprechend auch bei hohen Zerspankräften und -momenten keine Schwachstelle dar. Nach dem Abstich wird das Werkstück auf einem bereits bearbeiteten Werkstückbereich gespannt. Hierzu ist eine geeignete Spannpartie am Werkstück festzulegen, die einerseits alle noch nicht bearbeiteten Werkstückbereiche zugänglich macht und andererseits das Werkstück hinreichend stabil für die Rückseitenbearbeitung fixiert. Die Spannkräfte werden so gewählt, dass einer Bauteilbeschädigung durch Spannmarkierungen oder einer Bauteilverformung durch hohe Spannkräfte vorgebeugt wird. Leichte Spannmarkierungen auf der Spannpartie sind nicht vermeidbar und müssen toleriert werden. Die Zerspanprozesse sind an die Spannsituation anzupassen. Zerspankräfte und -momente sind so zu begrenzen, dass eine Bewegung des Werkstücks in der Spannung und im schlimmsten Fall das Lösen des Werkstücks vermieden wird.

Bei der Bearbeitung von Rohlingen muss die Spannsituation bereits bei der Erstseitenbearbeitung sorgfältig analysiert werden. Hier wird auf unbearbeiteten Flächen gespannt, die je nach Vorbearbeitungsprozess mit groben Toleranzen belegt sein können.

Ein wichtiger Unterschied zwischen der Bearbeitung auf einspindligen Maschinen mit Gegenspindeln und Mehrspindel-Drehautomaten besteht in der bereits dargestellten Aufteilung von Erst- und Zweitseitenbearbeitung. Während bei den Mehrspindlern der weit überwiegende Bearbeitungsumfang auf der ersten Werkstückseite ausgeführt wird, ist bei einem gut ausgenutzten Einspindler der Bearbeitungsumfang näherungsweise hälftig aufgeteilt.

Bei der Planung von Arbeitsabläufen und der Arbeitsaufteilung zwischen Erst- und Zweitseitenbearbeitung sind einige Auslegungsgrundsätze zu beachten. Bearbeitungsfolgen sind so zu planen, dass das Werkstück bei der Erstseitenbearbeitung möglichst lange eine große Querschnittsverbindung mit der Materialstange behält. Eine Schwächung der spindelnahen Werkstückpartie ist möglichst zu vermeiden oder erst in späten Bearbeitungsstationen, d. h. kurz vor der Abstichlage durchzuführen. Zueinander lagetolerierte Elemente (z. B. Lauftoleranzen) sollten soweit möglich in einer Aufspannung gefertigt werden.

Bearbeitungen mit hohen und dynamischen Zerspankräften, wie beispielsweise schwere Schruppbearbeitungen, der Einsatz breiter Profilwerkzeuge, zerspanungsintensive Fräsoperationen oder dynamische Prozesse mit Einzelschneideneingriffen, wie beispielsweise das Mehrkantdrehen, sind bevorzugt auf der ersten Werkstückseite durchzuführen.

Durch technologische Grundregeln und Abhängigkeiten ergibt sich für den erfahrenen Arbeitsplaner oder Zerspaner schnell eine grundlegende Prozessfolge, die zwar Variationsmöglichkeiten erlaubt, sich aber in ihren Eckpunkten aus den Anforderungen des Werkstücks und der Ausrüstung der Maschine ergibt. Zu Beginn der Bearbeitung wird meist zunächst die Werkstücklänge begrenzt, um ausgehend vom Werkstücknullpunkt eine Maßkette aufbauen zu können. In frühen Bearbeitungsschritten wird mit Schruppprozessen ein hoher Materialabtrag realisiert, bevor Schlichtoperationen bei geringen Spanungsquerschnitten und Zerspanungslasten die Fertigungstoleranzen herstellen. Bevor Bohr- und Fräsoperationen am Umfang des Werkstücks durchgeführt werden, ist es in der Regel sinnvoll, die Drehkontur zunächst mindestens grob fertigzustellen, um Bohrungen und gefräste Konturen auf die Werkstückkontur zu positionieren. Inwieweit Schlichtdrehoperationen den Fräs- und Bohrprozessen vor- oder nachgelagert sind, hängt von den spezifischen Gegebenheiten ab. Ein wichtiger Auslegungsaspekt ist hierbei die Gratbildung. Kritische Prozesse sind insbesondere Bohrungsdurchdringungen, beispielsweise wenn Querbohrungen in axiale Zentralbohrungen einlaufen. Die dabei entstehenden innen liegenden Grate sind besonders kritisch und schwer zu entfernen. Eine häufige Strategie zur Gratminimierung ist das erneute Einfahren beider Bohrer in die bereits gefertigten Bohrungen, um den Grat durch mehrfaches Biegen um die Werkstückkante zu brechen.

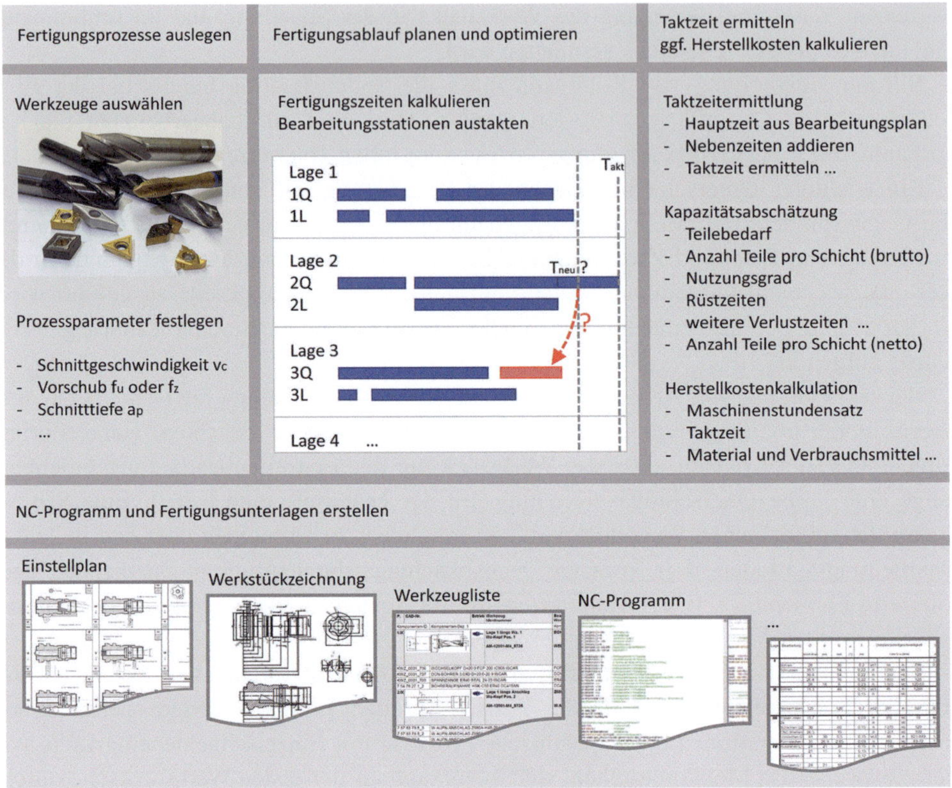

Abb. 11.2 Planungsschritte zur Auslegung und Vorbereitung von Fertigungsprozessen auf einem CNC-Mehrspindel-Drehautomaten. [Bildquelle: iWFT, Schütte]

Die Bearbeitungsfolge wird in einem Bearbeitungsplan dokumentiert. Für die einzelnen Bearbeitungsschritte sind nun geeignete Werkzeuge auszuwählen und Bearbeitungsparameter festzulegen, Abb. 11.2, oben links. Wenn die Bearbeitungsprozesse ausgelegt sind, werden die Bearbeitungszeiten für alle Prozesse und Bearbeitungsstationen ermittelt und optimiert (Abb. 11.2, oben Mitte). Darauf aufbauend wird die Prozessfolge mit dem Ziel der minimalen Taktzeit optimiert und bildet die Basis für eine Zeit, Kapazitäts- und Kostenkalkulation (Abb. 11.2, oben rechts). Weitere vorbereitende Tätigkeiten beim Einrichten des Werkstücks auf der Maschine sind die NC-Programmierung und die Erstellung der Fertigungsunterlagen (Abb. 11.2, unten).

11.1.2 Der längste Prozess bestimmt die Taktzeit

Ausgehend von der längsten Bearbeitungslage sind Maßnahmen einzuleiten, um die Bearbeitungszeit zu reduzieren. Dazu können – unter Beachtung technologischer

Restriktionen – Prozesse oder Teilprozesse aus der längsten Bearbeitungslage in andere Stationen verlagert werden. Auch die gewählten Prozessparameter können innerhalb zulässiger technologischer Grenzen optimiert werden. Je größer die Abweichung der längsten Bearbeitungszeit von der durchschnittlichen Belegung der Bearbeitungslagen ist, desto größer ist das Potenzial für eine Optimierung. Ideal ist es, wenn alle oder zahlreiche Bearbeitungslagen eine möglichst gleiche Bearbeitungszeit haben und diese nur geringfügig von der längsten Bearbeitungslage abweicht. In diesem Fall sind die Operationen gleichmäßig auf die Bearbeitungsstationen aufgeteilt und die Optimierungspotenziale sind weitgehend ausgeschöpft.

Ein weiterer wichtiger Aspekt, der im Produktionsbetrieb beachtet werden muss, ist der Nutzungsgrad der Maschine. Treten bei kurzen bzw. sehr offensiv reduzierten Taktzeiten zu viele Prozessstörungen auf, beispielsweise für das Entfernen von Spänenestern oder einen häufigen Werkzeugwechsel, wird der Effekt der Taktzeitoptimierung durch Verluste in der Produktionszeit zunichte gemacht. Ein ideal optimierter Prozess kann gegebenenfalls etwas konservativer in der Taktzeit sein, sofern er durch einen störungsarmen Prozessverlauf zu der größten Menge an produzierten Teilen pro Zeit führt.

Die Schwierigkeit bei der Ermittlung der Bearbeitungszeiten liegt weniger in der Zeitbestimmung jedes einzelnen Zerspanprozesses, als vielmehr im kollisionsfreien Zusammenspiel benachbarter Bearbeitungen. Gegebenenfalls müssen Prozesse zeitlich versetzt ablaufen, um Kollisionen von benachbarten Bearbeitungseinrichtungen oder Werkzeugen sicher zu vermeiden. Dazu sind gleichzeitig stattfindende Prozesse mit mehreren Werkzeugen auf einer Bearbeitungslage ebenso zu analysieren, wie die parallel auf benachbarten Lagen durchgeführten Operationen. Diese Aspekte sind sowohl bei der Zeitermittlung als auch in der späteren Einrichtung zu berücksichtigen. Die Parallelität der Abläufe in einem mit vielen Funktionen beladenen, kompakten Arbeitsraum ist ein besonderer Anspruch bei der Optimierung der Prozessplanung auf Mehrspindel-Drehautomaten.

In einigen Maschinenkonzepten wird der Prozessplaner durch Simulationssysteme für die Bearbeitungsabläufe unterstützt. Dazu wird der Arbeitsraum virtuell nachgebildet und mit Ausrüstungskomponenten, Werkzeugen und Verfahrwegen konfiguriert. Ausgewählte, kritische Situationen werden bereits am Arbeitsplatz der Prozessplanung kontrolliert. So wird die Bearbeitungsplanung frühzeitig verifiziert. Die fehlerfreie Prozessplanung ist insbesondere dann besonders wichtig, wenn Sonderwerkzeuge und Sonderspannmittel mit langen Beschaffungszeiten eingesetzt werden. Werden beim Einfahren der Prozesse Fehler sichtbar, die in diesen Komponenten Anpassungen erfordern, führt das zu entsprechenden Verzögerungen im Produktionsanlauf.

11.2 NC-Programmierung

Alle Hersteller von Mehrspindel-Drehautomaten stellen den Anwendern Bedienoberflächen und Programmiersysteme zur Verfügung, die auf die spezifischen Bedürfnisse der mehrspindligen Fertigung zugeschnitten sind [Gien01, Nn06b, Nn06a, Nn15,

Schu16b, Torn01]. Dazu gehört eine Programmierumgebung, die den mehrspindlerspezifischen Besonderheiten gerecht wird, Abb. 11.3. Die Oberflächen berücksichtigen insbesondere die lagenweise Programmierung der Mehrspindel-Drehautomaten. NC-Programme werden separat für die Bearbeitungen in jeder einzelnen Bearbeitungslage erstellt und von der Programmierumgebung im Hintergrund zu einem Gesamtablauf zusammengefasst. Damit wird die Programmierung für die hohe Zahl an verfahrbaren Achsen vereinfacht und ist prinzipiell vergleichbar mit der Programmerstellung für eine einspindlige Drehmaschine. Je nach Ausrüstung der Bearbeitungslage werden die Werkzeugwege in zwei oder drei Achsen programmiert. Häufig verwendete Funktionen, wie beispielsweise die Konturzugprogrammierung oder Bohr- und Gewindestrehlzyklen werden in vielen Systemen durch Eingabemasken und parametergestützte Programmierung unterstützt [Schu16b, Torn01].

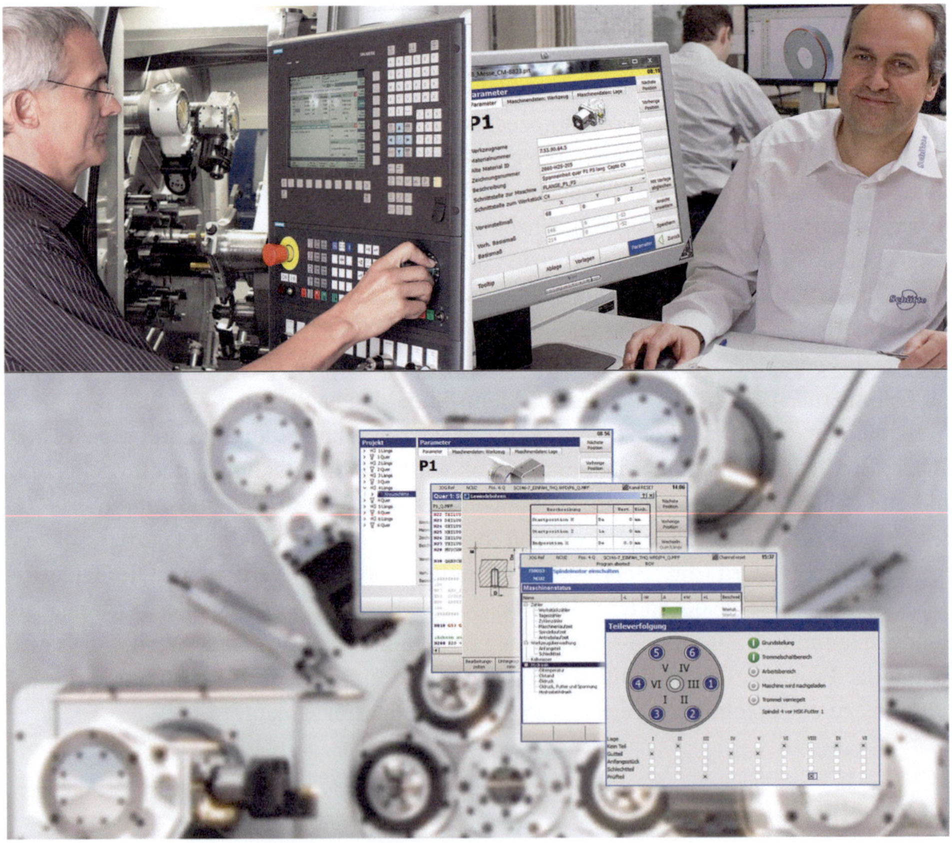

Abb. 11.3 Arbeitsplätze (oben) und Bedienoberflächen (unten) für die Programmierung und Einrichtung eines Mehrspindel-Drehautomaten [Schu16a, Schu17]

Nutzbringend sind Übersichtsanzeigen für die Bearbeitungszeiten in den einzelnen Lagen. Weitere Menüs können die differenziertere Betrachtung von Bearbeitungslagen erschließen und erlauben eine Analyse hinsichtlich der Dauer von Einzelprozessen und Wartezeiten von Achsen. Damit lassen sich Ansätze für die Reduzierung der Taktzeit und die Optimierung der Bearbeitungsprozesse entwickeln.

Die Programmierumgebung wird üblicherweise sowohl auf einem externen PC-Arbeitsplatz (Abb. 11.3, oben rechts) als auch an der Maschine (Abb. 11.3, oben links) verfügbar gemacht. In den Betrieben ist die Programmierung an einem separaten Arbeitsplatz üblich, damit die investitionsintensiven Maschinen uneingeschränkt für die Produktion zur Verfügung stehen. Das extern erstellte NC-Programm wird über Netzwerk oder Datenträger auf die Maschinensteuerung übertragen und enthält neben den programmierten Werkzeugwegen und zugeordneten Prozessparametern auch alle relevanten bearbeitungsspezifischen Daten und Informationen.

In jüngerer Zeit werden zur Unterstützung der NC-Programmierer und Arbeitsplaner Simulationssysteme angeboten, die den Arbeitsraum der Maschine virtuell abbilden und eine Visualisierung der Prozessabläufe ermöglichen [Damm08, Wend14]. Die Simulation des Bearbeitungsablaufs erlaubt Kollisionskontrollen und unterstützt Optimierungen der Arbeitsabläufe am Arbeitsplatz des NC-Programmierers. Dazu können bei entsprechendem Funktionsumfang der Simulation auch Bearbeitungszeiten ermittelt und optimiert werden, sodass die Kalkulation der Herstellkosten vor der ersten Werkstückfertigung zuverlässiger durchgeführt werden kann.

Voraussetzung ist die Abbildung des Arbeitsraums und der Maschinenkinematik sowie die zeitgetreue Nachbildung der Steuerungsabläufe mit einem virtuellen NC-Kern. Die auf CNC-Mehrspindlern häufig eingesetzten Siemens-Steuerungen arbeiten aufgrund der Vielzahl der eingesetzten numerisch gesteuerten-Achsen mit gekoppelten NC-Einheiten. Die Architektur der Doppel- oder Trippel-NCU wird in der Simulation abgebildet [Schm15, Wend14], bleibt aber für den Anwender im Hintergrund.

Beim Einsatz der Simulation muss der Anwender dafür sorgen, dass die Geometrien aller im Arbeitsraum verbauten Ausrüstungskomponenten und Werkzeuge bekannt ist. Das Standardequipment der Hersteller wird in Bibliotheken bereitgestellt, eigene Entwicklungen oder Sonderhalter, Werkzeuggeometrien und Ausspannlängen müssen vom Anwender in das System eingepflegt werden.

11.3 Ersteinrichtung eines Werkstücks

Das Einfahren des Bearbeitungsprozesses auf der Maschine wird vom Einsteller oder Einrichter durchgeführt. Die dabei erforderlichen Tätigkeiten sind in Abb. 11.4 zusammengefasst. Idealerweise wird bei der Einrichtung mit den im Folgenden gelisteten Unterlagen und Informationen gearbeitet, die in der vorgelagerten Arbeitsvorbereitung entstanden sind:

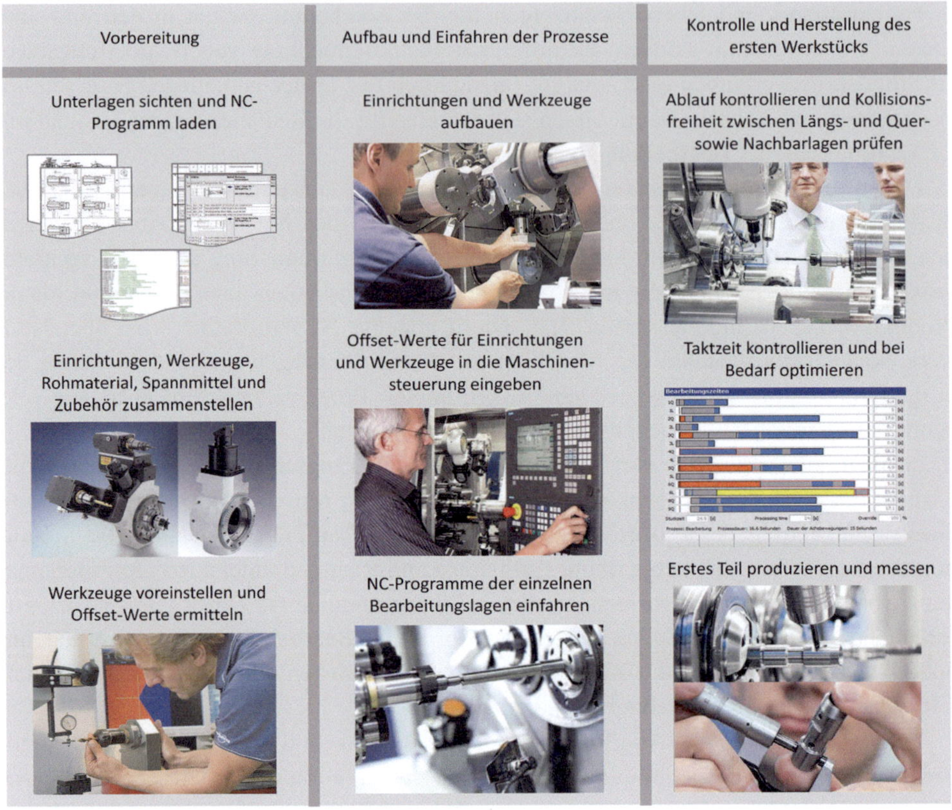

Abb. 11.4 Einrichtung eines Werkstücks – Ablauf von der Vorbereitung bis zur Produktion des ersten Teils. [Bildquellen: Schu16a, Schu16b]

- Maßzeichnung des Drehteils und Einstellplan, aus dem die Prozessfolge und der dazugehörige Aufbau an Ausrüstungskomponenten hervorgehen.
- Offset-Werte für die Bearbeitungseinrichtungen und Werkzeugträger. Bei wiederholgenauen Wechselschnittstellen werden diese vor dem Aufbau messtechnisch ermittelt. Andernfalls müssen sie nach dem Aufbau im Arbeitsraum eingemessen werden. Die Werte der Einrichtungs-Offsets werden in die entsprechenden Eingabemasken der Maschinensteuerung eingetragen.
- Werkzeugplan oder -liste, in dem/der die einzusetzenden Werkzeughalter und Zerspanwerkzeuge sowie die der Planung zugrunde liegenden Werkzeug-Offset-Werte verzeichnet sind. Die Werkzeug-Offset-Werte sind die Basis für die Voreinstellung der Wechselhalter und müssen ebenfalls in der Maschinensteuerung hinterlegt werden.
- Das NC-Programm, in dem Werkzeugwege, technologische Parameter und zeitliche Abläufe der Bearbeitung hinterlegt sind. Dieses wird in die Maschinensteuerung eingeladen und auf der Maschine eingefahren.

Prinzipiell sollte in der Arbeitsvorbereitung bereits beachtet werden, dass die parallel arbeitenden Werkzeuge nicht in Kollision geraten und die Zerspanoperationen unabhängig voneinander durchführbar sind. Trotzdem ist der Kollisionsfreiheit bei der Ersteinrichtung eines Werkstücks besondere Beachtung zu schenken. Geringfügige Veränderungen in den Ausspannlängen der Werkzeuge, Abweichungen zwischen der realen und virtuellen Abbildung von Bearbeitungseinrichtungen, Werkzeugträgern und Werkzeugen sowie Programmierfehler sind nicht ausgeschlossen. Daher ist ein sorgfältiges und vorsichtiges Einfahren der Bearbeitungsprozesse erforderlich, um Kollisionen beim Einrichten und im späteren Automatikbetrieb zu verhindern.

11.3.1 Lagenweises Einrichten

Die Einrichtung beginnt entsprechend der Prozessfolge beim Rohmaterial (Abb. 11.4, links). Ein gegenüber der Vorbearbeitung veränderter Stangendurchmesser bedingt das Umrüsten der Spannzangen und der Vorschubelemente in der Materialzuführung. Gleiches gilt im Falle von neuen Rohlingen bei Futterbearbeitungen. Hier sind die geometriespezifischen Spannelemente ebenso auszutauschen wie werkstückspezifische Handhabungskomponenten. Dazu gehören Spann- und Greiferbacken sowie gegebenenfalls eingesetzte Rohteilenester in Zuführ- und Speichereinheiten.

Anschließend wird überprüft, inwieweit die aus der vorherigen Bearbeitung aufgebauten Bearbeitungseinrichtungen und Werkzeughalter für die neu einzurichtende Bearbeitungsfolge nutzbar sind. Als Referenzdokument dient der Einstellplan, in dem die Bearbeitungseinrichtungen und Werkzeugköpfe oder -träger mit den entsprechenden Offset-Werten ausgewiesen sind. Die Einrichtungs-Offsets beschreiben die Position der Bearbeitungseinrichtung im Arbeitsraum, bezogen auf den maschinenseitig festgelegten Nullpunkt der jeweiligen Bearbeitungsstation. Dieser wiederum ist auf den Maschinennullpunkt bezogen und vom Hersteller vermessen. Mit der Eingabe der Offset-Werte in die Maschinensteuerung (Abb. 11.4, Mitte). schließt sich die Maßkette und definiert die Position der Einrichtung bis zur Schnittstelle für den Werkzeughalter, Abb. 11.5.

Wenn der Einrichtungsaufbau nicht dem geplanten Bearbeitungsablauf entspricht, sind die Bearbeitungseinrichtungen umzubauen. Diese Tätigkeit nimmt einen großen Teil des Umrüstaufwands in Anspruch. Mit kleiner werdenden Losgrößen und häufigen Werkstückwechseln gewinnen Umrüstkonzepte an Bedeutung, die diese Einrichttätigkeit vereinfachen, unterstützen und verkürzen. Eine rüstfreundliche Maschine verfügt über standardisierte, reproduzierbar positionierende Schnittstellen zum Aufbau der Einrichtungen auf Schlitten bzw. Pinolen. Ebenso wichtig sind handhabbare Gewichte der Einrichtungskomponenten.

Nach dem Aufbau der Bearbeitungseinrichtungen und Werkzeugköpfe wird schrittweise ein erstes Werkstück erzeugt (Abb. 11.4, rechts). Dazu geht der Einrichter lagenweise vor, beginnend in der Bearbeitungsstation des Stangenvorschubs bzw. der Rohteilzuführung. In jeder Bearbeitungslage werden zunächst die voreingestellten Werk-

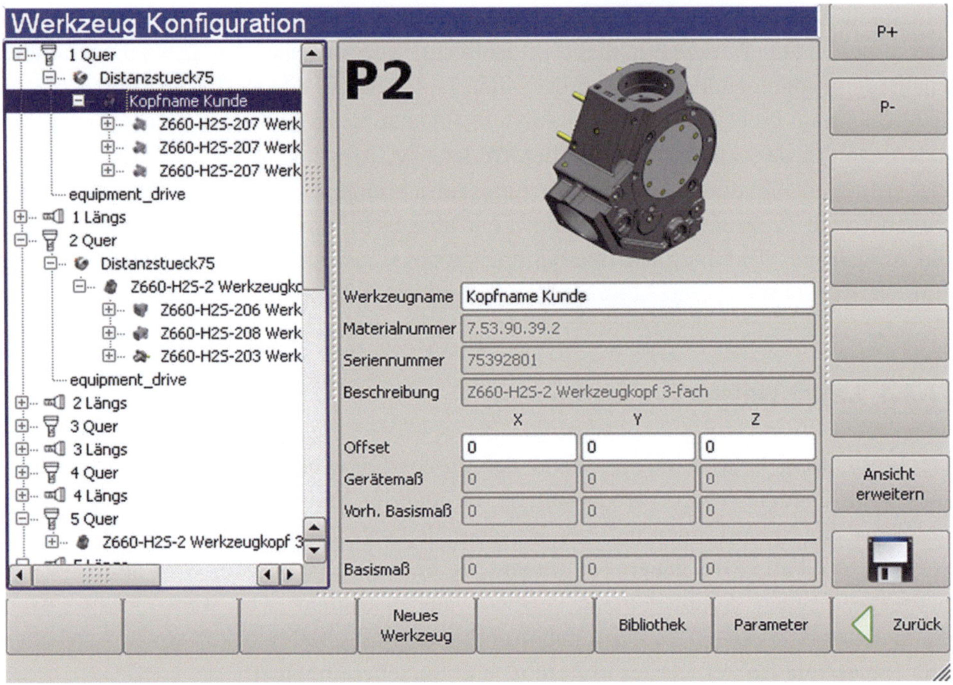

Abb. 11.5 Konfigurationsmenü für einen Werkzeugkopf zur Eingabe der Einrichtungs-Offsets. [Quelle: Schu16a]

zeuge aufgebaut und deren Offset-Werte in der Steuerung hinterlegt (Abb. 11.4, Mitte). Damit wird die Maßkette von der Wechselhalterschnittstelle bis zur Schneidenspitze fortgesetzt und die Position der Werkzeugschneide im Arbeitsraum wird in der Steuerung hinterlegt.

Das NC-Programm der jeweiligen Bearbeitungslage wird angewählt, wobei meist die anderen Bearbeitungen zunächst inaktiviert bleiben. Diese Entscheidung trifft der Einrichter, dem entsprechende Menüs zur An- und Abwahl der Bearbeitungslagen zur Verfügung stehen. Die Zerspanung am Werkstück wird – falls möglich – zunächst mit reduzierter Vorschubgeschwindigkeit durchgeführt, um die Geometrieerzeugung zu überprüfen. Gegebenenfalls werden Korrekturen vorgenommen und so entsteht im Durchlauf der nacheinander eingerichteten Bearbeitungslagen die Erstseitenbearbeitung des eingerichteten Werkstücks. Im nächsten Schritt widmet sich der Einrichter der Bearbeitung der zweiten Werkstückseite. Auf der Gegenspindel wird ein Spannmittel aufgebaut, das spezifisch an die entsprechende Spannpartie des teilfertigen Werkstücks angepasst ist. Eingesetzt werden Spannzangen oder Spannfutter mit entsprechend gestalteten Backensätzen. Je nach Abführvariante der Fertigteile müssen auch die Handhabungselemente an die Geometrie der Greifpartie angepasst werden. Ebenso wie die Werkzeuge und Spannmittel der Rohteile werden auch diese Spannelemente bei der Arbeitsplanung festgelegt.

Dieser Prozess muss in einem ausreichenden zeitlichen Vorlauf stattfinden, damit eine termingerechte Beschaffung der werkstückspezifischen Komponenten möglich ist.

Mit der schrittweisen Herstellung des ersten Werkstücks (Abb. 11.4, rechts). ist der grundsätzliche Ablauf eingerichtet. Dabei werden die an der Maschine messbaren Toleranzen bereits überprüft und im Fall von Maßabweichungen korrigiert.

Die Vorgehensweise ist weitgehend analog zum Einrichten einer einspindligen Drehmaschine, bei der ebenfalls jeder Prozess und jedes Werkzeug eingefahren werden müssen. Der wesentliche Unterschied besteht in einer zusätzlichen Kollisionskontrolle beim gemeinsamen Ablauf mit den Nachbarlagen (Abb. 11.4, rechts oben).

In der Regel wird die Kollisionskontrolle durch sukzessive Anwahl der NC-Bewegungsabläufe der Nachbarlagen bereits beim Einfahren des ersten Werkstücks durchgeführt. Im Problemfall werden Gegenmaßnahmen eingeleitet, beispielsweise Umplanungen oder zusätzliche Wartezeiten für einzelne Bearbeitungen. Dabei ist darauf zu achten, dass diese Maßnahmen die festgelegte Taktzeit nicht negativ beeinflussen.

11.3.2 Einfahren des Automatikbetriebs

Auf dieser Basis kann eine erste Maschinenfähigkeitsanalyse durchgeführt werden, Abb. 11.6. Dazu wird eine erste Messreihe an Werkstücken im Automatikbetrieb produziert, üblicherweise 10 Teile pro Maschinenspindel. Die Messreihe wird der Qualitätsprüfung zugeführt und einem ersten umfänglichen Abgleich mit den Zeichnungstoleranzen unterzogen (Abb. 11.6, links). Maß-, Form- und Lagetoleranzen werden geprüft und spindelweise in übersichtlichen Formblättern dargestellt (s. auch Abb. 3.9). Bei Maßtoleranzen, die nur eine geringe Streubreite aufweisen, aber nicht in der Toleranzmitte liegen, kann die Werkzeugpositionen korrigiert werden. Abweichungen in Oberflächen-, Form- und Lagetoleranzen sind normalerweise nicht ohne Weiteres korrigierbar. Gleiches gilt bei Prozessstörungen, wie mangelhaftem Spanbruch und schwingungsanfälligen Bearbeitungen. Die Ursachen für Toleranzabweichungen und Störungen im Prozessverlauf sind in einer systematischen Analyse zu ermitteln und durch Gegenmaßnahmen abzustellen (Abb. 11.6, Mitte).

Ursachen und Gegenmaßnahmen sind vielfältig. Spätestens in dieser Phase spielt die Erfahrung des Einrichters eine wichtige Rolle. Je nach Basiswissen über die Bearbeitungsprozesse, mögliche Ursachen von Fertigungsfehlern und potenzielle Abhilfemaßnahmen, können die Einrichtezeiten erheblich variieren. Sollten die geplanten Prozesse nicht durch die Veränderung von Prozessparametern und Standardwerkzeugen störungsfrei zu gestalten sein, muss gegebenenfalls der Fertigungsablauf verändert werden. Im ungünstigsten Fall müssen Werkzeuge oder Spannmittel neu ausgelegt und beschafft oder gefertigt werden. Daraus können Zeitverzüge von mehreren Tagen resultieren. Bei allen Maßnahmen ist zu beachten, dass die Soll-Taktzeiten eingehalten werden, da auf diesen in der Regel die Kalkulation der wirtschaftlichen Herstellung des Werkstücks basiert.

Wenn ein prinzipiell funktionierender Fertigungsablauf und -prozess eingerichtet ist, muss er im Dauerbetrieb erprobt werden. Damit wird überprüft, ob die Fertigungs-

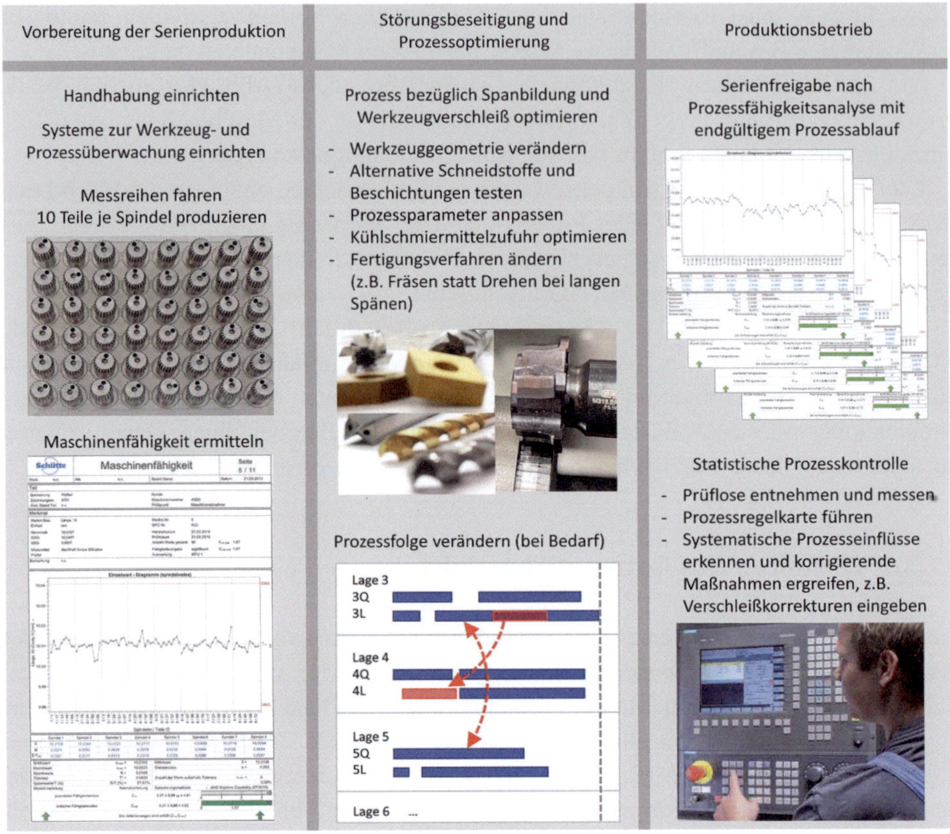

Abb. 11.6 Einrichtung und Produktion eines Werkstücks – Ablauf von der Vorbereitung der Serienproduktion bis zum Produktionsbetrieb. [Bildquellen: iWFT, Schütte]

toleranzen auch in der Serienproduktion eingehalten werden, die Werkzeuge eine ausreichende Standzeit haben und die Bearbeitung ohne Benutzereingriff im Automatikbetrieb störungsfrei läuft. Der automatisierte Fertigungsablauf kann beispielsweise durch den frühzeitigen Verschleiß einzelner Werkzeuge oder durch Spänenester beeinträchtigt werden, die sich bei der Zerspanung von mehreren Werkstücken im Automatikbetrieb bilden. Bei mangelndem Spanbruch können sich Langspäne aufwickeln und Späneknäuel bilden. Diese stören den automatischen Prozessablauf und können Schäden an Werkzeugen und Maschine verursachen. Prozessunterbrechungen für das Entfernen von Spänenestern oder eine hohe Zahl von Werkzeugwechseln reduzieren den Nutzungsgrad und die Produktivität des Mehrspindlers erheblich und sind in einer automatisierten Produktion zu vermeiden bzw. minimieren. Die Bearbeitungsprozesse müssen so eingestellt sein, dass sie ohne Beobachtung und Eingriff des Bedieners ablaufen, einer Mehrmaschinenbedienung nicht entgegenstehen und hohe Nutzungsgrade bei der Produktion gewährleisten.

11.3.3 Produktionsfreigabe und -überwachung

In den Unternehmen existieren definierte Freigaberoutinen, mit denen die zeichnungskonforme Herstellung der Werkstücke im Serienbetrieb sichergestellt wird. Der Produktionsstart für ein Werkstück bedingt einen funktionsfähigen, störungsarmen Prozessablauf und eine Freigabe durch die Qualitätskontrolle (Abb. 11.6, rechts). In der Regel ist die Qualitätsfreigabe von den Produktionsbereichen unabhängig in einer zentralen Abteilung angesiedelt. Dies ist einmal dadurch bedingt, dass Freigabeprozesse unabhängig vom Termin- und Produktivitätsdruck in der Produktion getroffen werden sollten. Ein weiterer Grund ist, dass häufig anspruchsvolle Messtechnik und Messmethodik eingesetzt werden, die Expertenwissen und teure Messmittel erfordern. Insbesondere die Messgeräte für die Ermittlung von Form- und Lagetoleranzen oder die Erfassung von Werkstückkonturen sind daher meist von spezialisierten Zentralabteilungen betreut, die übergreifend über verschiedene Produktionsbereiche dienstleistend tätig sind.

Aufgrund der stückzahlintensiven Volumenproduktion auf Mehrspindel-Drehautomaten basiert die Überwachung einer zeichnungskonformen Produktion der Werkstücke häufig auf Methoden der statistischen Prozesskontrolle (SPC). Die Anwendung der SPC (Abb. 11.6, rechts) setzt voraus, dass Abweichungen in Prozess und Prozessergebnis deutlich geringer sind als die vorgegebenen Zeichnungstoleranzen. Das ist dann gegeben, wenn die Fertigungsprozesse robust sind und deren zufällige Streuungen das Bearbeitungsergebnis nicht unzulässig beeinflussen. Systematisch auftretende Effekte, wie beispielsweise Maßänderungen aufgrund von Werkzeugverschleiß, werden durch Maßkontrollen an regelmäßig entnommenen Werkstücken erfasst und korrigiert.

Die statistische Prozesskontrolle vermeidet den Aufwand einer 100 %-Prüfung aller hergestellten Werkstücke und minimiert die Produktion von fehlerhaften Teilen. Die damit nachgewiesenen Fähigkeiten von Maschine und Prozess führen allerdings dazu, dass die tatsächlichen Herstellungstoleranzen deutlich geringer sind als die in der Zeichnung geforderten Fertigungstoleranzen. Je weniger fehlerhafte Werkstücke zugelassen sind, desto geringer ist die zulässige Toleranzausnutzung.

Die tolerierten Produktionsfehler werden in der industriellen Praxis über die Anzahl fehlerhafter Teile pro einer Million produzierter Teile beschrieben. Mit dem daraus resultierenden ppm-Wert (parts per million) korrespondieren entsprechend einzuhaltende Prozessfähigkeitsindizes (c_p – Werte) aus denen sich die Toleranzeinschränkungen ergeben. Bei einer geforderten Prozessfähigkeit von $c_p = 1{,}33$ darf die Produktionsmenge von einer Million Teile beispielsweise sechs Fehlerteile enthalten, mit einem c_p-Wert von 1,67 ist weniger als ein fehlerhaftes Teil erlaubt.

11.4 Rüsten von Teilefamilien und Wiederholteilen

Teilefamilien bestehen aus Werkstücken mit ähnlicher geometrischer Form und aus gleichem Material [Refa99]. Sie sind als Variantengruppen zusammengefasst und lassen sich in der Regel durch die gleiche Prozessfolge herstellen. Daher sind Umrüstungen innerhalb von Teilefamilien in der Regel nicht sehr aufwendig. Bearbeitungseinrichtungen müssen nicht gewechselt werden, oft werden die Werkstücke auch mit gleichen Werkzeugen hergestellt. In diesen Fällen ist für das Umrüsten lediglich ein anderes NC-Programm erforderlich, das durch veränderte Verfahrwege die variierenden geometrischen Merkmale abbildet. Bestehen die Teilefamilien aus durchmesserskalierten Werkstücken, werden veränderte Stangendurchmesser gerüstet oder es müssen Zuführ- und Spanneinrichtungen an eine veränderte Rohteilgeometrie angepasst werden.

Wiederholrüstungen sind -unabhängig von der Ähnlichkeit der Werkstücke- dadurch gekennzeichnet, dass Prozessfolgen, NC-Programme und Bearbeitungsprozesse bereits in einer vergangenen Serienproduktion erfolgreich erprobt sind. Damit sind die Risiken des Ersteinrichtens reduziert und der Aufwand für das Einrichten bis zur Produktionsfreigabe ist besser planbar. Der Start der Serienproduktion wird deutlich schneller erreicht als bei einer Ersteinrichtung.

Die Vorteile des Wiederholrüstens sind unabhängig vom Umfang des Umbaus zwischen zwei Werkstücken. Die kürzeste Umrüstzeit ergibt sich beim wiederholten Rüsten innerhalb einer Teilefamilie. In diesen Fällen bietet der Mehrspindel-Drehautomat auch bei kleinen Losgrößen von unter 3000 Teilen Produktivitätsvorteile. Je aufwendiger die Umrüstung ist, desto größer wird die wirtschaftliche Teileanzahl. Letztendlich entscheidet der Anwender vor dem Hintergrund der Wirtschaftlichkeit, bei welchem Verhältnis von Rüst- zu Produktionszeit der Mehrspindler noch geeignet ist. Auf die Abschätzung minimaler wirtschaftlicher Losgrößen für CNC-Mehrspindel-Drehautomaten geht Abschn. 12.5 näher ein.

In Abb. 11.7 wird die Vorgehensweise zum Ersteinrichten oder Wiederholrüsten eines Mehrspindel-Drehautomaten in Form eines Flussdiagramms noch einmal zusammengefasst. Die unterschiedlichen Vorgehensweisen in Abhängigkeit von der Rüstsituation werden an den Entscheidungspunkten deutlich.

11.5 Produktion im Automatikbetrieb

Im Produktionsbetrieb wird der Mehrspindel-Drehautomat häufig in Mehrmaschinenbedienung betrieben. Dabei beaufsichtigt ein Bediener nicht nur eine einzelne Maschine, sondern mehrere parallel arbeitende Produktionsmittel. Die Mehrmaschinenbedienung wird in automatisierten Fertigungsumgebungen eingesetzt, in denen die Bediener mit den erforderlichen Eingriffen in eine Maschine nicht ausgelastet sind.

Die Hauptaufgaben des Bedienpersonals bei der Produktion mit Mehrspindel-Drehautomaten liegen in der regelmäßigen Prüfung der gefertigten Werkstücke, dem Wechsel verschlissener Werkzeuge, dem Beseitigen von Spänen und Spänenestern sowie der Aufrechterhaltung des störungsfreien Prozessverlaufs. Darüber hinaus stellt er sicher, dass Rohmaterial verfügbar ist und die Fertigteile abgeführt werden. Anzahl und Umfang der Bedienereingriffe sind variabel und hängen unter anderem vom Verschleißverhalten der Werkzeuge und der Autonomie von Materialzu- und -abführung ab.

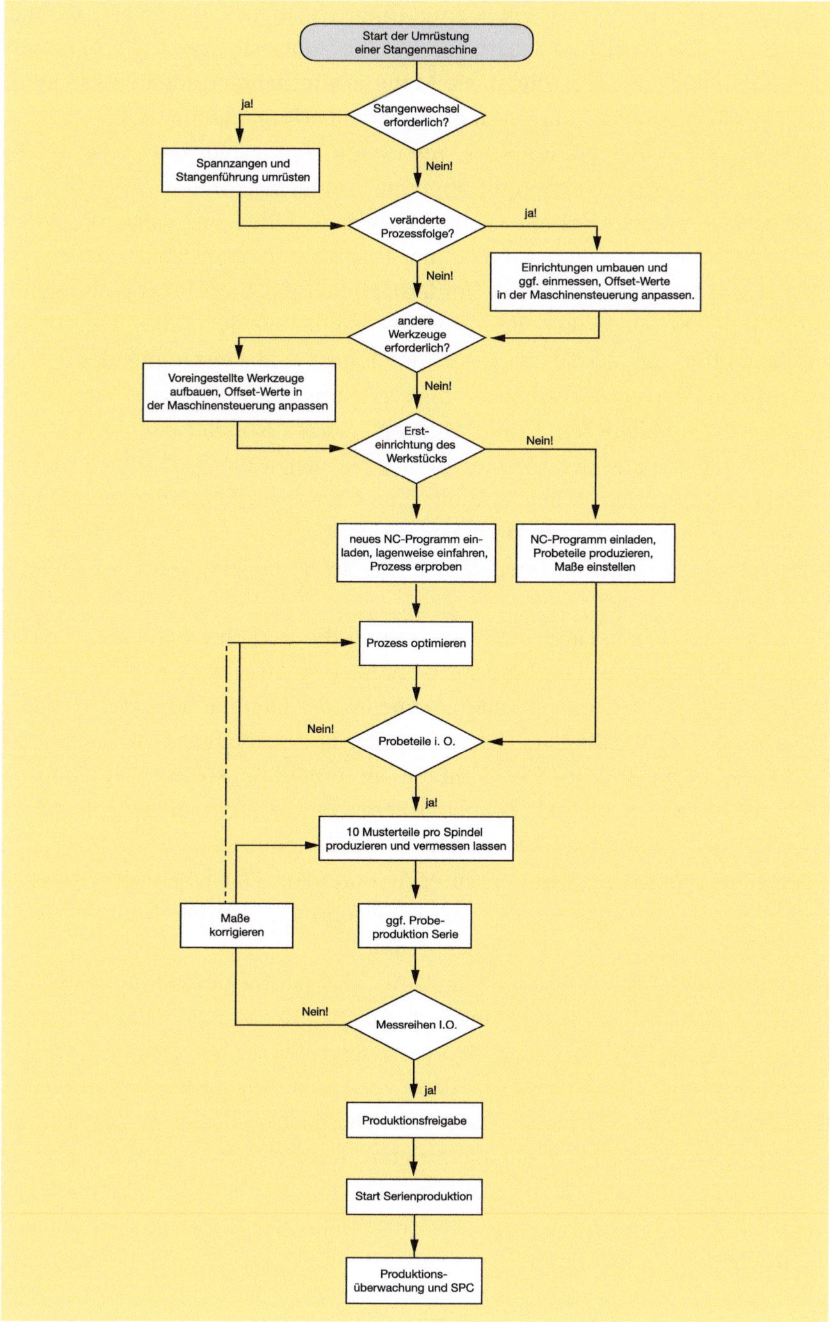

Abb. 11.7 Ablauf beim Rüsten und Einrichten eines Mehrspindel-Drehautomaten

Die Stangenbearbeitung benötigt wenig Eingriffszeit des Bedieners, da die Lademagazine über hohe Speicherkapazitäten für die Materialstangen verfügen. Je nach Stückzeit und Werkstücklänge können sie Material für mehrere Stunden Produktion aufnehmen. Das Nachladen der Stangen in die Spindeln erfolgt automatisch.

Die Tätigkeiten zum Abführen der gefertigten Teile sind stark konzeptabhängig. Werden die Werkstücke als Schüttgut abgeführt, müssen lediglich die Schüttgutbehälter ausgetauscht werden. Größere Logistikaufwände fallen an, wenn die Werkstücke mit einem Förderband aus dem Arbeitsraum transportiert und dann in Ladungsträgern gestapelt werden. Die Entnahme vom Förderband und das Stapeln werden häufig manuell durchgeführt. Die Häufigkeit des Eingriffs hängt von der Taktzeit und der Größe des Zwischenpuffers ab. Diese wird von der Länge und Gestaltung des Förderbands bestimmt. Alternativ werden Roboter eingesetzt, um die Werkstücke vom Förderband abzunehmen und zu palettieren. Einige Konzepte setzen Roboter oder Handhabungseinrichtungen im Arbeitsraum der Maschinen ein, mit denen die Werkstücke bereits in der Maschine palettiert werden. Meist sind nur eine oder zwei Wechselpaletten automatisch beladbar und werden dann vom Bediener gegen Leerpaletten ausgetauscht. Die Eingriffszeiten des Bedieners sind über die Anzahl der speicherbaren Werkstücke und die Taktzeit bestimmt.

Neben den logistischen Tätigkeiten überprüfen die Bediener regelmäßig die Qualität der gefertigten Werkstücke. Die Prüfung beinhaltet Sichtkontrollen, z. B. bezüglich der Vollständigkeit der gefertigten Geometrieelemente, der Qualität der Oberflächen und der Gratbildung. Einzelne Qualitätsmerkmale werden in regelmäßigen Abständen unmittelbar an der Maschine erfasst. Der Umfang an produktionsnahen Messungen ist im Wesentlichen von den zu überwachenden Toleranzen und den verfügbaren Messmitteln abhängig. Auf den Drehmaschinen gefertigte Maßtoleranzen können in vielen Fällen noch mit Handmessmitteln oder Lehren erfasst werden. Die Überprüfung von Konturelementen sowie Form- und Lagetoleranzen erfolgt mit entsprechenden Messmitteln, meist in den Messräumen der Qualitätssicherung.

Wichtige Aufgabe des Bedienpersonals ist die Aufrechterhaltung eines störungsfreien Prozessverlaufs. Dabei sind unterschiedliche Prozessanomalitäten und Prozessstörungen zu beachten. Der unvermeidbar auftretende Werkzeugverschleiß verändert den Prozess und das Prozessergebnis. Mit dem Verschleißfortschritt am Werkzeug ändern sich Bearbeitungskräfte, gefertigte Maße und Oberflächengüten sowie Span- und Gratbildung. Qualitätsmerkmale an den gefertigten Werkstücken kann der Bediener über Sicht- und Maßkontrollen erfassen. Ändern sich verschleißbedingt die Maße am Werkstück, werden sie durch eine angepasste Zustellung des Werkzeugs kompensiert. Die Maschinensteuerungen bieten hierzu eigene Bedienmenüs, in denen die Verschleißkompensation werkzeugspezifisch eingegeben werden kann, Abb. 11.8. Bei den Mehrspindlern sind auch diese Bedienelemente an das Maschinenkonzept angepasst, damit der Bediener bei der hohen Anzahl an Werkzeugen zielgerichtet vorgehen kann und falsche Zustellungen vermieden werden. Die Werkzeuge sind daher lagenweise strukturiert und innerhalb einer Lage numerisch bezeichnet. Aufgabe des Bedieners ist es, die Maßveränderung zu detektieren und dem richtigen Werkzeug zuzuordnen. Der Kompensationswert wird nach der Messung mehrerer Werkstücke und der Bildung des Mittelwerts dieser Messergebnisse ermittelt.

Verschleißkorrekturen werden vorgenommen, solange das Werkzeug noch nicht unzulässig verschlissen ist. Die Kriterien für das Standzeitende sind an die jeweiligen Prozesse angepasst. Bei Schruppbearbeitungen sind meist die mit zunehmendem Verschleiß stark ansteigenden Kräfte ein Kriterium für den Werkzeugwechsel. Bei Schlichtprozessen ist eher die Oberflächengüte des Werkstücks der standzeitbestimmende Faktor. Diese verschlechtert sich mitzunehmendem Freiflächenverschleiß aufgrund der Schnittflächenrauheit des Werkzeugs. Mit Erreichen des Standzeitendes ist das Werkzeug zu ersetzen.

Die Ermittlung des Standzeitendes erfolgt mit unterschiedlichen Methoden. In Serienprozessen ist der Verschleißverlauf am Werkzeug aus den Erfahrungswerten vorheriger Werkzeugwechsel oft bekannt. Sofern der Verschleiß sich reproduzierbar entwickelt, werden Standzeitzähler eingesetzt. Dabei wird die erwartete Anzahl von Werkstücken bis zum Erreichen des Standzeitendes in den Werkzeugdaten der Maschinensteuerung hinterlegt. Die Maschinensteuerung zählt die Produktionszyklen herunter und hält die Maschine nach der Fertigung der entsprechenden Werkstückanzahl an. Die Produktionsunterbrechung veranlasst den Bediener zum Einleiten einer Maßnahme, in diesem Fall

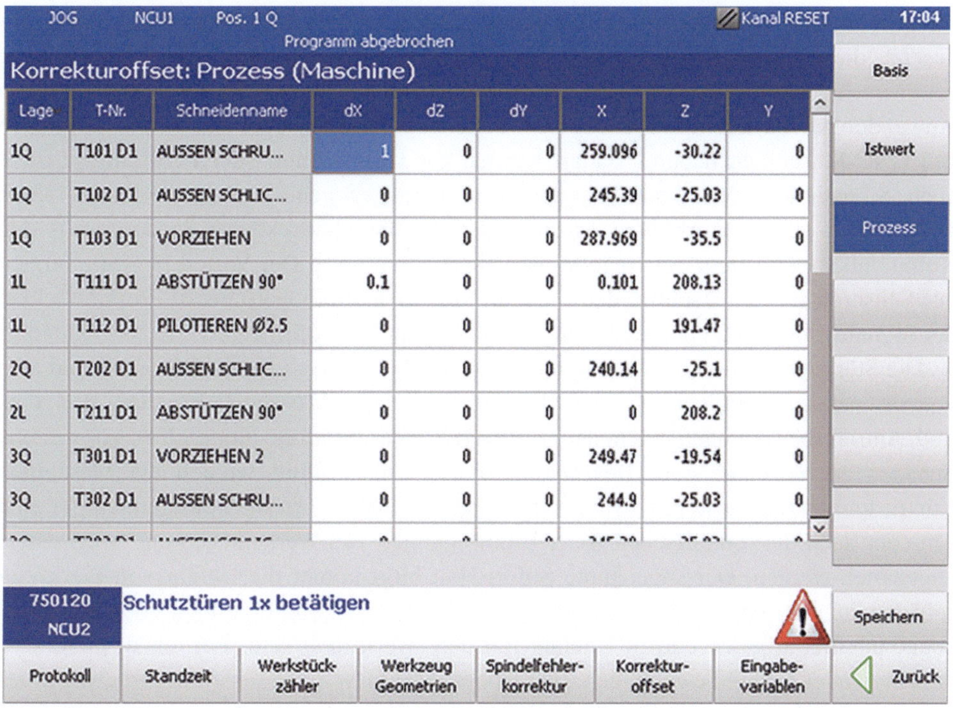

Abb. 11.8 Eingabemaske für Werkzeugverschleißkorrekturen [Schu16b]

zum Werkzeugwechsel. Bei Mehrspindel-Drehautomaten wird der verschleißbedingte Werkzeugwechsel oft konservativ gehandhabt, d. h. die Werkzeuge werden nicht bis zur Versagensgrenze gefahren. Der frühzeitige Austausch dient der Erhöhung der Prozesssicherheit. Zudem werden Werkzeuge mit ähnlichen Standzeiten gruppiert und mit gleichen Standzeitzählergrenzen versehen. Bei mehreren Standzeitgruppen sollten die Zählergrenzen idealerweise Vielfache voneinander sein, damit die Anzahl der Prozessunterbrechungen für Werkzeugwechsel minimiert wird.

Alternativ oder ergänzend wird das Standzeitende über Werkstückmessungen ermittelt. Im Zuge einer statistischen Prozesskontrolle werden festgelegte Qualitätsmerkmale der gefertigten Werkstücke ohnehin regelmäßig überwacht. In einem festen Turnus werden mehrere Teile entnommen und der Qualitätskontrolle zugeführt. Je nach Merkmalsausprägung und Toleranz wird die Messung im Produktionsumfeld an der Maschine oder in der Qualitätssicherung durchgeführt. Systematische Abweichungen im Prozessverlauf, wie es verschleißbedingte Änderungen typischerweise sind, werden identifiziert und mit Gegenmaßnahmen belegt. Je nach Qualitätsmerkmal und Fehlerbild werden Werkzeuge ausgetauscht oder Maßkorrekturen vorgenommen.

Neben kontinuierlichen Veränderungen durch den Werkzeugverschleiß, kann es auch zu plötzlich auftretenden, unvorhergesehenen Prozessstörungen kommen. Auch diese sind für einen störungsfreien Prozessverlauf zu überwachen. Ein Störungsindikator des erfahrenen Bedieners sind Maschinen- und Prozessgeräusche. Alternativ oder ergänzend werden in der automatisierten Fertigung häufig Prozessüberwachungssysteme eingesetzt, die auftretende Werkzeugbrüche, Schneidkantenausbrüche oder starken Werkzeugverschleiß mit Hilfe von Sensoren erkennen [Nord03, Nord06, Nord16]. In vielen Anwendungen basiert die Prozessüberwachung auf Kraft- oder Körperschallsignalen. Bei CNC-Maschinen neuerer Bauart werden zur Überwachung der Fertigungsprozesse auch Signale aus den Antriebsregelkreisen herangezogen. Ein zunehmender Kraftbedarf führt zu einer erhöhten Antriebsleistung, die ohne externe Sensoren aus dem Kommunikationssystem des Regelkreises abgegriffen wird. Der Vorteil liegt im Verzicht auf Sensoren im Arbeitsraum, der Nachteil liegt in der teils geringeren Empfindlichkeit der Signale hinsichtlich prozessbedingter Störungen [Kaev05].

Die Störungsreaktion erfolgt abhängig von der Art und Schwere der Störung und kann vom Anwender beeinflusst werden. Besteht die Gefahr, dass die Fortsetzung der Achs- und Antriebsbewegungen nach dem Auftreten einer Störung unmittelbar zu weiteren Schäden an Maschine oder Bearbeitungseinrichtungen führt, werden die Maschinenachsen unmittelbar gestoppt. Wahlweise können nur die Vorschubbewegungen der Achsen oder auch die rotatorischen Antriebsbewegungen von Werkstücken und Werkzeugen angehalten werden. Der sogenannte Sofort-Halt birgt immer die Gefahr von Werkzeugschäden in anderen Bearbeitungslagen, da beim Mehrspindler immer mehrere Werkzeuge parallel arbeiten und in Kontakt mit dem Werkstück sind. Bei einem plötzlichen Anhalten aller Relativbewegungen, insbesondere beim Stoppen der Antriebsbewegungen, sind die Werkzeuge einer großen Belastungsspitze ausgesetzt. Zudem müssen die Werkzeuge für den Neustart des Prozesses zunächst aus der Soforthaltposition auf eine Rückzugsposition außerhalb des möglichen Kollisionsbereichs gefahren werden. Dies ist nur durch ein händisches Verfahren der Achsen möglich. Je nach Relativposition von Werkzeug- und Werkstück ist dieser Vorgang nicht immer beschädigungsfrei durchführbar.

Alternativ kann als Störungsreaktion der sogenannte „Halt in Nullstellung“ gewählt werden. Dabei beenden alle Werkzeuge den Bearbeitungsprozess und stoppen in ihren Endlagen vor Beginn des nächsten Bearbeitungszyklus.

Ein weiteres Störungsszenario ist die Entstehung von Spänenestern. Die Beobachtung der Spanentwicklung ist bei den voll gekapselten Arbeitsräumen und der Flutung mit Kühlschmiermittel während des Prozesses nur bedingt möglich. Im Verdachtsfall initiiert der Bediener eine Produktionsunterbrechung am Ende des nächsten Bearbeitungszyklus, öffnet die Arbeitsraumtür und begutachtet den Arbeitsraum. Ein Prozess, in dem regelmäßig Spänenester entstehen, ist für eine automatisierte, produktive Fertigung auf Mehrspindel-Drehautomaten nicht geeignet.

Ebenso wie den Programmierern, stehen in den Maschinen auch den Bedienern Steuerungsoberflächen zur Verfügung, die den Besonderheiten der mehrspindlerspezifischen Fertigung gerecht werden. Dazu gehören die lagenweise Sortierung der Werkzeuge für Standzeitzähler und Verschleißkompensation, Taktzeitübersichten zur Kontrolle der Produktivität, Abb. 11.9, sowie Bedienelemente zum Ausschleusen von Messteilen.

Die Bedienkonzepte vieler Hersteller tragen dazu bei, die Nutzung der Mehrspindel-Drehautomaten so zu vereinfachen, dass Bediener von einspindligen CNC-Maschinen sehr schnell für die mehrspindligen Konzepte qualifiziert sind. Zwar gilt es, den oftmals vorhandenen und berechtigten Respekt vor dem funktionsreichen und kompakten Arbeitsraum zu überwinden, dann wird aber schnell deutlich, dass die Bedientätigkeiten viele Parallelen zu ein- und doppelspindligen Dreh-Fräsmaschinen aufweisen.

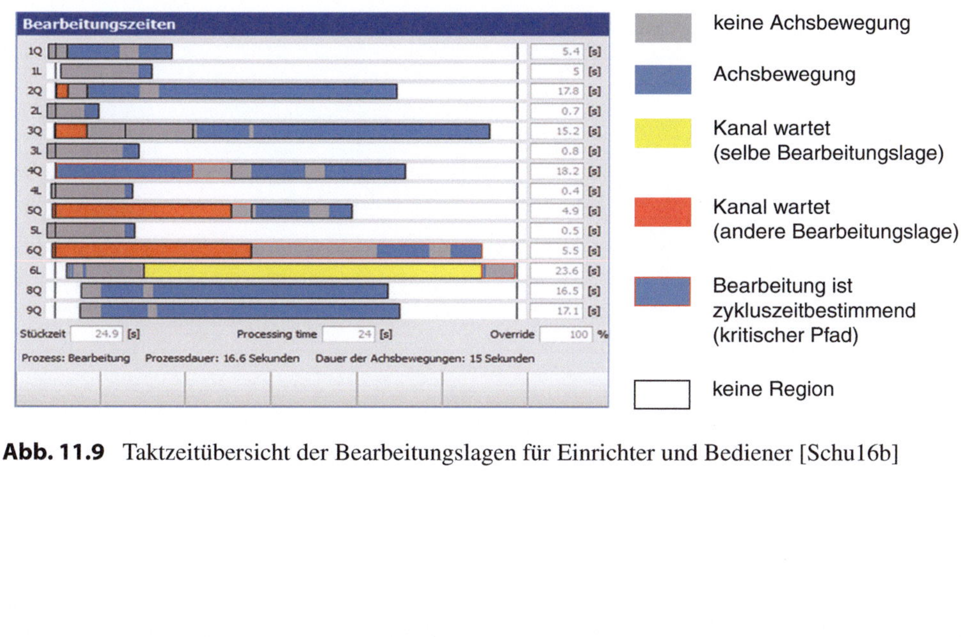

Abb. 11.9 Taktzeitübersicht der Bearbeitungslagen für Einrichter und Bediener [Schu16b]

12 Gemeinsamkeiten und Unterschiede von ein- und mehrspindliger CNC-Produktion

Die Ausführungen in den vorausgegangenen Kapiteln haben deutlich gemacht, dass die modernen CNC-Mehrspindel-Drehautomaten sich ihren ein- und doppelspindligen Pendants in Technologie, Bedienung, Einrichtung und Programmierung stark angenähert haben.

Trotzdem haben viele Zerspanungsanwender großen Respekt vor dem Schritt von der einspindligen Fertigung auf den ersten produktiven Mehrspindler. Ebenso ist aber festzustellen, dass Zerspanungsunternehmen, die mehrspindlige Produktion in der Regel erfolgreich weiter ausbauen, wenn sie den Einstieg gegangen sind.

In den folgenden Abschnitten werden die wichtigen Aspekte einer mehrspindligen Produktion noch einmal zusammengefasst und in ihren Unterschieden zur Drehteilefertigung auf einspindligen Maschinen und Dreh-Fräszentren dargestellt.

12.1 Entscheidung für ein mehrspindliges Maschinenkonzept

Ein typischer Anstoß für den Einstieg in die mehrspindlige Drehtechnik ist ein Investitionsfall aufgrund von steigenden Produktionszahlen [Dmgm17]. Der Kauf eines Mehrspindel-Drehautomaten bedarf der gesicherten Erwartung eines Produktionsvolumens, das den Mehrspindler auslastet. Die Einzelinvestition ist im Vergleich zu einer technologisch gleichwertigen einspindligen Maschine hoch, aber wirtschaftlich interessant, weil für die Produktionsmenge eines Mehrspindlers mehrere Einspindler mit vergleichbaren Bearbeitungsmöglichkeiten benötigt werden.

Vorteil der mehrspindligen Drehtechnik ist die vervielfachte Produktivität bei geringerer Gesamt-Maschineninvestition [Torn01]. Weitere positive Aspekte sind ein geringerer Platzbedarf und ein reduzierter Personaleinsatz. Als Anhaltswerte für den Produktivitätsvorteil gegenüber einer einspindligen Fertigung werden Faktoren von 5–6 für eine

M. Reuber, *CNC-Mehrspindel-Drehautomaten*,
https://doi.org/10.1007/978-3-658-29338-3_12

6-spindlige Maschine [Link02b] und 6–7 für einen 8-Spindler genannt [Torn01]. Dieser Produktivitätsvergleich ist aber nur ein pauschalisierter Richtwert. Für jeden Anwendungsfall und jedes Werkstückspektrum sind die Maschinenkonzepte unter Berücksichtigung der Bearbeitungsaufteilung und vor dem Hintergrund der Rüstanforderungen eines Teilespektrums zu analysieren.

Produktivität, Investitionsvolumen, Personal- und Qualitätskonzept sind wesentliche Kriterien zur Bewertung der Wirtschaftlichkeit. Dies gilt sowohl bei der Entscheidung zwischen mehreren einspindligen und einem mehrspindligen Produktionsmittel als auch in der vergleichenden Bewertung von Maschinentypen. Bei der Bewertung der Wirtschaftlichkeit sind auch die Aufwände für die Qualitätssicherung einzubeziehen. Die mehrspindlige Produktion bietet hier Vorteile, da eine größere Anzahl von gefertigten Gleichteilen auf einer Maschine die Qualitätssicherungsaufwände im Vergleich zu einer Aufteilung des Produktionsvolumens auf verschiedene Einzelmaschinen reduziert. Daneben sind weitere Aspekte der Produktionsstrategie und der Fertigungsorganisation zu berücksichtigen, auf die in den folgenden Abschnitten eingegangen wird.

12.2 Wirtschaftlichkeit der Maschinenkonzepte

Eine vergleichende Investitionsrechnung zwischen ein- und mehrspindligen Maschinen wird an dieser Stelle nicht durchgeführt. Dazu sind die Kalkulationsgrundlagen in den Unternehmen zu unterschiedlich und eine Bewertung auf Basis angenommener Zahlen wäre nicht allgemein aussagefähig. Daher werden die Randbedingungen einer Investitionsbewertung dargelegt, sodass bei einer vergleichenden Investitionsrechnung in einem spezifischen Anwendungsfall alle relevanten Aspekte berücksichtigt werden können.

Zur Abschätzung und vergleichenden Bewertung der Investitionskosten für Maschinen und Peripherie lassen sich Angebote der Maschinenhersteller heranziehen. Leider sind diese selten unmittelbar vergleichbar. Maschinenkonzepte, Angebotsumfänge und Angebotsgestaltung der Hersteller unterscheiden sich meist stark. Insbesondere, wenn quantitative Werte zum Vergleich herangezogen werden, sind die Angebote zu analysieren und aufzubereiten. Dabei sind folgende Punkte zu berücksichtigen:

- Ausstattung der Maschine mit Ausrüstungskomponenten, wie bspw. Bearbeitungseinrichtungen und Werkzeugträgern bzw. -köpfen,
- Handhabungseinrichtungen für die automatisierte Zuführung von Rohteilen und die Abführung von Fertigteilen,
- Aggregate zur Späneabfuhr sowie zur Kühlschmiermittelversorgung, -aufbereitung und -kühlung (oder Kosten für die Anbindung an bestehende Zentralsysteme),
- Einrichtungen zur Absaugung von Öl- oder Emulsionsnebel,
- Einrichtungen für den Brandschutz und zur Druckentlastung beim Einsatz von Kühlöl,
- Werkzeugsysteme mit Grund- und Wechselhaltern, ggf. Adapter für Voreinstellgeräte (sofern nicht bereits in der Fertigung vorhanden),

- Werkzeuge und Spannmittel, ggf. geometrieangepasste Komponenten für Handhabungs- und Zuführeinrichtungen im geplanten Teilespektrum,
- Planung, Einrichtung und Produktion der Abnahmewerkstücke,
- Schulung und Inbetriebnahme,
- Programmiersystem und -platz,
- Versicherung und Transport.

Die Angebote enthalten in den meisten Fällen auch Informationen zur Bewertung der Produktivität. Bei Turn-Key-Projekten legen die Maschinenhersteller Prozessfolgen für angefragte Werkstücke aus und geben Bearbeitungszeiten an. Im Auftragsfall werden diese Taktzeiten im Rahmen der Maschinenabnahme nachgewiesen. Während die angegebenen Taktzeiten eine hohe Sicherheit haben, müssen andere Faktoren für eine Gesamtbewertung mit unschärferen Annahmen belegt werden. Zur Bewertung der Wirtschaftlichkeit sind folgende Kenntnisse oder Abschätzungen erforderlich:

- die Taktzeiten der angefragten Werkstücke,
- Rüstzeiten für Erst- und Wiederholrüstungen,
- Nutzungsgrade, d. h. Produktivitätsverluste (bspw. durch Werkzeugwechsel), Ladezeiten für Materialstangen, Anzahl und Dauer von Prozessunterbrechungen, technische Verfügbarkeit.

Einige Werte, beispielsweise die Ladezeiten für die Stangen, sind dem Hersteller bekannt. Bei anderen Angaben, beispielsweise dem Nutzungsgrad, werden die Aussagen unscharf, da sie anwendungsabhängig sind.

Eine Kostenaufstellung für den laufenden Betrieb einer Werkzeugmaschine sollte neben den eigentlichen Maschinenkosten die folgenden Positionen beinhalten:

- Energiekosten für Maschine und Aggregate,
- Kosten für den Flächenbedarf,
- Kosten für Medien (Kühlschmiermittel, Druckluft, Hydrauliköl),
- Wartungs- und Instandhaltungskosten inklusive der Kosten für Ersatz- und Verschleißteile in Maschine und Peripherie (z. B. Filter in Absaugung und Kühlschmiermittelaufbereitung, Überprüfung von Brandschutzanlagen, verschleißbedingter Austausch von Maschinenkomponenten, ...).

Der Flächenbedarf ergibt sich aus dem Maschinenlayout, das beim Hersteller verfügbar ist und ist ggf. durch Zuschlagsflächen zu ergänzen. Gleiches gilt für Angaben zum Energie- und Medienverbrauch, die ggf. eine vorherige Festlegung der Maschinenausrüstung voraussetzen. Schwieriger sind quantitative Aussagen zu den erwartbaren Wartungs- und Instandhaltungskosten. Vor dem Hintergrund einer Lebenszyklusbetrachtung sind diese für den Anwender sehr interessant. Allerdings sind die Hersteller bei quantitativen Angaben meist zurückhaltend, da sie oft selbst nur über unscharfe

Informationen verfügen. Angebote über Ersatz- und Verschleißteilpakete lassen sich für eine festgelegte Maschinenaustattung beim Hersteller anfragen.

In der Stückkostenrechnung sind mindestens folgende Punkte zu berücksichtigen:

- Rohmaterialkosten,
- Kosten bzw. Erlöse bei der Materialentsorgung,
- Personalkosten für Bedienen und Einrichten,
- Kosten für verschleißbedingt auszutauschende Werkzeuge,
- Kosten für werkstückbedingte Verschleißkomponenten, z. B. Spannmittel,
- Nutzungskosten der Maschine (Maschinenstundensatz),
- Leitungs-, Logistik- und Qualitätssicherungskosten (ggf. über Gemeinkostenzuschläge),
- Kosten für Wartung und Instandhaltung (ggf. über Gemeinkostenzuschläge oder Maschinenstundensatz).

Sehr wesentlich für die vergleichende Stückkostenbewertung ist der Personalbedarf für Bedienung, Einrichtung und Instandhaltung der Maschinen sowie für Logistik und Qualitätssicherung. Auch hier können bei fehlender Erfahrung in der mehrspindligen Fertigung nur Annahmen getroffen werden. Grundsätzlich kann aber davon ausgegangen werden, dass der Personaleinsatz im Vergleich zu mehreren Einspindlern verringert sein wird. Auch die Kosten für die qualitätssichernden Maßnahmen sind, soweit nicht als Gemeinkosten verbucht, in der Wirtschaftlichkeitsrechnung zu berücksichtigen. Die Qualitätssicherung in der mehrspindligen Fertigung ist in der Regel weniger aufwendig als bei einer größeren Zahl an Einspindlern, hat aber organisatorisch etwas andere Randbedingungen.

12.3 Produktionsstrategische Aspekte

Neben dem Wirtschaftlichkeitsvergleich sind im Investitionsfall produktionsstrategische Aspekte zu berücksichtigen. Wesentliche Unterschiede zwischen der ein- und mehrspindligen Fertigung liegen im Ausfallrisiko und der Qualitätsstrategie.

Eine Fertigung mit mehreren einspindligen Maschinen hat durch die Redundanz der Produktionsmittel die Möglichkeit, den Ausfall einzelner Maschinen zu kompensieren. Die Produktion einer Teilmenge bleibt erhalten, kapazitätserhöhende Maßnahmen wie Überstunden oder Zusatzschichten im verbleibenden Maschinenpark sind wirkungsvolle Ausgleichsmechanismen. Bei der Fertigung auf einem hochproduktiven Produktionsmittel sind diese Ausgleichsmechanismen bei einem Ausfall nur bedingt möglich. Verfügt der Anwender über mehrere, für das Werkstückspektrum geeignete mehrspindlige Maschinen, kann er analoge Maßnahmen ergreifen. Eine erhöhte Sicherheit durch redundante Fertigungskonzepte ist hinsichtlich des Ausfallrisikos ein Vorteil, hinsichtlich der Wirtschaftlichkeit aber in der Regel nachteilig.

Bezüglich der Qualitätssicherung sind die mehrspindligen Maschinen im Vorteil. Dies gilt insbesondere für Qualitätskonzepte der Serienfertigung. Insbesondere die Automobilindustrie setzt auf reproduzierbare Fertigungsprozesse und statistische Qualitätskontrollen. Eine Fertigung auf mehreren Einzelmaschinen erfordert auch bei baugleichen Maschinen und Fertigungsabläufen für jede Maschine eine separate Qualitätsabsicherung. Damit multiplizieren sich bei mehreren Einzelmaschinen die Aufwände zur Qualitätssicherung. Dieser Effekt wirkt nicht nur in einen laufenden Serienprozess, sondern gilt auch für die Abläufe beim Einfahren von Werkstücken nach einer Umrüstung.

Qualitätssicherungskonzepte sind an die mehrspindlige Fertigung anzupassen. Bei einer statistischen Prozessregelung an Mehrspindel-Drehautomaten müssen die Werkstücke von jeder der Spindeln in entsprechender Anzahl entnommen werden. Bei der Kalkulation von Dauer und Aufwand für Qualitätsfreigaben nach dem Einrichten und Rüsten ist dies entsprechend zu berücksichtigen. Eine Mehrspindler-Produktion belastet die Qualitätssicherung an ihren zyklischen Prüfzeitpunkten mit einer größeren Menge an Werkstücken. Grundsätzlich ist gerade bei den kurzen Taktzeiten des Mehrspindlers eine maschinennahe Qualitätskontrolle mit kurzem Regelkreis zu bevorzugen.

12.4 Fertigungsorganisatorische Aspekte

Ein großer Vorteil der mehrspindligen Fertigung liegt in dem reduzierten Platzbedarf. Im Vergleich zu Einspindlern haben die Mehrspindel-Drehautomaten mehr Produktivität auf kleinerer Stellfläche. Das Maschinenlayout ist etwa 1,5–2 mal größer, ersetzt aber 5–6 einspindlige Maschinen. Einige Hersteller bieten besonders platzsparende Komplettanlagen, in denen die peripheren Aggregate mit der Bearbeitungsmaschine zu einer integrierten Gesamtanlage zusammengeführt sind, Abb. 12.1. Voraussetzung ist eine Standardisierung der Peripherie.

Es wird deutlich, dass der eigentliche Maschinenkörper mit dem Arbeitsraum (Abb. 12.1, 1) und dem Bedienbereich mit Werkstückentnahme (Abb. 12.1, 2) nur einen kleinen Teil an der Gesamtaufstellfläche einnimmt. Die Maschinenlänge wird wesentlich durch das Lademagazin (Abb. 12.1, 3) mit Stangenbevorratung (Abb. 12.1, 4) geprägt, dessen Beladeseite zugänglich sein muss. Weitere periphere Anlagenkomponenten sind im dargestellten Konzept parallel zum Lademagazin in der Verlängerung des Maschinenkörpers positioniert. Der Bevorratungstank für den Kühlschmierstoff (Abb. 12.1, 5) trägt die Filtereinheiten. Eine kleine Ölmenge für die Kühlung der Hauptspindeln wird auf Partikelgrößen kleiner 5 µm feingefiltert (Abb. 12.1, 6). Die weit größere Kühlschmierstoffmenge für den Bearbeitungsprozess wird mit einem zweiten Filteraggregat (Abb. 12.1, 7) bedarfsgerecht auf 50 µm gefiltert. Die Kühlung des Öls erfolgt über einen Wärmetauscher (Abb. 12.1, 8) mit Kaltwasservorrat (Abb. 12.1, 9). Die Versorgung des Bearbeitungsraums mit Kühlschmiermittel erlaubt optional den Aufbau einer Hochdruckpumpe, wahlweise mit 40 oder 80 bar (Abb. 12.1, 10).

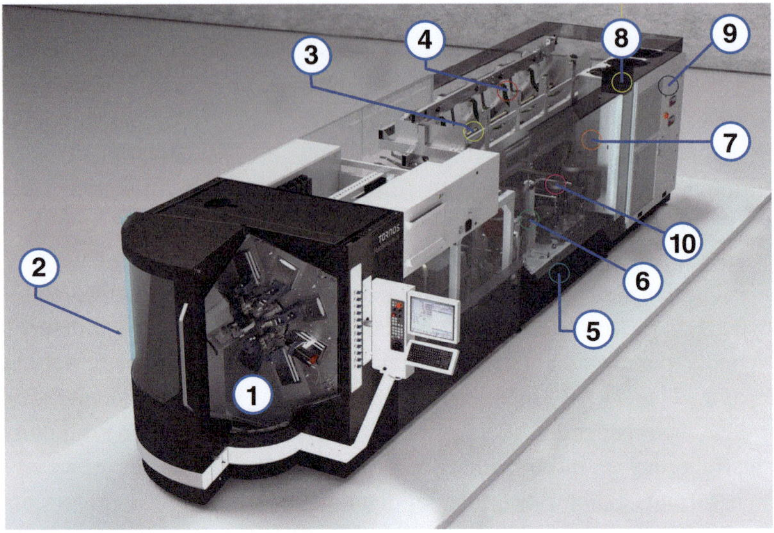

Abb. 12.1 Integrierte Peripherie im „All-In-One-Konzept" des Herstellers Tornos. [Bildquelle: Torn17]

Den Grundabmaßen der Maschinen folgend, sind mehrspindlige Maschinen meist parallel nebeneinander angeordnet. Die parallele Anordnung ist zwar etwas weniger komfortabel für die Mehrmaschinenbedienung, vereinfacht aber die Logistik für die hohen Volumina an Rohmaterial, Fertigteilen und Spänen.

Die Verwendung von mehrspindligen Maschinen verschlankt in der Regel die Logistik. Die Anzahl an Bereitstellungsspeichern für Roh- und Fertigteile ist gegenüber der einspindligen Fertigung reduziert und der Materialfluss wird transparenter. Allerdings muss das erhöhte Produktionsvolumen auf einem Mehrspindler hinsichtlich Späneanfall, Materialbereitstellung und der Ausbringung an Fertigteilen berücksichtigt werden.

Die Stangenmagazine sind mit gut dimensionierten Vorratsspeichern (Abb. 12.1, 4) ausgestattet, die selbst bei größeren Teilelängen und kurzen Taktzeiten für eine ausreichende zeitliche Reichweite sorgen. Behälterkreisläufe für Fertigteile sind dem anfallenden Teilevolumen anzupassen. Bei automatischer Abführung aus dem Arbeitsraum werden die Werkstücke in Magazinen oder Schüttgutbehältern gesammelt. Je nach Größe und Mengenbegrenzung der Werkstückspeicher ergeben sich unterschiedliche Frequenzen für den Abtransport. Nachgelagerte oder begleitende Prozesse, wie Qualitätssicherung, Teilereinigung oder Weiterverarbeitung sind auf die Ausbringung der Maschinen zu dimensionieren.

Energieversorgung, Bodenlasten und zentrale Aggregate für die Kühlschmiermittelkühlung oder –aufbereitung sind entsprechend der Angaben in den Aufstellplänen auszulegen. Hier finden sich u. a. Aufstellpunkte, Gewichte und Anschlussleistungen. Bei der Anbindung an Zentralanlagen sind Lösungskonzepte sinnvoll, die an das

Produktionsumfeld des Anwenders angepasst sind. Diese sollten von Anwendern, Maschinen- und Peripherieherstellern gemeinsam erarbeitet werden.

Auch die Infrastruktur der Fertigungsvorbereitung muss die Spezifika der Mehrspindler berücksichtigen. Hilfreich ist die Nutzung externe Programmierplätze, die alle Maschinenhersteller für die Fertigungsvorbereitung anbieten. Arbeitsplanung, Programmierung und Werkzeugvoreinstellung können den Umrüstprozess weitreichend vorbereiten. Durch die hohe Zahl an Bearbeitungsstationen und Werkzeugplätzen im Arbeitsraum ist die Bereitstellung von fertigungsvorbereitenden Unterlagen, insbesondere von Werkzeuglisten und Bearbeitungsplänen, dringend zu empfehlen. Um Stillstandszeiten gering zu halten, sollte eine Rüststrategie unter weitgehender Vorbereitung des Umrüstprozesses entwickelt werden. Dazu gehören beispielsweise voreingestellte Schnellwechselsysteme für Werkzeuge.

Bei vergleichbarem Produktionsvolumen ist der Personalbedarf bei mehrspindligen Maschinen geringer. Die Mitarbeiter müssen allerdings auf die Funktionsabläufe und die spezifischen Fertigungsrandbedingungen der mehrspindligen Maschinenkonzepte geschult sein. Dies gilt sowohl für die Maschinenbediener, als auch für Progammierer, Maschineneinrichter und Instandhalter.

Viele der genannten spezifischen Rahmenbedingungen resultieren aus der hohen Produktivität jeder einzelnen Maschine. Sie spielen insbesondere dann eine Rolle, wenn eine Erstinvestition in die Maschinentechnologie erfolgt. Für den reibungsfreien Anlauf der Neuinvestition ist es wichtig, dass sich der Anwender in Fertigungs- und Personalinfrastruktur gut vorbereitet.

Sofern eine Maschinentechnologie im Unternehmen qualifiziert ist, kann auf eine bestehende Infrastruktur zurückgegriffen werden. Dann ist lediglich eine Kapazitätserweiterung vor dem Hintergrund der verfügbaren Ressourcen abzugleichen. Abschließend bleibt festzuhalten, dass es aus fertigungsorganisatorischer Sicht sinnvoll ist, einen Fertigungsbereich mit mehreren mehrspindligen Maschinen zu betreiben.

12.5 Unterschiede in Planung, Einrichtung und Betrieb

Abschließend sollen die operativen Besonderheiten der mehrspindligen Maschinen nochmals zusammengefasst werden. Wie bereits in Kap. 11 erläutert, sind viele Tätigkeiten beim Einrichten und Rüsten von ein- und mehrspindligen Maschinen mit vergleichbarer Technologie gleich oder ähnlich. Es gibt aber einige, zentrale Randbedingungen, die bei der Produktion mit Mehrspindel-Drehautomaten im Vergleich zu Ein- oder Doppelspindlern zu beachten sind.

Die wichtigste Anforderung bei der Prozessplanung auf dem Mehrspindler liegt in der Austaktung der Prozesse. Die erhöhte Produktivität des Maschinenkonzepts resultiert aus der parallelen Bearbeitung im starr getakteten Transfersystem. Deren Umsetzung erfordert bei der Planung der Bearbeitungsprozesse eine gleichmäßige Verteilung der Arbeitsinhalte auf die einzelnen Stationen. Die Taktzeit zur Fertigung des Werkstücks ergibt sich aus der Bearbeitungslage mit der längsten Bearbeitungszeit, alle anderen Stationen warten. Die Bearbeitungsfolge ist so auszulegen, dass die Bearbeitungen möglichst gleichmäßig aufgeteilt sind und die längste Bearbeitungszeit minimiert wird.

Eine optimierte Gesamtproduktivität wird mit einer teileübergreifenden Prozessplanung erzielt. Die Planung einer Teilefamilie veranschaulicht die Notwendigkeit eines ganzheitlichen Ansatzes. Häufig unterscheiden sich die Varianten einer Teilefamilie beispielsweise dadurch, dass einige Werkstücke zusätzliche Geometrieelemente enthalten, wie z. B. Fräsungen oder Bohrungen. Bei der Prozessplanung auf einspindligen Maschinen ist das von geringer Bedeutung. Vorausgesetzt, auf dem Werkzeugrevolver der Maschine ist noch ein Werkzeugplatz frei, wird das zusätzliche Geometrieelement an geeigneter Stelle der Prozessfolge in den Bearbeitungsablauf integriert. Die Taktzeit verlängert sich entsprechend um die Bearbeitungszeit der zusätzlichen Operation. Bei einem ausgetakteten mehrspindligen System ist eine zusätzliche Operation nicht ohne Weiteres zu integrieren. Wenn alle Bearbeitungsstationen etwa eine gleiche Bearbeitungszeit haben, ist die Zusatzoperation auf keiner Bearbeitungsstation integrierbar, da ansonsten die Gesamttaktzeit um die zusätzliche Bearbeitungszeit erhöht wird. Das reduziert die Produktivitätsvorteile des Mehrspindlers wesentlich. Alternativ kann eine neue Prozessfolge geplant werden. Für eine kurze Taktzeit sind ggf. Verschiebungen von Prozessen auf mehreren Lagen notwendig. Besser ist es daher, die Anforderungen der gesamten Teilefamilie bereits bei der Planung der Prozessfolge des ersten Werkstücks einzubeziehen und die Produktivität über das gesamte Werkstückspektrum zu optimieren.

Ein weiterer Unterschied zum Ein- bzw. Doppelspindler liegt in der Aufteilung zwischen Erst- und Zweitseitenbearbeitung. Moderne Fertigungskonzepte streben die komplette Bearbeitung komplexer Werkstücke an, womit die Bearbeitungen beider Werkstückseiten verknüpft ist. Einspindlige Maschinen verfügen daher über Haupt- und Gegenspindel. Dabei wird der Bearbeitungsumfang idealweise zu gleichen Teilen auf Vorder- und Rückseite verteilt. Bei Mehrspindlern sind die Bearbeitungsumfänge und Zeitfenster für die Rückseitenbearbeitung deutlich geringer als auf der Trommelseite, auf der mehrere Spindeln zur Verfügung stehen. Abhängig von den Rückseitenbearbeitungsmöglichkeiten des Maschinenkonzepts (siehe Abschn. 5.4.1 und 5.4.2) werden daher 70 bis 90 % der Bearbeitung auf der ersten Werkstückseite ausgeführt. Dies ist bei der Prozessplanung zu berücksichtigen.

Bei modernen CNC-Mehrspindel-Drehautomaten sind Zugänglichkeit und Offenheit im Arbeitsraum gegenüber den Konzepten klassischer Bauart deutlich verbessert. Das Umrüsten dieser Maschinen weist viele Parallelen zu einspindligen Maschinen auf. Unterschiede liegen in den Rüstvorgängen von Materialzuführung und -spannung, die bei veränderten Stangendurchmessern oder Rohteilgeometrien für alle Hauptspindeln durchgeführt werden müssen. Der Aufbau von Bearbeitungseinrichtungen ist in der Regel aufwendiger als bei der Bestückung von Werkzeugrevolvern. Die Kollisionskontrollen bei der Ersteinrichtung von Werkstücken erfordert ebenfalls einen erhöhten Aufwand. Insgesamt haben aber komfortable Rüstkonzepte neuer Maschinenkonzepte die Unterschiede deutlich minimiert.

Die minimale Stückzahl eines Fertigungsloses, das auf einem CNC-Mehrspindel-Drehautomaten wirtschaftlich produziert werden kann, ist abhängig

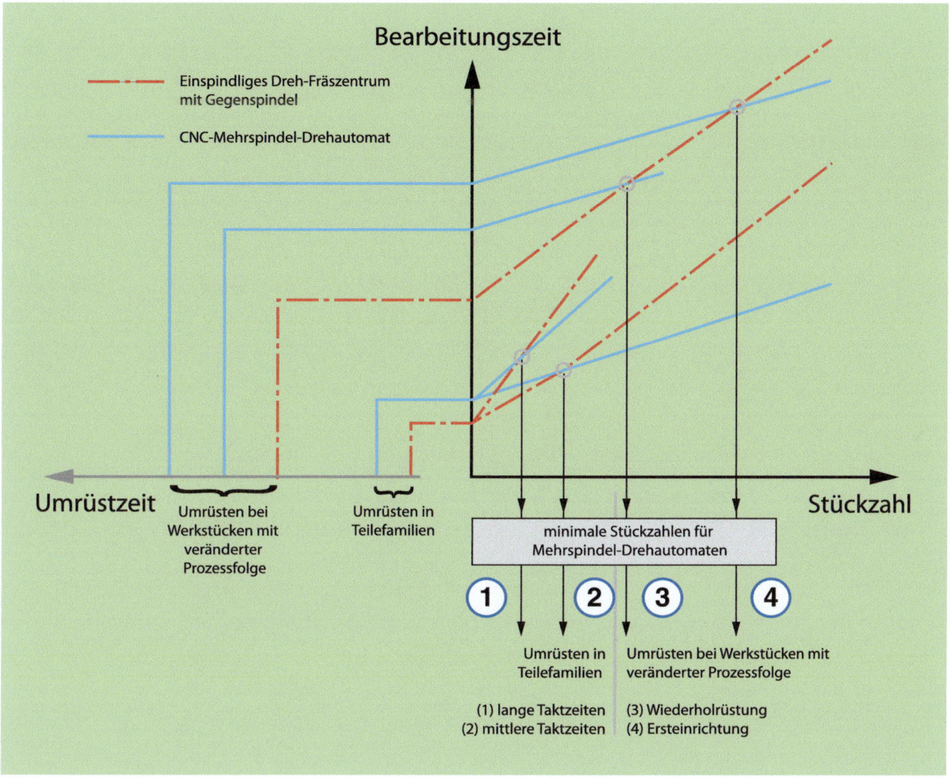

Abb. 12.2 Ermittlung minimaler wirtschaftlicher Stückzahlen für CNC-Mehrspindel-Drehautomaten

von Umrüstaufwand und Bearbeitungszeit. Die Zusammenhänge zur Abschätzung minimaler Losgrößen für Mehrspindler sind in Abb. 12.2 dargestellt. Werden die minimalen Losgrößen unterschritten, sollte aus Wirtschaftlichkeitsgründen auf Einspindlern produziert werden.

Dabei geht das Diagramm davon aus, dass die Rüstzeit auf dem Mehrspindler selbst bei Teilefamilien gegenüber dem Einspindler erhöht ist. Weitere Annahme ist, dass die Taktzeit beim Mehrspindler deutlich verkürzt ist. Dies bildet sich in der Steigung des linearen Zusammenhangs von Bearbeitungszeit und Stückzahl ab, die sich bei Ein- und Mehrspindlern entsprechend unterscheidet. Im Schnittpunkt sind Losgrößen zu finden, die einen Wechsel des Produktionsmittels nahelegen.

Aus Abb. 12.2 lässt sich ableiten, dass die minimale wirtschaftliche Stückzahl für den Mehrspindler umso geringer wird, je kleiner die Differenz der Rüstzeit zum Einspindler wird und je länger die Taktzeit für die Bearbeitung ist. Damit wird auch deutlich, dass mit Wiederholrüstungen die wirtschaftliche Losgröße sinkt, da der Unterschied in der Rüstzeit zwischen Ein- und Mehrspindler bei Ersteinrichtungen besonders groß ist.

13 Trends und aktuelle Entwicklungen

Mit vielen Neuentwicklungen haben die Mehrspindel-Drehautomaten in den letzten 20–30 Jahren den Technologiewechsel von der Kurvensteuerung auf die NC-Technologie umgesetzt. Die CNC-Mehrspindler moderner Bauart sind in Bearbeitungstechnologie, Peripherie und Rüstfreundlichkeit ihren einspindligen Pendants gleichwertig. Es deutet sich an, dass diesem Entwicklungsschub an Maschinentechnologie aktuell eine Phase der Konsolidierung folgt.

Gegenwärtige Entwicklungen der Hersteller von Mehrspindel-Drehautomaten setzen im Wesentlichen auf den in diesem Buch vorgestellten Konzepten und Bauformen auf. Die letzten konzeptionell neu entwickelten Maschinen sind die Baureihe SCX von Schütte, die Multiswiss von Tornos und die Baureihe Multisprint von DMG-Mori. Die SCX wurde 2007 erstmalig präsentiert und bietet einen grundlegend neuen Ansatz für die Zwei-Seiten-Bearbeitung. Die Multiswiss wird seit 2011 angeboten und wurde für Werkstücke mit geringer oder mittlerer Komplexität entwickelt. Die Erstausstellung der Multisprint erfolgte auf der EMO 2017. Als Neuerung dieser Maschine bewirbt der Hersteller die Möglichkeit zur Bearbeitung im Langdrehverfahren.

Alle Hersteller haben in den letzten Jahren ihre bestehenden Maschinenkonzepte in Baugrößen und Spindelanzahl erweitert. Weiterer Entwicklungsschwerpunkt lag in der Modularität von Maschine und Ausrüstung, um für einen breiten Anwendungsbereich an unterschiedlich komplexen Werkstücken maßgeschneiderte und kosteneffiziente Lösungen bieten zu können. Besonders im Fokus der Hersteller ist der große Markt an Drehteilen geringer und mittlerer Komplexität, die heute noch überwiegend auf Kurvenmaschinen produziert werden. Für die hier anstehenden Ersatzinvestitionen versuchen die Maschinenhersteller kostengünstige CNC-Maschinen mit begrenzter, aber ausreichender Funktionalität anzubieten.

Ein weiteres Entwicklungsziel ist die Erhöhung der Produktivität, beispielsweise durch das Angebot von 8-spindligen Maschinen. Die zusätzlichen Spindeln geben

M. Reuber, *CNC-Mehrspindel-Drehautomaten*,
https://doi.org/10.1007/978-3-658-29338-3_13

Flexibilität für die Optimierung von Bearbeitungsfolgen für komplexe Werkstücke und sind zusätzlich interessant für die Doppelfertigung von Werkstücken mit geringerem Bearbeitungsumfang.

Ein Anwendungsfeld, das in den letzten Jahrzehnten weitgehend von senkrechten Einspindlern dominiert wurde, ist die Bearbeitung von Futterteilen. Hier bieten die Mehrspindler sehr interessante Lösungskonzepte in den Bereichen automatisierter Materialzuführung und Teilehandhabung. Maschinenintegrierte Handhabungskonzepte für die Beladung der Spindeln und zur beschädigungsfreien und gerichteten Ablage von Fertigteilen haben die mehrspindlige Futtermaschinen wieder wettbewerbsfähig gemacht.

13.1 Weiterentwicklungen in der Bearbeitungstechnologie

Vereinzelt werden herstellerseitig neue Bearbeitungstechnologien auf Mehrspindel-Drehautomaten vorgestellt. Diese sind in der Regel nicht wirklich neu, sondern werden bereits auf einspindligen Dreh-Fräsmaschinen oder anderen Maschinengattungen eingesetzt. Ein Einsatz der Technologien auf dem Mehrspindler ist aber für den Anwender trotzdem attraktiv. So kann er die Bearbeitung auf dem Einspindler bei steigenden Stückzahlen leicht auf die mehrspindlige Produktion umstellen.

Derartige Überlegungen sind eng mit allgemeinen Trends in der Produktionstechnologie verknüpft und haben zum Ziel, diese auf hochproduktiven Maschinenkonzepten umzusetzen. Dabei müssen Maschinenhersteller die technische Machbarkeit ebenso sorgfältig prüfen wie die Breite und die Wirtschaftlichkeit der potenziellen neuen Anwendungsfelder. Die Hartbearbeitung ist beispielsweise auf einspindligen Dreh- und Fräsmaschinen seit vielen Jahren etabliert. Sie ist prinzipiell auf mehrspindlige Maschinen übertragbar, sofern diese hinreichend steif und temperaturstabil ausgelegt sind. Insbesondere moderne Maschinenkonzepte mit dämpfend wirkenden und gut dimensionierten hydrostatischen Führungen bieten diese Voraussetzungen. Auch wenn eine grundsätzliche technische Machbarkeit gegeben ist, bleibt die potenzielle Anwendungsbreite gering, da die spanende Bearbeitung gehärteter Werkstoffe in der Regel auf die Endbearbeitung beschränkt ist. Die maßgebliche Formgebung hat bereits vor der Wärmebehandlung stattgefunden und die Endbearbeitungsschritte bieten nur einen geringen Bearbeitungsumfang. Eine Hartbearbeitung von der Materialstange ist zudem wenig sinnvoll und wird höchstens in Ausnahmefällen Anwendung finden.

Die Hartbearbeitung zur Substitution des Schleifens in der Endbearbeitung gehärteter Bauteile ist meist von ausgesprochen engen Maßtoleranzen geprägt. Dieser Markt wird auch im einspindligen Bereich nicht von Standardmaschinen erfüllt, sondern von spezialisierten Drehmaschinen, die mit besonderen, genauigkeitserhöhenden Maßnahmen ausgestattet sind. Dieser Markt stellt hohe Anforderungen, deren Umsetzung auf dem Mehrspindler aufwendig ist und der nur wenig Potenzial bietet.

Eine interessante Anwendung liegt in der Zerspanung gehärteter Rohlinge, die mit Futtermaschinen bearbeitet werden können. Mit einem für Mehrspindler hinreichenden Bearbeitungsumfang und moderaten Toleranzanforderungen können Bedarfsfälle mit entsprechenden Anforderungen an die Produktivität bedient werden. Für geringe Bearbeitungsumfänge bietet sich die Doppelfertigung über 2 x 3 oder 2 x 4 Spindeln an.

Die Trockenbearbeitung ist ein weiterer Technologietrend in der Zerspanung, dessen Einsatz auf Mehrspindlern immer wieder diskutiert wird. Trockenbearbeitung und Minimalmengenschmierung haben sich in den letzten Jahrzehnten in verschiedenen Produktions- und Bearbeitungsbereichen etabliert. Der Verzicht auf Kühlschmiermittel für verschiedene spanende Bearbeitungsprozesse wird seit den 1990er Jahren intensiv wissenschaftlich untersucht. Dabei sind zahlreiche technologische Lösungen und Lösungsstrategien entwickelt worden. Zur Umsetzung der Trockenbearbeitung oder Minimalmengenschmierung ist insbesondere eine ganzheitliche Betrachtung von Bearbeitungsprozess, Werkzeugkonzept und Maschinengestaltung erforderlich. Die fehlende Kühlwirkung wird meist durch eine entsprechende Prozessauslegung und warmfeste Werkzeuge gelöst. Schwieriger ist der Ersatz der Schmierfunktion und die Abfuhr der Späne aus der Zerspanzone. Die Späneabfuhr wird häufig durch gezielten Einsatz von Druckluft unterstützt. Gleiches gilt für den Schutz von Werkzeugmaschinenkomponenten gegen das Eindringen von Fremdpartikeln, beispielsweise durch Sperrluft auf den Spindellagern. Spänenester müssen durch einen entsprechenden Spanbruch und die störkantenfreie Gestaltung des Maschinenbauraums vermieden werden. CNC-Maschinen neuer Bauart mit offenen Arbeitsräumen bieten hierzu gute Voraussetzungen.

Auf Mehrspindel-Drehautomaten wird die Trockenbearbeitung überwiegend bei der Bearbeitung von Nichteisenmetallen eingesetzt, die hinsichtlich der Zerspanbarkeit unproblematisch sind.

13.2 Energieeffizienz

Energieverbrauch und -effizienz von Werkzeugmaschinen sind bei Herstellern und Anwendern in den letzten Jahren verstärkt in den Fokus gerückt. Verschiedene wissenschaftliche Untersuchungen haben sich mit der Identifizierung der Hauptenergieverbraucher beschäftigt und Maßnahmen zur Reduzierung des Energieverbrauchs an Werkzeugmaschinen abgeleitet [AKRK10, BrHH10, GaWO11].

Die Hersteller von Werkzeugmaschinen legen ihre Produkte zunehmend energieeffizient aus und sind dabei nicht zuletzt aufgrund der europäischen EuP-Richtlinie (Energy-using Products) zur Erschließung von Effizienzpotenzialen beim Rohstoff- und Energieverbrauch getrieben. Die Anwender sehen die Möglichkeit, Energiekosten zu senken und beschäftigen sich im Rahmen ihrer Umweltaudits mit der Optimierung des Energiebedarfs.

Im Energieverbrauch je Werkstück sind die mehrspindligen Maschinenkonzepte im Vergleich zu einspindligen Maschinen prinzipbedingt vorteilhaft [Frie12, Mück13]. Sie haben geringere bewegte Massen, stellen die Werkstücke schneller her und haben im Vergleich zu mehreren Einzelmaschinen geringere Stand-by-Energieumsätze. Von daher tragen die Mehrspindel-Drehautomaten allein durch ihren Einsatz zur Energieeffizienz bei.

Abgesehen davon gibt es weitere Möglichkeiten zur Senkung des Energieverbrauchs. Vor dem Hintergrund von Industrie 4.0 bieten einige Hersteller inzwischen optionale

Energiemanagementsysteme an, mit denen Energieverbräuche erfasst, analysiert und ausgewertet werden können [Schu17].

Wissenschaftliche Studien weisen nach, dass die Druckerzeugungen in Hydraulik, Pneumatik und vor allem in der Bereitstellung des Kühlschmiermittels außerordentlich stark zum Gesamtenergieverbrauch einer Werkzeugmaschine beitragen [AKRK10, BrHH10]. Ein wichtiges Feld für Maßnahmen zur Verbesserung der Energieeffizienz sind dabei die Druckerzeugungsstationen. Hier werden beispielsweise regelbare Motoren eingesetzt, mit denen die Durchflussmenge in den Pumpen auf das tatsächlich benötige Medienvolumen beschränkt wird. Zusätzlicher Nebeneffekt dieser Maßnahmen ist die Verringerung der Verlustwärme bei der Druckerzeugung. Damit wird das Medium weniger stark erwärmt und der Leistungsbedarf zur Kühlung der Fluide wird reduziert. Bei den Kühlfunktionen kommen zunehmend nachhaltige Kühlkonzepte mit Wärmerückgewinnung zum Einsatz, die beispielsweise im Winter zum Beheizen der Produktionshallen genutzt werden. Weitere Einsparpotenziale liegen in intelligenten Stand-by-Steuerungen, einer zustandsabhängigen Abschaltung von Verbrauchern [Schu17] und energiesparenden Achs- und Spindelantrieben mit Energierückspeisung [Nn15].

13.3 Virtualisierung der Prozessplanung

Eine wichtige Erleichterung für die Programmierung der Maschinen geben Simulationssysteme, mit denen der Bearbeitungsablauf in einem virtuellen Arbeitsraum abgebildet wird. Die komplexen Kollisionsbetrachtungen durch die vielen parallelen Bearbeitungen im engen Arbeitsraum sind beim Mehrspindel-Drehautomaten besonders anspruchsvoll. Unerkannte Kollisionen in oder zwischen Bearbeitungslagen erfordern beim Ersteinrichten der Werkstücke erfahrende Einrichter und vorsichtige Einfahrprozesse. Erschwerend kommt hinzu, dass Maßnahmen zur Kollisionsbeseitigung die Taktzeit negativ beeinflussen können. Daher hat die Simulation des NC-Programms bei einem mehrspindligen Fertigungskonzept einen besonders großen Nutzen.

Die Vielzahl der Achsen macht aber eine virtuelle Prozessbetrachtung sehr anspruchsvoll. Die Maschinensteuerungen einiger CNC-Maschinen neuer Bauart werden mit zwei oder drei gekoppelten Steuerungen, sogenannten Doppel- oder Tripple-NCUs, betrieben. Dieser Steuerungsarchitektur muss, je nach Simulationsziel, auch bei der virtuellen Prozessumgebung Rechnung getragen werden. Erste am Markt angebotene Simulationsumgebungen sind entsprechend gestaltet. Besonders anspruchsvoll sind Simulationssysteme, die eine Taktzeitvorhersage ermöglichen. Diese müssen neben den NC-Abläufen auch die Funktionen mit abbilden, die in ergänzend eingesetzten speicherprogrammierbaren Steuerungen ausgeführt werden. Neben einer virtuellen NC ist daher eine virtuelle SPS notwendig. Die Systeme beinhalten eine virtuelle Bibliothek mit den Arbeitsraumkomponenten des anbietenden Maschinenherstellers. Werkzeuge und Sonderhalter müssen vom Anwender abgebildet und eingepflegt werden.

Neben diesen umfänglichen Systemen, die aufwendig entwickelt und entsprechend kostenintensiv sind, werden auch einfache Werkzeuge zur Programmierunterstützung angeboten. Diese sind z. T. Bestandteil der Programmierumgebung und erlauben beispielsweise die Visualisierung der programmierten Werkzeugwege in einer Bearbeitungsstation. Der dazu überlagerte Konturzug ermöglicht die Prüfung der fehlerfreien Verfahrweg-Programmierung. Kollisionskontrollen sind damit aber ebenso wenig möglich wie eine genaue Taktzeitprüfung.

Die Nutzerunterstützung für Programmierer und Bediener haben in den letzten Jahren alle Hersteller vorangetrieben. Dazu gehört auch der Teleservice, der mittlerweile bei allen CNC-Mehrspindlern zum Standard gehört. Dabei greift ein Servicemitarbeiter des Maschinenherstellers aus dem Herstellerwerk auf die Maschinensteuerung der Maschine im Produktionsumfeld des Anwenders zu. Er kann dann Fehlerdiagnosen durchführen und Funktionen aus der Ferne steuern. Von diesen Möglichkeiten profitieren Anwender und Hersteller gleichermaßen [Nn00b, Nn06a]. Verschiedene Störungen lassen sich on-line beheben, in anderen Fällen hilft eine verbesserte Störungsdiagnose den nachfolgenden Monteureinsatz zielgerichtet und effizient durchzuführen. Das reduziert Ausfallzeiten und die Aufwände zur Störungsbehebung.

Weitere Unterstützungsfunktionen werden aus den verfügbaren Maschinendaten abgeleitet. Dazu gehören sensorgestützte Informationen über Prozess- und Maschinenkomponenten, die Vernetzung mehrerer Maschinen, Diagnosefunktionen für Bearbeitungsprozess und Maschinenfehler, die Abfrage von Statusinformationen über mobile Endgeräte sowie digitale und funktionsbezogene Anleitungen zur Störungsbehebung. Viele dieser Entwicklungen werden im Kontext von Industrie 4.0 vorgestellt und angeboten. Die in diesem Umfeld gegenwärtig entstehenden Zusatzfunktionen und Leistungen werden den Mehrspindel-Drehautomaten im modernen Produktionsumfeld weiterentwickeln.

Literatur

[AKRK10] Abele, E., Kuhrke, B., Rothenbücher, S., Kuttkat, B.: Energieeffizienz von Werkzeugmaschinen maximieren. MM Maschinenmarkt on-line **9**, 26–29 (2010)

[Ange07] Angeli, H.: Deutlich mehr Möglichkeiten. NC-Fertigung **7**, 26–29 (2007)

[BDWS16] Denkena, B., Dahlmann, D., Walger, S., Schulz, A., Hackeloer, F.: Kompensation thermisch bedingter Verlagerungen in Mehrspindeldrehmaschinen. VDI-Z Integrierte Produktion **158**(7/8), 30–32 (2016)

[Beck17] Beckhoff: Skalierbar und leistungsstark – die offene CNC für Werkzeugmaschinen, Firmenschrift Beckhoff (2017)

[Beye08] Beyer, J.: Präzision im µm-Bereich. O+P, Fluidtechnik für den Maschinen – und Anlagenbau **52**(4), 164–166 (2008)

[Bran11] Brankamp: Werkzeug- und Prozessüberwachung für Mehrspindeldrehautomaten, Firmenschrift Brankamp (2011)

[BrHH10] Brecher, C., Herfs, W., Heyers, C.: Ressourceneffizienz von Werkzeugmaschinen im Fokus der Forschung. wt Werkstattstechnik online **100**(7/8), 559–564 (2010)

[BrMW15] Brecher, C., Müller, F., Wagner, P. et al.: Analyse des Biegeverhaltens von Werkzeugschnittstellen. MM Maschinenmarkt **121**(30), 44–48 (2015)

[BrMW16] Brecher, C., Müller, F., Wagner, P.: Werkzeugschnittstellen unter Torsionsbelastung. MM Maschinenmarkt **122**(14), 64–69 (2016).

[Cera10] Ceratizit: HSK-T Drehwerkzeuge, Firmenschrift, MA-PRO-0512-DE-08/10-T (2010)

[Ciup09] Ciupek, M.: Die Maschine holt sich ihr Werkstück selbst. VDI Nachrichten Heft 39, Band 14 (2009)

[Conr15] Conrad, K.-J. (Hrsg.): Taschenbuch der Werkzeugmaschinen, 3., neu bearb. Aufl., Hanser, München (2015). ISBN 978-3-446-43855-2

[Cors17] Corsten, C.: Die haben den Dreh raus, motion world 2017, Produktschrift der Firma Siemens, E20001-A1990-P610, S. 19 (2017)

[Cucc16] Cucchi: Automatisches Stangenlagemagazin Modell CMSP/L, Firmenschrift von Cucchi Giovanni (2016)

[Damm08] Damm, H.: Reale Vorteile für den Dreher. WB Werkstatt und Betrieb **141**(9), 78 (2008)

[Damm11] Damm, H.: Deutschland-Achter, flexible Serienfertigung auf CNC-Mehrspindel-Produktionsdrehautomaten. Werkstatt und Betrieb **11,** 62–68 (2011)

[Damm13] Damm, H.: Hebel zur höheren Produktivität. Werkstatt und Betrieb **4**, 44–47 (2013)

M. Reuber, *CNC-Mehrspindel-Drehautomaten*,
https://doi.org/10.1007/978-3-658-29338-3

[Din03] DIN: DIN 8580:2003-09, Fertigungsverfahren – Begriffe, Einteilung. Beuth, Berlin (2003)

[Din11] DIN: DIN 69893-1, Kegel-Hohlschäfte mit Plananlage. Beuth, Berlin (2011)

[Din81] DIN: DIN 69651, Werkzeugmaschinen für die Metallbearbeitung; Nummernschema, Kennzahlenschlüssel für Maschinengattungen (Entwurf, 1986 zurückgezogen). Beuth, Berlin (1981)

[Dmgm06] DMG Mori: Mehrspindel-Drehautomaten GM-Baureihe, Produktschrift DMG Mori (2006)

[Dmgm13] DMG Mori: SPRINT linear-Baureihe, Produktschrift DMG Mori, PRO. D5925_0513DE D6138_0414ND5 (2013)

[Dmgm14] DMG Mori: CNC-Mehrspindel-Drehautomaten GMC/GMC ISM-Baureihe, Produktschrift DMG Mori, PRO.D6253_0414DE (2014)

[Dmgm17] DMG Mori: Mehrspindel-Drehautomaten Multisprint-Baureihe, Produktschrift DMG Mori, P20170474_0917_De (2017)

[Emug16] Emuge: Katalog Gewindeschneidtechnik und Spanntechnik Produktschrift ZK1 2016. DEGB 46T 092016 Kö Rev. A der Firma Emuge-Franken (2016)

[EvPW06] Eversheim, W., Pfeifer, T., Weck, M. (Hrsg.): 100 Jahre Produktionstechnik: Werkzeugmaschinenlabor WZL der RWTH Aachen von 1906 bis 2006. Springer, Berlin (2006). ISBN 978-3-540-33315-9

[Fanu11] Fanuc: Tornos stellt die MultiSwiss vor. https://www.fanuc.eu/de/de/fallbeispiele-von-kunden/tornos, Fanuc (2011). Zugegriffen: 10. Jan. 2020

[Fink38] Finkelnburg, H.-H.: Mehrspindel-Automaten. Springer, Berlin (1938)

[Frec81] Freckem, H.D.: Fertigung von Kegellager-Innenringen auf Mehrspindel-Drehautomaten. Werkstatt und Betrieb **114**(4), 241–245 (1981)

[Fric03] Frick, W.-R.: Dreh-Bohr-Fräs-Zentren: multifunktionelle Maschinen zur Komplettbearbeitung komplexer Werkstücke. Buchreihe: Die Bibliothek der Technik, Bd. 255. Verlag Moderne Industrie, Landsberg am Lech (2003). ISBN 3-478-93296-3

[Frie12] Fries, R.: Mehrspindler helfen Ressourcen zu sparen – Energieeffizienz durch bedarfsgerechte Maschinen. MAV-Maschinen Anlagen Verfahren **5**, 58 (2012)

[GaWO11] Garber, T., Weise, C., Otto, C.: Werkzeugmaschinenenergie effizient steuern. MM Maschinenmarkt on-line. http://www.maschinenmarkt.vogel.de/werkzeugmaschinen-energieeffizient-steuern-a-340469/ (2011). Zugegriffen: 20. Aug. 2017

[Gien01] Gienger, V.: Wirtschaftliches Fertigen mit PNC-Mehrspindel-Drehautomaten. dima – Die Maschine. **55**(5), 48–50 (2001)

[Görk99] Görke, M.: Mit acht Spindeln produktiv bearbeiten. Mehrspindel-Drehautomaten mit unterschiedlicher Technik. Schweizer Maschinenmarkt **16**, 36–38 (1999)

[Grun15] Grundler, E.: Cooles Tool macht prozesssicher. Werkstatt und Betrieb, München 1–2, 70–72 (2015)

[Herr83] Herrscher, A.: Numerische Steuerung eines Sechsspindel-Drehautomaten. Werkstatttechnik, wt – Zeitschrift für industrielle Fertigung **73**(12), 749–753 (1983)

[Herr14] Herrscher, A.: Ein- und Mehrspindeldrehautomaten. In: Spur, G (Hrsg.) Handbuch Spanen, S. 228 ff. Hanser, München (2014). ISBN 978-3-446-42826-3

[Hess13] Hesse, S.: Grundlagen der Handhabungstechnik, 3., neu bearbeitete und erweiterte Aufl. Hanser, München (2013). ISBN 978-3-446-43530-8

[HKUS14] Heisel, U., Klocke, F., Uhlmann, E., Spur, G. (Hrsg.): Handbuch Spanen, Edition Handbuch der Fertigungstechnik, 2., vollst. neu bearb. Aufl. Hanser, München (2014). ISBN 978-3-446-42826-3

[Homm18] Hommel und Keller: Zeus Rändeltechnik, Firmenschrift 08KAT0041/01.2018 MH, Hommel und Keller, Aldingen, 2018 (2018)

[Horn07] Horn: Modulares Werkzeugsystem 849 – höheneinstellbar und mit innerer Kühlmittelzufuhr, Firmenschrift INFO-849DE 0107 (2007)

[Horn16] Horn: Modulare Systeme Typ 968 und 969 für Mehrspindler, Firmenschrift INFO3.16DE, 09/2016 (2016)

[Hyda16a] Hydac: Plattenwärmetauscher, Firmenschrift D5.815.1.1/08. 16 (2016)

[Hyda16b] Hydac: Kälteaggregat RFCS, Firmenschrift D5.824.1.0/08.16 (2016)

[Iemc17a] IEMCA: Stangenlader PRA 52. https://www.iemca.com/de/de/P/Universal-Stangenlader-Mehrspindel-Drehautomat-pra-52 (2017). Zugegriffen: 10. Jan. 2020

[Iemc17b] IEMCA: Stangenlader SIR Index. http://www.iemca.com/de/de/P/Lademagazin-Index-Mehrspindel-Drehautomat-schnell-flexibel-sir-index (2017) Zugegriffen: 10. Jan. 2020

[Inde14a] Index: Index MS40-6, Produktschrift der Index-Werke, LM9801.4565-07.14 ME, Esslingen (2014)

[Inde14b] Index: Index MS22-8, Produktschrift der Index-Werke, LM9101.4577-06.14 ME, Esslingen (2014)

[Inde15a] Index: Index MS52-6, Produktschrift der Index-Werke, LM9701.4579-05.15 ME, Esslingen (2015)

[Inde15b] Index: Index MS32-6, Produktschrift der Index-Werke, LM9601.4621-03.15 ME, Esslingen (2015)

[Inde16] Index: Index MBL 40-6, Produktschrift der Index-Werke, LY9001.9611-07.16 AD, Esslingen (2016)

[Isca07] ISCAR: Werkzeugkatalog für Schütte SCX, Firmenschrift Werkzeugkatalog (2007)

[Iso08] ISO: ISO 26623-1 Polygonaler Hohlschaftkegel mit Plananlage. Beuth, Berlin (2008)

[Iso14] ISO: ISO 12164-3 Kegel-Hohlschäfte mit Plananlage – Teil 3: Maße von Kegel-Hohlschäften für stehende Werkzeuge, Kegel-Hohlschäfte mit Plananlage. Beuth , Berlin (2014)

[Jaeg67] Jaeger, H.: Drehautomaten. Hanser, München (1967)

[Jaym73] Jayme, G.: Optimale Ausnutzung von Mehrspindel-Drehautomaten durch voreinstellbare Schnellwechselwerkzeuge. Werkstatt und Betrieb. **106**(3), 163–167 (1973)

[Kabe17] Kabelschlepp: Fördersysteme – Zuverlässigkeit und Erfahrung aus Tradition, Firmenschrift Kabelschlepp. http://kabelschlepp.de/fileadmin/img/kataloge/Foerder-Systeme_DE.pdf (2017). Zugegriffen: 10. Jan. 2020

[Kaev05] Kaever, M.: Steuerungsintegrierte Fertigungsprozessüberwachung bei spanender Bearbeitung. Dissertation, RWTH-Aachen, 2004, Books on Demand, Norderstedt (2005). ISBN 978-3-8334-3157-9

[KiRo17] Kief, H., Roschiwal, H.: CNC-Handbuch, 30., überarbeitete Aufl. Hanser, München (2017). ISBN 978-3-446-45265-7

[KlKK08] Klocke, F., König, W.: Drehen, Fräsen, Bohren, Fertigungsverfahren, 8., neu bearb. Aufl. Springer, Berlin (2008). ISBN 978-3-540-35834-3

[Klün02] Klünker, J.: Karussell der Innovationen. Neues Konzept eines Vertikalfutterautomaten. WB Werkstatt und Betrieb **135**(4), 40–41 (2002)

[Knol13a] Knoll: Kratzbandförderer Typ K, Firmenschrift Knoll 8661/09. 2013 Mü (2013)

[Knol13b] Knoll: Turbofilter, Firmenschrift Knoll 04804/09.2013 MH (2013)

[Knol16] Knoll: Scharnierbandförderer S, Firmenschrift Knoll 8860/03. 2016 Mü (2016)

[Knol18] Knoll: Vakuumrotationsfilter VFR, Firmenschrift Knoll 69090/ 08.2018 Mü (2018)

[Krom06] Kromberg, J.: Anders als alle anderen NC-Fertigung 7, 30–34 (2006)

[KrSc84] Kreil, J., Schlieder, E.: Lange Drehteile auf Mehrspindelautomaten fertigen. Industrieanzeiger **106**(52), 24 (1984)

[Lede73] Ledergerber, A.: Einfluss der Marktforderungen auf die Konstruktion von Drehmaschinen. Werkstatt und Betrieb **106**(9), 661–665 (1973)

[Link02a] Link, H.F.: Effiziente Serienfertigung mit CNC-Mehrspindlern. Werkstatt und Betrieb, München **136**(10), 48 (2002)

[Link02b] Link, H.F.: Renaissance der Mehrspindel-Drehautomaten. Werkstatt und Betrieb, München **135**(9), 38–45 (2002)

[Lmt17] LMT: LMT Fette Rollsysteme Werkzeuge und Wissen, Firmenschrift 0334 (0117 1 DM/GS), LMT Fette, Schwarzenbeck (2017)

[Loo74] Loo, H. van de: Spindelpositionierung mit Schrittmotor für Mehrspindel-Drehautomaten. Industrieanzeiger **96**(25), 543–548 (1974)

[Meie07] Meier, R.: Mit „Chucker" auf Mehrspindel-Drehautomaten. Technica **56**(7), 24–26 (2007)

[Mich76] Michler, K.: Automatisierung von Werkzeugmaschinen durch Verkettung. dima – Die Maschine **30**(11), 17–20 (1976)

[Mitt11] Mittelbach, D.: CNC sorgt bei Drehautomaten für schnelles Umrüsten. MM Maschinenmarkt **17**, 42–45 (2011)

[Mori12] Mori-Say: Sechsspindel-Drehautomat TMZ642CNC, Produktschrift der Tajmac-ZPS (2012)

[Mück11] Mücke, K.: Produktiver Dank externem Spezialisten-Rat. Werkstatt und Betrieb, München **6**, 20–22 (2011)

[Mück13] Mücke, K.: Energie sparen, Umwelt schonen – Kommt die hydraulikfreie Werkzeugmaschine. MAV-Maschinen Anlagen Verfahren 6, 56 (2013)

[Mück15] Mücke, K.: Schnell exakt bis in die Ecke. Werkstatt und Betrieb, München 12, 52–54 (2015)

[Nn00a] N.N.: Einspinder, Mehrspindler, Rundtaktmaschinen – Setzt sich der NC-gesteuerte Mehrspindler durch? Industrieanzeiger **52** (2000). https://industrieanzeiger.industrie.de/allgemein/setzt-sich-der-nc-gesteuerte-mehrspindler-durch/#. Zugegriffen: 1. Apr. 2020

[Nn00b] N.N.: Teleservice an CNC-Mehrspindlern. MAV-Maschinen Anlagen Verfahren 2 (2000)

[Nn01a] N.N.: Drehteile mit Ein- oder Mehrspindler bearbeiten? MAV-Maschinen Anlagen Verfahren **2**, 16 (2001)

[Nn01b] N.N.: Auch kleinste Bohrer sicher überwachen. MAV-Maschinen Anlagen Verfahren **2** (2001). https://mav.industrie.de/allgemein/auch-kleinste-bohrer-sicher-ueberwachen/#. Zugegriffen: 1. Apr. 2020

[Nn02] N.N.: Produktivitätsschub bei der Dreh/Fräsbearbeitung komplexer Futterteile im CNC-Mehrspindler. MAV-Maschinen Anlagen Verfahren 9, 34 (2002)

[Nn04] N.N.: CNC-Mehrspindler für kleine Werkstücke – Scara-Synchronspindel bringt Speed in die Maschine. Betrieb & Meister 6, 14 (2004)

[Nn06a] N.N.: Umrüstfreundlicher CNC-Mehrspindler punktet mit hoher Verfügbarkeit und Genauigkeit. MAV-Maschinen Anlagen Verfahren 12, 16 (2006)

[Nn06b] N.N.: CNC-Mehrspindel-Drehautomat realisiert die Vision eines Multi-Einspindlers. MAV-Maschinen Anlagen Verfahren 11, 18 (2006)

[Nn99] N.N.: Vertikaler CNC-8-Spindler. MAV-Maschinen Anlagen Verfahren **6**, 36–38 (1999)

[Nn08] N.N.: Werkzeugprogramm für modernen CNC-Mehrspindler. MAV-Maschinen Anlagen Verfahren 8, 52 (2008)

[Nn10] N.N.: Wenn Teilespektrum und Maschine perfekt zueinander passen – CNC-Mehrspindler fertigen komplexe Automobilteile. MAV-Maschinen Anlagen Verfahren 8, 18 (2010)

[Nn11a] N.N.: Process Monitoring an Mehrspindel-Drehautomaten. Drehteil und Drehmaschine **23**(4), 70–74 (2011)

[Nn12a] N.N.: Universeller Wechsel-Standard. Maschine+Werkzeug, Band 02 (2012). https://www.maschinewerkzeug.de/werkzeuge/uebersicht/artikel/universeller-wechsel-standard-1146415.html?search.highlight=Wechsel-Standard. Zugegriffen: 1. Apr. 2020

[Nn12b] N.N.: CNC-Mehrspindler für Teile einfacher und mittlerer Komplexität. MAV-Maschinen Anlagen Verfahren 10, 34 (2012)

[Nn12c] N.N.: CNC-Mehrspindler intelligent automatisiert. MAV-Maschinen Anlagen Verfahren 10, 63 (2012)

[Nn15] N.N.: Die Ablösung kurvengesteuerter Mehrspindler bis Stangendurchmesser 22 mm im Visier. MAV-Maschinen Anlagen Verfahren 12, 58 (2015)

[Nn17] N.N.: Anspruchsvolle und einfache Teile – schnell gedreht. MAV-Maschinen Anlagen Verfahren 3, 6 (2017)

[Nord03] Nordmann, K.: Werkzeugüberwachung in CNC-Drehmaschinen und Mehrspindel-Drehautomaten, Drehteil und Drehmaschine. Drehteil und Drehmaschine **15**(2), 75–79 (2003)

[Nord06] Nordmann, K.: Werkzeugüberwachung in der Zerspanung. Werkzeug Technik (2006)

[Nord16] Nordmann: Nordmann Werkzeugüberwachung, Firmenschrift. http://www.nordmann.eu/pdf/praesentation/Nordmann_presentation_GER.pdf (2016). Zugegriffen: 10. Jan. 2020

[Refa99] REFA – Verband für Arbeitsstudien und Betriebsorganisation (Hrsg.): Lexikon der Betriebsorganisation, Methodenlehre der Betriebsorganisation, 3. Aufl. Hanser, München (1999). ISBN 978-3-446-17523-5

[Ruby95] Ruby, J.: Maschinen für die Massenfertigung: die Entwicklung der Drehautomaten bis zum Ende des Ersten Weltkrieges. Verlag für Geschichte der Naturwissenschaft und der Technik, Stuttgart (1995). ISBN 978-3-928186-25-4

[Schm15] Schumacher, K.-H.: CNC-gesteuerte Mehrspindel-Drehautomaten. In: Conrad, K.-J. (Hrsg.) Taschenbuch der Werkzeugmaschinen, 3. Aufl, S. 432–456. Hanser, München (2015). ISBN 978-3-446-43855-2

[Scho09] Schoppe, K.-H.: Wie und warum HSK-T? Werkstatt und Betrieb (12) (2009)

[Schu04] Schuette: Mehrspindeldrehautomaten Ausführung S, Baureihe F, Produktschrift A937_FS der Firma Alfred. H. Schütte, Köln (2004)

[Schu07] Schuette: Neue Wege für neue Generation. dima – Die Maschine **1**, 35–38 (2007)

[Schu08] Schuette: Schnell und kompakt bis 20 mm – Baureihe G – Kurvenautomaten mit CNC-Optionen, Produktschrift A_941_g_deu der Firma Alfred. H. Schütte, Köln (2008)

[Schu10] Schuette: Freiheit neu definiert – CNC Mehrspindel-Drehautomaten – Die Generation SCX, Produktschrift A_949c_deu der Firma Alfred. H. Schütte, Köln (2010)

[Schu13] Schuette: Schnell, genau, leistungsstark – CNC-Mehrspindel-Drehautomaten Baureihe PC, Produktschrift A_948c_pc_deu der Firma Alfred. H. Schütte, Köln (2013)

[Schu16a] Schuette: Freiheit neu definiert – CNC Mehrspindel-Drehautomaten – Die Generation SCX, Produktschrift DD/AP 05.16 500 A 949c der Firma Alfred. H. Schütte, Köln (2016)

[Schu16b] Schuette: SICS HMI-System, Produktschrift KD 09.16 50 O840 deu der Firma Alfred. H. Schütte, Köln (2016)

[Schu17] Schuette: SICS-Bausteine für Ihre Industrie 4.0 Realisierung, Produktschrift KD 0817 500 O847 deu der Firma Alfred. H. Schütte, Köln (2017)

[ScPf10] Schmitt, R., Pfeifer, T.: Qualitätsmanagement: Strategien, Methoden, Techniken, 4., vollst. überarb. Aufl. Hanser, München (2010). ISBN 978-3-446-41277-4

[SpSt91] Spur, G., Stöferle, T. (Hrsg.): Spanen, Handbuch der Fertigungstechnik Spanen. Unveränd. Nachdr. der Ausg. Hanser, München (1991). ISBN 3-446-12534-5

[Spur70] Spur, G.: Mehrspindel-Drehautomaten. Hanser, München (1970)

[Spur91] Spur, G.: Vom Wandel der industriellen Welt durch Werkzeugmaschinen: eine kulturgeschichtliche Betrachtung der Fertigungstechnik. Hanser, München (1991). ISBN 978-3-446-16242-6

[Stae75] Staege, M.: Verketten von Mehrspindeldrehautomaten mit Hilfe der Schwerkraft. WT-Werkstattstechnik **65**(8), 467–471 (1975)

[Torn01] Tornos: Hochproduktiv und schnell umgerüstet. Sechs- und achtspindlige Drehautomaten. Schweiz. Maschinenmarkt **28**, 14–16 (2001)

[Torn06] Tornos: Mehrspindel-Drehautomat für die Uhrenindustrie, SMM Schweizer Maschinenmarkt. Schweiz. Maschinenmarkt **107**(8), 30–33 (2006)

[Torn08] Tornos: So einfach wie eine Schraube, Firmenschrift decomagazin (2008)

[Torn13a] Tornos: MULTISIGMA Mehrspindel-Drehautomat mit paralleler programmierbarer Steuerung, Produktschrift Tornos, Moutier, CH. https://www.tornos.com/sites/tornos.com/files/data/Brochure/MultiSigma_8x28/multisigma_deu.pdf (2013). Zugegriffen: 10. Jan. 2020

[Torn13b] Tornos: MULTIALPHA Mehrspindel-Drehautomaten mit paralleler programmierbarer Steuerung, Produktschrift Tornos, Moutier, CH. http://www.tornos.com/sites/tornoscom/files/data/Brochure/MultiAlpha_8x28/multialpha_deu.pdf. (2013). Zugegriffen: 10. Jan. 2020

[Torn14] Tornos: MULTISWISS 6x14 Mehrspindeldrehautomat mit numerischer Parallelsteuerung, Produktschrift Tornos, Moutier, CH (2014)

[Torn17] Tornos: Produktivität hoch 5 – Serie Multiswiss, Produktschrift Tornos, Moutier, CH. https://www.tornos.com/sites/tornos.com/files/data/product/multiswiss/multiswiss_range_deu_web.pdf (2017). Zugegriffen: 10. Jan. 2020

[Trau16] Traub: CNC-Dreh-Fräszentrum Traub TNX 65/42, Produktschrift der Index Werke, 04.16-808 WA, Esslingen (04/2016)

[Trin13] TrinkwV 2001: Verordnung über die Qualität von Wasser für den menschlichen Gebrauch (Trinkwasserverordnung – TrinkwV 2001) in der Fassung der Bekanntmachung vom 2. August 2013 (BGBl. I S. 2977) (2013)

[Vdw16] VDW: VDW Jahrespressekonferenz 2016. http://www.vdw.de. Zugegriffen: 10. Jan. 2020

[WeBr05] Weck, M., Brecher, C.: Werkzeugmaschinen – Maschinenarten und Anwendungsbereiche, 6., neu bearb. Aufl. Springer, Berlin (2005). ISBN 978-3-540-22504-1

[WeBr06] Weck, M., Brecher, C.: Werkzeugmaschinen – Konstruktion und Berechnung, 8., neu bearb. Aufl. Springer, Berlin (2006). ISBN 978-3-540-22502-7

[Welc07] Welcker, M.: Zukunft des Werkzeugmaschinenbaus, Vortrag auf der Herbsttagung des Verbands der deutschen Drehteileindustrie (2007)

[Wend14] Wendenburg, M.: Weniger Stillstand dank der Virtuellen Maschine. WB Werkstatt und Betrieb **3**, 78–81 (2014)

[WyHo89] Wynen, H., Hornek, J.: CNC-Mehrspindler zum Fertigen kleiner und mittlerer Losgrößen. Maschine und Werkzeug **90**(8), 32–40 (1989)

[Wyne81] Wynen, H.: Wirtschaftliche Querbearbeitung auf Mehrspindel-Drehautomaten. Werkstatt. Betr. **114**(1), 39–41 (1981)

[Wyne82] Wynen, H.: Positionierbare Arbeitsspindeln in Mehrspindel-Drehautomaten. Werkstatt und Betrieb **115**(9), 619–620 (1982)

[Zoll82a] Zoller, E.: Senken der Rüstzeiten bei Drehautomaten durch geeignetes Werkzeughaltersystem. Werkstatt und Betrieb **115**(8), 511–514 (1982)

[Zoll82b] Zoller, Alfred: Produktivität von Ein- und Mehrspindel-Drehautomaten durch universelles Werkzeughaltersystem steigern. dima – Die Maschine **36**(3), 40–47 (1982)

Stichwortverzeichnis

M. Reuber, *CNC-Mehrspindel-Drehautomaten*,
https://doi.org/10.1007/978-3-658-29338-3

T

U

V

MIX
Papier aus verantwortungsvollen Quellen
Paper from responsible sources
FSC® C105338

If you have any concerns about our products,
you can contact us on
ProductSafety@springernature.com

In case Publisher is established outside the EU,
the EU authorized representative is:
Springer Nature Customer Service Center GmbH
Europaplatz 3, 69115 Heidelberg, Germany

Printed by Libri Plureos GmbH
in Hamburg, Germany